MÉMOIRES

PRÉSENTÉS PAR DIVERS SAVANTS

À L'ACADÉMIE DES SCIENCES DE L'INSTITUT DE FRANCE.

EXTRAIT DU TOME XXIV.

FLORE CARBONIFÈRE

DU DÉPARTEMENT DE LA LOIRE

ET DU CENTRE DE LA FRANCE,

PAR

F. CYRILLE GRAND'EURY,

INGÉNIEUR À SAINT-ÉTIENNE.

DEUXIÈME PARTIE. — GÉOLOGIE.

PARIS.

IMPRIMERIE NATIONALE.

M DCCC LXXVII.

FLORE CARBONIFÈRE

DU

DÉPARTEMENT DE LA LOIRE

ET

DU CENTRE DE LA FRANCE.

LIBRAIRIE POLYTECHNIQUE DE J. BAUDRY,

RUE DES SAINTS-PÈRES, N° 15,

A PARIS.

FLORE CARBONIFÈRE

DU

DÉPARTEMENT DE LA LOIRE

ET

DU CENTRE DE LA FRANCE,

PAR M. F. CYRILLE GRAND'EURY,

INGÉNIEUR À SAINT-ÉTIENNE.

EXTRAIT DES MÉMOIRES PRÉSENTÉS PAR DIVERS SAVANTS
À L'ACADÉMIE DES SCIENCES.

DEUXIÈME PARTIE. — GÉOLOGIE.

PARIS.

IMPRIMERIE NATIONALE.

M DCCC LXXVII.

DEUXIÈME PARTIE.

BOTANIQUE STRATIGRAPHIQUE.

Après avoir étudié les végétaux fossiles pour eux-mêmes, il me reste à les considérer dans leur rapport avec les couches, à rechercher s'ils peuvent servir à déterminer l'âge relatif des divers dépôts houillers et à caractériser leurs étages.

On sait que la classification en géologie consiste à établir la correspondance dans le temps et l'ordre de superposition chronologique des terrains.

Il semble que, pour être naturelle, elle devrait être fondée sur diverses sortes de caractères à la fois, en tenant compte de leur valeur comparée.

La stratigraphie se base exclusivement sur l'analogie de composition des roches, sur les traits principaux de la formation, sur l'ordre de succession verticale et sur les soulèvements qui, à diverses époques, ont changé le niveau des couches antérieures.

Si les caractères géologiques peuvent suffire dans certains cas, l'usage des caractères paléontologiques est nécessaire dans d'autres, lorsque les terrains sont tout bouleversés et fortement métamorphisés, comme dans les Alpes, les Asturies.

Les géologues admettent que les animaux fossiles ont éprouvé des changements simultanés dans l'ensemble sur toute la surface de la terre, et ils estiment que l'élément paléontologique, que Alex. Brongniart avait déjà regardé comme de plus grande valeur que l'élément géognostique, est nécessaire pour relier les étages disjoints dont les parties séparées ont perdu toute ressemblance. Mais, à propos de l'anomalie stratigraphique du Petit-Cœur en Tarantaise, on a reproché à la flore de n'offrir que des caractères empiriques, sans formule applicable. Aujourd'hui que cette prévention est devenue sans motif, on attend des végétaux fossiles

*44.

peut-être plus de secours qu'ils n'en sauraient donner, le moyen facile de raccorder les couches individuellement. On verra qu'ils peuvent servir non-seulement à distinguer les différentes formations carbonifères, aussi sûrement que facilement, mais à caractériser dans celles-ci des étages et à en retrouver les équivalents dans les membres épars d'un même système de dépôts isolés, et même encore à relier entre elles les parties disjointes et dissemblables d'un bassin houiller.

Les empreintes végétales seules peuvent fournir les éléments d'une classification générale des formations carbonifères, 1° parce qu'elles éprouvent plusieurs changements catégoriques, tandis que les animaux fossiles varient peu, ceux du terrain permien commençant dans le terrain houiller supérieur (Stur), les coquilles du terrain devonien et du calcaire carbonifère étant en grande partie communes (Heer), quelques-unes même montant même jusqu'à la base des newer coal-measures du Canada (Dawson), et 2° que les débris végétaux se trouvent à profusion dans toutes les strates carbonifères, tandis que les animaux fossiles sont rares dans le terrain houiller même, ou ne s'y présentent qu'à certains niveaux, à certains endroits. Mais les changements de flore sont beaucoup plus difficiles à apprécier que ceux de faune.

Quelques considérations générales ne seront pas inutiles si elles sont de nature à préparer la confiance aux végétaux fossiles.

Il y a des changements verticaux de flore sans retour.

Déjà beaucoup d'observations isolées établissent que, pendant les dépôts carbonifères, la flore a changé à travers une série de couches superposées, par l'apparition et la disparition, lentes, mais continues, d'espèces. Le fait, constaté à Eschweiler par Graeser, plus tard en haute et en basse Silésie par Göppert et Beinert, en Saxe par M. Geinitz, etc., est très-évident, comme on le verra, dans le bassin de la Loire, où beaucoup d'espèces différentes se remarquent de Rive-de-Gier à Saint-Étienne, et où des changements progressivement croissants se suivent de bas en haut du système stéphanois.

Puisque des changements, notables à la longue, se manifestent de bas en haut, dans une série continue de couches, on doit s'attendre à les trouver plus complets d'une série à une autre superposées. Et effectivement, comme on le verra, les différences sont d'autant plus grandes, plus profondes, que l'on considère des dépôts séparés par un intervalle de temps plus considérable.

C'est que, si l'on cherche à se représenter le temps de la formation et même seulement celui que la plus puissante végétation mettrait à former les couches de houille [1], on est confondu de la durée de la période carbonifère, et l'on ne voit rien que de très-naturel à ce que la flore ait passé par des transformations totales d'espèces, et même de genres, du commencement à la fin de ce grand espace de temps.

Le tout est de savoir si ces changements sont concordants, c'est-à-dire s'ils se sont produits partout les mêmes dans le même ordre. Les développements qui suivent ne laissent pas de doute à cet égard. *Les changements sont concordants.*

Cela n'est pas encore suffisant : il est nécessaire qu'ils se soient produits simultanément et non en marchant du pôle à l'équateur, pour servir de base certaine à la classification à distance et de criterium à la stratigraphie comparée. Les mêmes changements généraux se remarquent partout dans l'hémisphère nord. Les flores des terrains reconnus du même âge par la géologie sont au moins très-semblables. La végétation du culm se maintient concordante dans les pays les plus éloignés. Les étages contemporains ont les mêmes espèces, plutôt identiques qu'analogues. *Ils sont, de plus, simultanés.*

On savait que les espèces animales des premiers âges du monde

---

[1] L'accumulation sur place de la végétation actuelle exigerait, d'après les calculs de Von Dechen, 1,004,177 années (sans compter le temps des dépôts stériles) pour former la houille qui existe entre la Sarre et la Bliess. On a calculé que cent ans de végétation de nos forêts seraient nécessaires pour produire 16 millimètres de houille, et qu'à ce compte certaine couche de houille n'aurait pas exigé moins de 500,000 ans pour sa formation.

ont une distribution géographique des plus étendues. Pourquoi n'en serait-il pas à peu près de même des végétaux ?

Des tropiques jusqu'au 80° degré de latitude nord, au delà du cercle polaire, mêmes végétaux en Pensylvanie qu'en Europe (Lesq.), au Spitzberg (E. Robert), à l'île Melville par 75 degrés, où les fossiles concorderaient, d'après König, en général avec ceux de l'Angleterre, et au nord de l'Asie, dans l'Altaï, en Sibérie, les *Stigmaria* trouvés en Chine étant, d'après Macgowan, les mêmes qu'en Angleterre; M. Heer a été frappé de la ressemblance générale des plantes de l'île des Ourses et du Spitzberg avec celles de l'Europe centrale. D'Orbigny a reconnu les mêmes coquilles marines dans les terrains paléozoïques des deux hémisphères. On ne pouvait pas en déduire qu'il en est de même des plantes terrestres, aériennes. Dans les couches inférieures carbonifères d'Australie, Clarke, Jukes et aussi M'Coy trouvent les mêmes végétaux qu'en Europe et au nord de l'Amérique; le fait est que le *Lepidodendron notham* devonien d'Allemagne s'est rencontré en Australie exactement le même qu'au Canada [1]; j'ai vu à Londres, de l'Afrique australe, des *Alethopteris lonchitidis*, *Calamites communis*, *Lepidodendron crenatum*, non-seulement semblables aux mêmes espèces d'Europe, mais associés de la même manière; un des *Lepidodendron* africains est analogue à une espèce britannique et à une espèce du Brésil méridional. Les *Stigmaria* ne manquent presque nulle part, ainsi que les *Sigillaria*, *Lepidodendron*, *Sphenopteris*, *Pecopteris*, etc. La végétation la plus égale devait exister au moins dans l'hémisphère nord, et c'est à peine si on a l'indice d'un léger changement de climat, dû aux différences de latitude. Sur cinquante-trois espèces reconnues, il y a quelque temps, en Amérique, trente-cinq sont identiques, dix-huit proches parentes à celles de l'Europe, quelques-unes seulement paraissent propres à l'Amérique; les Sigillaires sont généralement les mêmes. Il y a une concordance surprenante, dit Göppert, entre les flores des deux mondes. Les deux tiers des espèces houillères de Nouvelle-Écosse sont communes à l'Europe (Dawson). Le Muséum possède de nombreuses empreintes d'Amérique qui sont tout à fait les mêmes que celles d'Europe que je connais le mieux. Certaines espèces qui paraissent particulières à l'un ou à l'autre pays se coordonnent à des types très-semblables, comme l'a reconnu le docteur Andræ.

Il est donc certain que les mêmes plantes se sont développées

[1] Comparez Carruthers, *Quarterly Journal*, 1872, pl. XXVI, et Dawson, *Foss. Plants of Devonian*, etc., pl. VIII, fig. 88. 89.

des tropiques aux latitudes polaires sous un climat que nous avons vu uniforme.

Lorsque l'on considère qu'elles sont appropriées à une station topographique marécageuse éminemment favorable à l'aire la plus étendue, il n'y a plus lieu de s'étonner de voir des espèces cosmopolites, amphigées, non disjointes, d'autant plus que par leur nature les Gymnospermes aussi bien que les Cryptogames vasculaires sont des plantes moins délicates que les Angiospermes.

On peut donc s'attendre à ce que la végétation des dépôts synchroniques soit semblable; et en effet nous en signalerons des exemples qui dépassent tout ce que l'on pouvait espérer dans ce sens.

La botanique stratigraphique est essentiellement subordonnée à la botanique systématique, car, avant de pouvoir formuler les changements de flore, il faut d'abord bien connaître celle-ci dans ses groupes, dans ses espèces, à ce point que le degré de précision que, par la considération des plantes, on peut obtenir en stratigraphie est en rapport avec le niveau des connaissances que l'on a de celles-ci en paléobotanique.

Je suis de plus en plus persuadé que l'emploi en géologie des empreintes végétales doit être fondé sur l'*exacte distinction* des groupes (qui ne sont pas des êtres de raison, mais des réalités) et sur la *connaissance familière* des espèces, qui, seule, peut en faire saisir les analogies, les différences, les modifications. De manière que la deuxième partie de ce mémoire est subordonnée à la première, dont elle n'est, comme le lecteur s'en convaincra, que le développement à un autre point de vue.

Dans le but d'arriver à des résultats plus certains pour la classification des couches, j'ai réuni sur le bassin houiller de la Loire la masse des faits que l'on sait.

J'ai fait des excursions dans le centre et le midi de la France, pour déterminer le niveau relatif des bassins houillers qui y sont

disséminés, et les classer, si c'est possible, entre eux par étages
naturels.

J'ai dû faire quelques voyages en Angleterre, en Belgique et
en Allemagne, pour juger *de visu* de la flore des terrains houillers
septentrionaux, que les ouvrages consultés me représentaient
comme très-différente de celle des terrains houillers du centre
de la France.

J'ai passé en revue toutes les empreintes fossiles réunies au
Muséum, ce qui, avec l'étude d'autres collections publiques et
privées et l'examen des échantillons que quelques collègues m'ont
adressés de divers pays, me mettra peut-être à même d'apporter
dans la question, en même temps qu'une masse de faits nouveaux,
des aperçus personnels et des résultats qui ne manqueront pas
d'intéresser le mineur non moins que le géologue.

Mais comment exposer un sujet aussi complexe, où les plantes
fossiles doivent être envisagées à la fois, si c'est possible, aux
points de vue systématique, chronologique et géographique? C'est
là un côté important qui m'a tenu perplexe, car de la méthode em-
ployée résultera en quelque manière l'évidence même des résultats obtenus.

Nous pouvions suivre l'exemple de M. Geinitz, qui dresse le
tableau[1] de la série des espèces par groupes, avec leurs gisements dans divers pays et leur émargement par zones de végétation (*Vegetationsgürtel*). Mais d'abord nous ne saurions vouloir
noter la masse des faits connus, aujourd'hui trop nombreux pour
être réédités dans un ouvrage comme celui-ci.

Il paraît bien plus rationnel de présenter les changements de
la flore, non point par rapport à elle-même, mais par rapport à
la série verticale des terrains, puisque ce procédé vise le but à
atteindre; et il semble plus avantageux de présenter ces changements dans un texte, où l'on peut noter la rareté, la quantité, la
phase d'avénement, ou de maximum, ou de déclin de chaque

[1] *Geol. Darst. d. Steink. in Sachsen*, 1856, p. 73-82. — *Darstellung d. Flora d.*
Hain.-Ebers. in Floehner Kohl, 1854, p. 68-76.

espèce, de chaque groupe, signaler leur association contemporaine, et faire des remarques utiles à divers propos.

Aussi, toutes réflexions faites, nous arrêtons-nous :

1° A considérer de bas en haut dans l'ordre ascendant les principaux terrains carbonifères d'Europe et d'Amérique, à en choisir les fossiles les plus marquants pour dresser une liste au moyen de laquelle il sera possible, par comparaison, de déterminer la place dans l'échelle verticale, et les uns par rapport aux autres, des différents dépôts houillers du globe en général, ce qui permettra de fixer plus exactement la position relative de ceux de la France en particulier, et tout spécialement de ceux du département de la Loire : sujet du chapitre I;

2° Puis à reprendre, mais par groupes et par espèces, au point de vue botanique, les changements de la flore, à les étudier d'une manière plus spéciale, plus détaillée, plus complète, pour de là passer à la recherche de la véritable caractéristique des étages naturels et, par application, au classement, les uns par rapport aux autres, des nombreux bassins houillers du centre et du midi de la France : sujet du chapitre II;

3° Et à suivre les changements locaux, et à discuter les bases qui m'ont guidé dans le classement et le raccordement des couches du bassin houiller de la Loire : sujet du chapitre III.

45.

CHAPITRE PREMIER.

ÂGE RELATIF DES DIFFÉRENTES FORMATIONS CARBONIFÈRES DU GLOBE.

Avant d'aborder ce chapitre, il faut bien s'entendre sur les termes employés et préciser le sens dans lequel je ferai usage des mots et des expressions différemment acceptés dans les divers pays.

La formation carbonifère comprend les terrains primaires ou paléozoïques supérieurs, c'est-à-dire, suivant Ch. Lyell, les terrains devonien, carbonifère et permien, caractérisés par une même flore, changeant de forme mais restant assez identique au fond. Avant l'invention du terrain devonien, M. de Verneuil avait trouvé, par les coquilles, une séparation importante entre le système carbonifère et le système silurien, ce dernier constituant seul, pour lui comme alors pour plusieurs géologues, le véritable terrain de transition. M. Lonsdale a montré que les fossiles du calcaire du Devon sont intermédiaires entre ceux du calcaire de montagne et ceux du terrain silurien. Mais les plantes terrestres, comme les poissons, les premiers vertébrés créés, n'apparaissent pour ainsi dire qu'à la base du terrain devonien, qui, d'après Murchison, est indépendant du terrain silurien et se lie visiblement au terrain carbonifère. André Dumont a fini par comprendre dans son système anthracifère le terrain devonien, le calcaire carbonifère et le terrain houiller. On a mis en avant l'idée de deux grandes périodes paléozoïques, d'une première période silurienne et d'une deuxième période carbonifère, objet unique de ce mémoire.

Divisions principales de la formation carbonifère.

Suivant les lieux où la formation carbonifère a été étudiée, elle a été l'objet de subdivisions différentes.

Dans la Grande-Bretagne elle a été partagée géognostiquement par Phillips en trois groupes, qui sont le vieux grès rouge, le calcaire carbonifère (y compris les « limestone shales » supérieurs) et les « coal-measures. » En Allemagne, le terrain carbonifère proprement dit est divisible en deux, par la différence de flores suivant M. Göppert, par les caractères géologiques d'après M. Naumann, savoir : 1° en terrain carbonifère inférieur (comprenant les dernières couches du terrain de transition ou de l'*Uebergangsgebirge*), dit anthracifère chez nous, ou « lower-carboniferous, sub-carboniferous » par quelques géologues américains et anglais, « unter-carbon » par M. O. Heer; 2° en terrain houiller proprement dit, ou *productive Kohlenformation* des Allemands, coal-measures des Anglais. Ceux-ci ont subdivisé leurs coal-measures en lower, middle et upper coal; mais on verra que chez eux ces trois membres rentrent à peu près entièrement dans la moitié inférieure du terrain houiller, moitié que M. Dawson entend comme « middle coal formation, » et à laquelle se rapportent les principales richesses houillères du Nord. L'upper coal formation des Américains représente très-imparfaitement le terrain houiller supérieur, également incomplet en Allemagne; mais il est totalement développé dans le centre de la France, et l'étude de sa flore était nécessaire pour établir définitivement un système général de divisions fondé sur la connaissance de toutes les parties de la formation dans tous les pays.

Paléontologiquement, le terrain houiller proprement dit se compose de deux parties aussi différentes entre elles que ledit terrain houiller et le terrain carbonifère inférieur. De manière que la formation entière se laisserait partager, comme cela a déjà été fait en Amérique, où la série est plus complète, en trois terrains principaux, que l'on pourrait désigner par les expressions, employées dans la suite de ce mémoire, à peu près équivalentes à celles des Américains, de terrain carbonifère inférieur, de terrain houiller moyen et de terrain houiller supérieur.

Les premières plantes terrestres apparues dans le terrain devonien, dont M. B. Jukes met l'individualité en doute, en rattachent la

partie supérieure au terrain carbonifère ancien, dont il n'est séparé par aucun système de montagnes, du moins en Europe, et auquel Murchison l'avait lié; elles forment une florule bien qualifiée
de *précarbonifère* par M. Dawson.

Le rothliegende, sans le zechstein, bien que ayant des affinités
botaniques très-étroites avec le terrain houiller, paraît plus indépendant; sa flore est donc mieux désignée flore permienne que
nommée postcarbonifère.

Subdivisions
du
terrain carbonifère.

Le terrain carbonifère inférieur, assez complet en Allemagne,
se compose, de bas en haut, de l'étage du calcaire carbonifère, de
l'étage du culm et de l'étage de la grauwacke la plus récente
(jüngste grauwacke). Certains schistes inférieurs au calcaire de
montagne et les dépôts carbonifères de l'île des Ourses semblent
former un étage de transition vers le terrain devonien; mais la
flore rattache au moins ces derniers à l'étage du calcaire carbonifère entendu d'une manière large et pouvant comprendre même
exclusivement d'autres roches. Nous nous conformerons aux trois
étages allemands, parce qu'ils paraissent bien justifiés par les
changements de la flore. Le millstone-grit est généralement considéré comme formant la base du terrain houiller d'Angleterre,
d'Amérique, de Westphalie; on en a fait une transition entre le
lower et le middle coal, de même que de la grauwacke supérieure;
on l'a rattaché à celle-ci et même parallélisé au culm. Les géologues anglais que j'ai pu consulter m'ont dit, d'accord avec Ch.
Lyell, Binney, que le millstone-grit ne saurait être séparé des coal-
measures, dont il constitue le fond; Dawson place le millstone-
grit du cap Breton à la base du middle coal. En Angleterre et en
Amérique les empreintes qui en proviennent bien positivement
appartiennent à des plantes différentes de celles des lower coal
et semblables ou identiques aux plantes ordinaires des coal-measures; nous regarderons, en conséquence, le millstone-grit comme
situé à la base du terrain houiller proprement dit.

La subdivision du terrain houiller moyen est à faire. Nous essayons, dans le chapitre II, de déterminer les étages naturels du terrain houiller supérieur.

Si des couches moyennes du terrain houiller moyen aux couches moyennes du terrain houiller supérieur les flores diffèrent presque totalement, celles des couches intermédiaires ont de nombreuses plantes communes qui laissent subsister des incertitudes sur la limite séparative. Aussi, dans la classification générale, nous distinguerons : 1° en bas du terrain houiller moyen, le terrain infra-houiller, et en haut, le terrain houiller supra-moyen; 2° en bas du terrain houiller supérieur, le terrain houiller sous-supérieur, et en haut, le terrain supra-houiller.

Le terrain devonien parait former trois étages botaniques correspondant aux divisions géologiques de Murchison.

La flore permienne est d'abord si mêlée à celle du terrain houiller supérieur qu'elle produit un étage en quelque sorte permo-carbonifère avant de revêtir plus haut des caractères propres au *rothliegende,* qui se décompose en un étage inférieur, un étage moyen et un étage supérieur.

Les termes définis, j'arrive à la question.

Il s'agit, par le choix de dépôts carbonifères dont la position géognostique est connue, de dégager les changements généraux de la flore, d'une part; et de se baser ensuite sur ceux-ci, mis en évidence, pour déterminer, par application, l'âge relatif des autres dépôts de la même période dont la place laisse des doutes, d'autre part; ce sont là deux recherches inverses mais connexes, influant l'une sur l'autre et se complétant en se contrôlant.

A cet effet, j'ai dû faire, pour arriver, par des parallèles et des comparaisons réciproques, à saisir les changements généraux, des dépouillements spécifiques et génériques que je ne reproduirai pas; qu'il me suffise d'en signaler ci-après les sources. Je limiterai les énumérations aux espèces les plus marquantes, à celles qui paraissent s'entraîner et qui peuvent le mieux servir à formuler de la manière la plus facilement applicable la succession chronologique des flores, dans un tableau raisonné, suivi de notes complémentaires sur les tiges trouvées debout et sur les débris de plantes dont la houille se montre préférablement formée, de bas en haut de la formation. Je récapitulerai ensuite les changements généraux, et j'examinerai les bases d'une première division stratigraphique qu'ils peuvent fournir, avant de passer aux conclusions sur l'âge relatif des différents terrains carbonifères de l'hémisphère nord, et tout spécialement de la France. Je m'appliquerai surtout à bien déterminer la position du bassin houiller de la Loire, laquelle position sera aussi celle des autres bassins du centre et du midi de la France. Je résumerai l'ordre de dépôts successifs de toutes les formations carbonifères, et je terminerai le chapitre I par quelques applications à la géotechnie.

SECTION I.

ÉNONCÉ CRITIQUE DES ÉCRITS ET DOCUMENTS DIVERS AU MOYEN DESQUELS A ÉTÉ DRESSÉ LE TABLEAU GÉNÉRAL DE LA SUCCESSION DES FLORES CARBONIFÈRES.

Nous avons largement puisé dans les ouvrages classiques, que nous n'avons pas besoin de rappeler, de Brongniart, Sternberg, Lindley, Göppert, Schimper, etc. Nous avons principalement eu recours aux monographies présentant des ensemble de flores plus ou moins complets. Cependant nous n'avons été bien fixé qu'après quelques voyages et l'examen des riches collections du Muséum, ce qui nous a permis de recueillir en même temps les éléments de détermination de beaucoup de terrains.

Nous donnons le titre des écrits spéciaux consultés, avec la discussion sommaire de l'âge des couches auxquelles chacun d'eux se rapporte, et nous présentons cet exposé dans l'ordre des dépôts successifs, en commençant par les plus inférieurs.

Terrains devoniens. Terrains carbonifères anciens.

En Angleterre-Écosse, quelques plantes devoniennes sont signalées par M. Balfour dans son *Introduction to the study of palæontological botany*, 1872. Certains types fort curieux des couches moyennes ont été décrits par Hugh Miller et M. Carruthers (*Journal of botany* for november 1873); on m'en a montré plusieurs à Londres. La série de Burdiehouse paraît devoir être située assez bas dans le terrain carbonifère ancien; sa flore a fourni beaucoup de matériaux à la publication du *Fossil flora of Great Britain*; j'ai vu de très-beaux représentants de cette flore au British Museum. La série en question passe pour correspondre généralement au calcaire carbonifère. D'après la flore, elle semble toujours plus ancienne que la grauwacke supérieure de Landshut, avec laquelle elle a été parallélisée. Cependant les couches de East-Lothian, près d'Édimbourg, que l'on rapporte au « carboniferous limestone, » pourraient bien se rapporter au culm, peut-être même déjà assez supérieur d'après les espèces énumérées dans les *Memoirs of the geological Survey*, 1866. La série d'Édimbourg atteint peut-être même la grauwacke supérieure, avec ses *Lepidodendron* variés, ses *Halonia*, *Ulodendron*, etc. Les pétrifications calcaires non en place de Burnt-Island correspondent, m'ont dit MM. Carruthers et Williamson, aux couches de Burdiehouse; elles se réfèrent en effet aux empreintes de ces couches; au reste, à Lennel-Braes on trouve les mêmes pétrifications dans des roches stratifiées contemporaines de celles de Burdiehouse.

En Angleterre-Irlande, la base de la formation carbonifère est développée; l'upper old red sandstone existe dans le comté de Kilkenny, d'après Haughton, qui en a fait connaître les Cyclostigmacées caractéristiques (*Manual of geology*, 1866, p. 233). J'ai pu voir au British Museum beaucoup d'empreintes de cet étage, dont la position est discutée (*On the evidence afforded by fossil plants as to the boundary line between the devonian and carboniferous rocks*, dans *Journal of the geological Society of Dublin*, 1855). M. Carruthers veut que les types végétaux du grès jaune de l'Irlande et de l'Angleterre (que Griffith a considéré comme le membre le plus inférieur du système carbonifère) appartiennent au terrain devonien et non point au terrain carbonifère.

En Allemagne, le terrain devonien supérieur a offert, dans les schistes à cypridines, un certain ensemble d'empreintes et de structures remarquables (Unger, *Beitrag zur Palæontologie des Thüringer Waldes*).

En 1859, ce que l'on connaissait de la flore du calcaire carbonifère venait seulement de la Silésie (Göppert, *Die Fossilflora des Uebergangsgebirges*, p. 142). Une monographie locale de couches contemporaines vient d'être publiée (Ottokar Feistmantel, *Das Kohlenkalkvorkommen der Rothwaltersdorf*, etc., p. 463, *Zeitschrift der deut. geol. Gesellschaft*, 1873).

Pour le Posidonomyenschiefer de Nassau et du Harz, pour la grauwacke supérieure de Silésie, de Saxe, du Harz, j'ai consulté surtout Göppert (*Die Fossilflora des Uebergangsgebirges*, 1852, et le complément de 1859) et aussi Rœmer (*Beiträge zur geologischen Kenntniss des Nordwestlichen Harzgebirges*, et *Jüngere Grauwacke und Posidonomyenschiefer*), et pour la grauwacke de Hainichen (plus récente, d'après M. Stur, que le culm de Silésie et de Moravie),

46.

d'Ébersdorf et de Berthelsdorf, en Saxe, Geinitz (*Darstellung der Flora der Hainichen Eb. etc.*, 1854).

M. Stur vient de décrire avec beaucoup de développements les *Bornia* et les Fougères du culm moyen et inférieur de Moravie, qui a des rapports avec le calcaire carbonifère de Rothwaltersdorf (*Die Culm-Flora des Mährisch-Schlesischen Dachschiefers*, 1875).

La grauwacke du culm est représentée dans les Vosges. J'en ai vu les empreintes au Muséum de Strasbourg; elles ont été publiées en partie par M. Schimper (*Mémoire sur le terrain de transition des Vosges*, p. 337). J'ai pu étudier la même flore par quelques-uns de ses points principaux dans le Roannais.

M. le docteur Bureau, à Paris, m'a laissé examiner chez lui une collection nombreuse d'empreintes du terrain anthracifère de la basse Loire; ces empreintes, jointes à celles plus variées que j'ai vues au Muséum, démontrent, et on en jugera, que cette formation se rattache à la grauwacke supérieure. M. Brongniart (*Prodrome*, p. 165) ne trouvait à comparer les espèces qu'il connaissait en 1828 qu'à celles renfermées dans les couches de Berghaupten.

Or, la flore paléolithique de Berghaupten, dont la liste des espèces actuellement connues est donnée par M. Geinitz (*Die Steinkohlen Deutschland's und anderer Länder Europa's*, p. 118), doit pour M. Schimper (*loc. cit.* p. 317, 319) occuper une place chronologique supérieure à celles des couches de Thann, car elle comprend des restes végétaux qui, bien que appartenant à la même époque, se rapprochent beaucoup plus de ceux du terrain houiller.

En suivant les plantes illustrées par M. d'Eichwald dans *Lethæa Rossica*, on croirait qu'elles viennent en majeure partie de couches au moins aussi récentes et en plus faible partie du terrain houiller moyen.

La grauwacke supérieure en passage au terrain houiller paraît représentée en Moravie, à Ostrau et à Peterswald (D. Stur, *Die Lagerungsverhältnisse der Steinkohlenflötze in der Ostrauer Steinkohlenmulde, in Verhand. der K. K. geol. Reichsanstalt*, 1868, p. 51). La Vendée, comme on le verra, offre des dépôts immédiatement inférieurs et supérieurs à la limite que l'on pourrait tracer entre les deux terrains.

D'autre part, une transition entre le terrain devonien supérieur et le calcaire carbonifère paraît également ménagée, d'après M. Oswald Heer, par sa série Ursa (*Die Fossilflora der Bären-Insel*, 1870, *Koneliga swenska Vetenskaps-Academiens Handlingar*). J'ai eu l'occasion d'examiner, à l'exposition du Congrès international des sciences géographiques de 1875 à Paris, les empreintes de la même transition provenant du Spitzberg et publiées en partie par le même auteur (*Die Steink.-Planzen der Klaas-Billen-Bai in Spitzbergen*).

En Amérique-Canada, le terrain sous-carbonifère de Perry en Maine, de Gaspé, de Saint-John, New-Brunswick, paraît à Dawson être un représentant précieux, aussi riche en empreintes que développé en couches, du terrain devonien; la flore est publiée sous le nom de *Flore érienne précarbonifère du Canada*, dans *The fossil plants of the devonian and upper silurian formation of Canada*, par M. Dawson, qui, à deux reprises, en avait déjà fait connaître des fragments, savoir : *On the pre-carboniferous Flora of Brunswick, Maine and Eastern Canada, in Canadian naturalist*, 1861, et *Further observations on the devonian plants of Maine, Gaspé and New-York, in The Quarterly*, 1863. Nous croyons, ayant vu en Angleterre une collection d'empreintes de ces terrains, qu'il faut distinguer les couches de Saint-John, que M. Heer a rapprochées du culm, de celles de Gaspé, qui sont véritablement toutes devoniennes; les plantes fossiles, l'auteur le reconnaît dans son dernier opuscule, page 71, sont bien différentes; je pense avec M. Carruthers que certaines couches de Saint-John sont même plus près du terrain houiller que de la grauwacke, à la hauteur de laquelle M. Schimper a élevé les terrains en question.

Le terrain carbonifère ancien ou inférieur est bien représenté en Amérique par l'étage du calcaire carbonifère, principalement, ce semble, au Canada, d'après *Report of the fossil plants of the lower carboniferous and millstone-grit formation of Canada, in Geological Survey of Canada*, 1873. Il est très-étendu dans les États-Unis et s'avance jusqu'au Nouveau-Mexique (Marcou).

Nous connaissons la flore du millstone-grit des Anglais et des Américains par les déterminations de Salter et de M. Dawson. Il se rattache, au moins dans le Lancashire, où il est bien développé, au terrain houiller, dont il forme la base, lié qu'il est, d'après M. Edward Hull, aux gannister beds on lower coal-measures, par les roches comme par les fossiles. Pour nous, il représente le terrain infra-houiller dans le centre de l'Angleterre, où le terrain houiller sous-moyen proprement dit est exprimé par la série du gannister que nous avons étudiée près de Shaw, et à Brushes-Clough jusqu'à lower foot, mine d'où proviennent la plupart des structures illustrées par M. Williamson.

La Silésie, représentée au Muséum par une grande variété d'empreintes, est devenue classique par les œuvres de M. Göppert, que nous avons bien des fois citées et que nous ne rappellerons pas; nous les mettons encore ici à contribution en même temps que les observations que cet auteur a publiées avec Beinert dans *Abhandlung der Steinkohlen* sur les caractères des plantes des différentes couches de chaque district. Dans cet ouvrage, les espèces du liegende zug et du hangende zug du bassin de la basse Silésie sont heureusement distinguées : le liegende zug de Waldenburg a plusieurs espèces complétement identiques à celles de la grauwacke de Hainichen, indiquant que

Terrains houillers moyens.

46.

ces deux formations se suivent à peu de distance, et offre ainsi les couches les plus profondes du terrain infra-houiller; le hangende zug est en grande partie sous-moyen. Le terrain houiller de la haute Silésie, au pied des Karpathes, qui s'étend en Pologne et se continue en Moravie, plus régulièrement, avec des couches plus puissantes, mais moins nombreuses qu'en basse Silésie, et se suivant sur plusieurs lieues d'étendue avec la même composition chimique et végétale; ce terrain houiller est généralement moyen.

La flore carbonifère de Bohême est connue d'après l'*Essai géognostico-botanique*, de Sternberg; les *Beiträge zur Flora der Vorwelt*, de Corda; *Steinkohlenund Permablagerung im Nord-Westen von Prag*, de M. O. Feistmantel; *Die Steinkohlenflora von Radnitz*, de M. d'Ettingshausen, etc. C'est la localité de Radnitz, dont le Muséum a de nombreux échantillons, qui a fourni, par la diversité et la bonne conservation des plantes, la plupart des matériaux d'étude de Sternberg et de Corda. Les terrains houillers de la Bohême paraissent généralement moyens, mais il y a à Stradonitz, d'après *Die Fossilflora von Stradonitz*, de M. d'Ettingshausen, et à Rakonitz, d'après *The Quarterly Journal*, Ludwig, et *Beiträge zur Kennt. d. Steink. d. Beckens v. Rakonitz*, 1860, Stur, des couches plus élevées de passage au terrain houiller supérieur, comme du reste assez généralement en Allemagne, à Zwickau notamment. Le terrain houiller sous-supérieur paraît être représenté à Pilsen d'après *Beiträge d. Kennt. d. Ausdehnung d. sogenannten Nyraner-Gasschiefer und seiner Flora*, Feistmantel, dans *Jahrb. d. K. K. geol. Reichs.*, 1872, p. 289. La Bohême présente d'ailleurs, d'un bassin à un autre, de grandes différences, moins bonnes pour établir les changements de flore qu'utiles pour déterminer l'âge relatif des nombreux dépôts carbonifères isolés de ce pays.

La flore houillère de Saxe, que j'ai pu bien étudier sur les ouvrages de Gutbier, de M. Geinitz et au Muséum d'après une collection complète de plantes de Zwickau, n'indiquerait dans ce pays, à part le culm et le rothliegende, que du terrain houiller supra-moyen et sous-supérieur, à la vérité avec un développement complet; cette flore y est effectivement aussi éloignée de celle du culm que de celle du rothliegende; dans *Darstellung der Flora der Hainichen*, etc., l'auteur explique (p. 8) que la flore de Hainichen est, à part le *Sphenopteris elegans*, complétement étrangère à celle de Zwickau; que, de l'autre côté, à part le *Nögg. palmæformis*, aucune plante de Flöha n'appartient au rothliegende (p. 23); que la flore de Flöha et de Gückelsborg est d'ailleurs complétement différente de celle du culm. Voir *Abdrücke und Versteinerungen des Zwickauer Schwarzkohlengebirges und seiner Umgebungen*, 1835, Gutbier; *Die Versteinerungen der Steink. in Sachsen*, 1855, Geinitz; *Geognostische Darstellung der Steink. in Sachsen*, 1856, Geinitz, où l'auteur a établi ses zones de végétation, etc.

Je crois reconnaître le terrain houiller généralement sous-supérieur plutôt que supérieur proprement dit à Wettin et Löbejün, près Hall, entre la Westphalie et la Saxe, d'après *Die Verst. d. Steink. von Wettin et Löbejün*, Germar, et les empreintes que j'ai pu en voir au Muséum.

Le terrain houiller de la Sarre offre un nouvel intérêt; il comprend, outre les couches de Duttweil et de Neunkirchen, les plus inférieures, que j'ai visitées et qui paraissent appartenir au terrain houiller moyen, un groupe de strates plus élevées à Schwalbach, Dilsburg, et des couches intermédiaires (Jacquot) à Geislautern; le docteur Weiss m'a remis en 1867 quelques notes sur Schwalbach et Dilsburg, et j'en ai relevé beaucoup au Muséum sur Geislautern, dont les couches paraissent bien appartenir au terrain houiller sous-supérieur. Voir d'ailleurs *Flora Saræpontana fossilis*, Goldenberg.

La flore houillère de Westphalie, du bassin de la Ruhr, a été publiée par le major de Röhl (*Die Fossilflora des Steinkohl. Westphalens*, 1868); la variété, unie à la quantité, des Sigillaires dénote, de concert avec l'ensemble des autres plantes, du terrain houiller moyen en général; certains *Pecopteris*, avec d'autres formes également récentes, dénonceraient un étage houiller plus élevé. J'ai dû m'enquérir de la position verticale des mines citées par l'auteur : le système de Hattingen qui succède immédiatement ou flötzleerer sandsteine ou grauwacke supérieure peut être choisi comme type du terrain infra-houiller; le district de Bockum est dans les couches moyennes; la mine Hibernia est dans les charbons à gaz supérieurs, etc. Les galeries du Muséum possèdent une flore complète du terrain houiller presque entièrement moyen d'Eschweiler.

Les végétaux fossiles du terrain houiller de la Belgique, planches par le docteur Sauveur, ceux que j'ai vus à Oignies-Aiseau et à Charleroy en 1866 et ceux du pays de Liége qui sont au Muséum sont généralement caractéristiques du terrain houiller moyen, sauf quelques empreintes plus récentes, qu'on m'a montrées comme venant de Mons, où se trouvent les couches les plus élevées de la formation. J'ai reçu de M. Crépin quelques renseignements sur le Hainaut. Du nord de la France j'ai examiné au Muséum beaucoup d'empreintes, venant : 1° d'Anzin, où existent au sud du cran de retour les couches supérieures (Dormoy); 2° de Fresnes et Vieux-Condé, qui se trouvent sur le faisceau inférieur.

En Angleterre on distingue : 1° le bassin du nord ou de Newcastle, de Northumberland, Durham; 2° le bassin du centre ou de Manchester, de Yorkshire, Derbyshire, Lancashire; 3° le bassin de l'ouest, du pays de Galles. Phillips a partagé la formation du Yorkshire en trois parties : inférieure, moyenne et supérieure, lesquelles M. Binney a reconnues applicables au Lancashire. Comme cette division se trouve plus ou moins naturellement exprimée à Newcastle, à Durham et peut-être aussi dans la Galles du Sud, le *Geological Survey* de la Grande-Bretagne a admis les subdivisions de lower, middle et upper coal-measures, auxquelles Salter s'est conformé dans ses énumérations d'espèces : *The geology of the country around Bolton-le-Moor*, Lancashire; *The geology of the country around Oldham*, y compris Manchester et ses environs. Les plantes décrites et figurées dans l'*Antediluvian phytology*, Artis, proviennent du terrain houiller moyen d'Yorkshire. J'ai pu voir au Muséum beaucoup d'empreintes du nord de l'Angleterre, de Newcastle et de Camerton. J'ai observé sur les lieux celles des couches moyennes et sous-moyennes de Moston et Hyde (Lancashire); on m'en a montré, à Londres et à Manchester, des couches supérieures de Shrewsbury, Ardwick, etc. D'après les plantes fossiles, les trois divisions et le millstone-grit compris ont des rapports si complets entre eux et une flore si généralement identique à celle du terrain houiller sous-moyen, et surtout moyen, que je suis très-porté à voir celui-ci seulement représenté avec très-peu de terrain houiller sous-supérieur dans les riches formations houillères du Royaume-Uni.

De l'Amérique du Nord, j'ai des notes assez complètes : 1° sur le terrain houiller de la Nouvelle-Écosse ou du golfe Saint-Laurent, dans les colonies anglaises, à Pictou, Joggins, Sydney (cap Breton), où ce terrain atteint la plus grande épaisseur; 2° sur le terrain houiller des États-Unis ou de la vallée du Mississipi, de la région des Alleghanys ou Apalaches, notamment de la Pensylvanie, de l'Ohio et de la région occidentale de l'Illinois, auquel se rattache sans doute, au sud, celui de l'Arkansas. MM. Dawson et Lesquereux ont beaucoup écrit sur la flore de ces riches terrains; j'ai pris connaissance de diverses notes dans le *Quarterly Journal*; j'ai consulté au Muséum de nombreux échantillons de l'Ohio, de Wilkesbarre, du cap Breton, de Rhode-Island; et je dois à la complaisance de M. Brongniart d'avoir pu lire la plupart des brochures et opuscules suivants : pour la Nouvelle-Écosse, *Synopsis of the flora of the carboniferous period*, Dawson; *On the coal-measures of the South Joggins*, *Quarterly*, t. X, 1854; *On the conditions of the deposition of coal more specially as illustrated by the coal formation*, *Quarterly*, t. XII, 1865, p. 95; *On the fossil plants from the coal formation of cape Breton*, Bunbury, 1846; et pour les États-Unis, *Report of the geological Survey of Ohio, Description of fossil plants*, Newberry, vol. I, part II, p. 359, et les ouvrages suivants de Lesquereux : *The fossil plants of the coal-measures of the United States, with the new species in the cabinet of the Pottsville scientific association*, 1858; *New species of fossil plants from the anthracite and bituminous coal fields of Pensylvania* (extrait du *Boston Journal of natural history*); *Report of the fossil plants of Illinois*, dans *Palæontology of Illinois*, vol. II, 1866, p. 427; *Botanical and palæontological report of the geological state Survey of Arkansas*. De l'étude comparée des flores houillères d'Amérique Lesquereux induit que les divers terrains houillers correspondant doivent se rapporter les uns aux autres par les plantes. Partout semblent représentés le terrain houiller sous-moyen et le terrain houiller moyen (qui est le plus développé et qui contient les principales couches) et les couches les plus profondes du terrain houiller supérieur, désignés respectivement sous les noms de lower, middle et upper (high, newer) coal-measures des États-Unis. Les immenses terrains houillers d'Amérique présentent la série verticale la plus étendue et méritent d'être étudiés tout particulièrement au point de vue des changements chronologiques de flore, qui se montrent les mêmes qu'en Europe, sous des combinaisons remarquablement analogues pour ne pas dire identiques; je puis donc en tirer parti pour former mon tableau.

Les changements de flore que je crois saisir dans la série verticale des couches houillères paraissent si concordants qu'ils doivent avoir été produits partout simultanément dans le même ordre. Or, ceux suivis dans les terrains carbonifères passés en revue ne comprennent qu'en faible partie la flore plus récente du bassin houiller de la Loire et des autres bassins du centre et du midi de la France, laquelle flore caractérise le terrain houiller supérieur proprement dit, qui est au complet chez nous, car il renferme beaucoup plus complétement que les rares et minces dépôts houillers supérieurs du Nord la végétation qui remplit la lacune signalée en Allemagne entre le terrain houiller et le rothliegende. Je ne vois le terrain houiller supérieur proprement dit représenté par les plantes de la même manière que dans les couches moyennes et supérieures de Saint-Étienne, presque qu'à Rossitz-Oslavan, en Moravie, d'après les examens de plantes publiés, de 1868 à 1874, dans les *Jahrbuch, Abhandlungen und Verhandlungen der K. K. geol. Reichsanstalt*, par M. D. Stur, qui estime que cette formation doit être supérieure aux couches houillères les plus élevées de la Saxe; à Manebach, d'après Schlotheim (*Die Petrefactenkunde*, 1820, p. 38), et à Ilfeld, Harz supérieur (Rœmer, *Die Pflanzen des prod. Kohlengebirges am Südlichen Harzrand*, in *Palæontographica*, 1860, p. 14). Les couches d'Ottweiler (près Sarrebruck), que le Bergamt a laissées dans le rothliegende, offriraient, d'après le docteur Weiss, du terrain houiller supérieur en passage au terrain permien; mais cela n'empêche pas qu'une grande lacune n'existe entre les couches houillères supérieures de Sarrebruck et les couches d'Ottweiler. En sorte que la connaissance de la flore des terrains houillers du centre français était nécessaire pour compléter la série des transformations principales que la flore carbonifère a successivement éprouvées du commencement à la fin de la période. Nos bassins renferment non-seulement toute la flore supérieure proprement dite, mais

Terrains houillers supérieurs.

ils peuvent nous fixer sur la végétation supra-houillère, maigrement représentée au Canada, dans le membre supérieur des upper coal, par des plantes houillères qui vont au permien et des plantes permiennes qui débutent dans le terrain houiller supérieur, mais sans aucune espèce permienne caractéristique. (Dawson, *Upper coal formation of Eastern Nova Scotia, in its relations in the permian*, 1874.)

Terrains permiens.   La flore permienne postcarbonifère est aujourd'hui déjà assez bien connue par les ouvrages suivants : *Die Fossilflora der Permischen Formation*, Göppert; *Die Versteinerungen des Zechsteingebirges und Rothliegenden oder des Permischensystems in Sachsen*, 1849, Gutbier; *Die Leitpflanzen des Rothliegenden u. d. Zechst. od. d. Permform. in Sachsen*, 1858; *Dyas*, Heft II, 1862, Geinitz; *Die Fossilflora des Saar-Rheingebietes*, Weiss. Nous apporterons un appoint de faits nombreux et d'observations nouvelles concernant le rothliegende du centre de la France. Il nous est impossible, d'accord avec M. Stur, de considérer comme permiennes les plantes exclusivement houillères de Pilsen et d'autres endroits, que M. O. Feistmantel rapporte, assurément à tort, au terrain permien le plus inférieur, parce qu'il y a des animaux dyasiques (*Ueber das Verhältniss der Böhmischen Steinkohlen zur Permformation, Jahrbuch der K. K. Reichsanstalt*, 1873, p. 249).

On avait prétendu que la flore permienne est autonome. En 1849, Gutbier montra que les plantes houillères étaient différentes des plantes permiennes, quoique des mêmes genres; c'est qu'il existe, avons-nous déjà exprimé, une lacune en Saxe, comme ailleurs en Allemagne, entre les couches supérieures du terrain houiller et le rothliegende. A Sarrebruck et en quelques autres points isolés de l'Europe centrale, on avait bien trouvé des points de contact, mais moins complets et moins significatifs que dans le centre de la France, où la flore du rothliegende, quoique se renouvelant, montre n'être en général et au fond qu'un appauvrissement moins varié de la flore houillère supérieure, avec des formes ordinairement plus faibles et des signes précurseurs de disparition prochaine.

TABLEAU RAISONNÉ

DE LA SUCCESSION CHRONOLOGIQUE DES FLORES CARBONIFÈRES.

Le tableau suivant donne en résumé, des couches inférieures aux couches carbonifères supérieures, les changements généraux de la flore terrestre.

FLORE PRIMORDIALE, DÉVONIENNE, PRÉCARBONIFÈRE.

A part les *Eophyton* siluriens, de Torrell (qui sont des traces douteuses de plantes), les *Psilophyton* peuvent compter au nombre des plus anciens végétaux terrestres. (Mais on a considéré comme *Psilophyton* des débris de plantes différentes, d'après ce que nous avons pu en voir : les vrais *Psilophyton*, comme le *Ps. princeps*, Daw., ont des capsules terminales et des feuilles en forme d'épines, qui font ressembler la tige de cette espèce au *Cyclostigma gracilis;* ce sont, sans doute, ceux-ci que l'on a signalés comme des plantes à rhizomes; il y en a d'autres filicoïdes, qui sont des Fougères sans limbe; quelques-uns ressemblent fort à des racines.)

Les *Psilophyton* apparaîtraient déjà dans le terrain silurien supérieur de Gaspé (Canada). Le Dr Hooker a reconnu des spores, *Pachytheca*, et en Allemagne on aurait trouvé des traces de Lycopodées, et peut-être même du bois de Gymnosperme dans des roches aussi anciennes.

Mais ce n'est guère que dans le terrain devonien inférieur que se montrent, d'une manière certaine, les plantes terrestres, et que dans le terrain devonien moyen que s'annonce la flore carbonifère par des formes particulières, en grande partie très-insolites.

La flore devonienne supérieure, plus variée, tend à la flore carbonifère, mais elle se particularise par des groupes et espèces propres, par des *Cyclostigma* (bien différents des *Lepidodendron*, avec leurs petites cicatrices rondes proéminentes sur des saillies du moule), par quelques *Lepidodendron* chétifs, par des *Sphenopteris* menus, déchiquetés, sans parenchyme, par des *Palæopteris* particuliers ou précurseurs de ceux du calcaire carbonifère. Unger a fait connaître des organisations très-anomales du terrain devonien supérieur, telles que *Haplocalamus, Calamopteris, Cladoxylon*, des structures singulières de rachis, telles que, entre autres, les *Clepsydropsis*, du bois sans pores, dit *Aporoxylon;* le *Prototaxites Logani*, Daw., est encore plus extraordinaire, d'après l'étude qu'en a faite M. Carruthers. Déjà des *Palæoxylon, Cordaites.*

Des changements assez importants paraissent s'opérer dans cette flore pri-

47

mordiale, pauvre, composée généralement de Lycopodiacées et de Fougères, et, autant qu'on peut aujourd'hui les connaître, ils s'accordent avec les divisions géologiques du terrain devonien.

Terrain devonien
inférieur.

Le terrain devonien inférieur, le berceau de la flore terrestre, ne présente guère que des *Psilophyton, Arthrostigma* avec les *Haliserites Dechenianus*, Göpp., qui, après tout, pourraient bien n'être que des *Psilophyton* filicoïdes [1]. *Parka decipiens*, Fleg., *Nematoxylon*, etc.

Terrain devonien
moyen.

Le terrain devonien moyen offre avec le maximum des *Psilophyton princeps* et *robustius*, Daw., *Dechenianum*, Carr., et autres, de curieuses empreintes lycopodioïdes, quelques menus *Lepidodendron, L. Gaspianum*, Daw., *Nothum* de Salter, le commencement des *Cyclostigma*, à peine quelques *Cyclopteris, Pseudo-Annularia laxa*, Daw., *Palæopitus Milleri*, M'Nab, etc.

Terrain devonien
supérieur.

Le terrain devonien supérieur présente, comme type de Fougères, *Sphenopteris refracta*, Göpp. (réduite au squelette), *Sphenopteris devonica*, Unger; des *Palæopteris elegans*, Ung., M'Coyana, Göpp., *Hallania* et *Römeriana*, Göpp.; des *Lepidodendron Nothum*, Ung., auquel se rattache le *Leptophlœum rhombicum*, Daw., et en outre *Lep. truncatum*, Göpp., *acuminatum*, Göpp.; *Cyclostigma Kiltorkanse*, Haugh. A peine *Lepidodendron Veltheimianum*, *Bornia inornatus*, Daw., *Asterophyllies coronatus*, Ung. *Stigmaria* incertains, en tout cas particuliers, très-minces, comme le *Stig. areolata*, Daw., quelques-uns ressemblant à des *Cyclostigma*, comme le *Stig. pusilla*, Daw.; M. Göppert n'a cité aucun véritable *Stigmaria* (*Fossilflora des Uebers.* p. 272; *Ueber die Fl. Silar. Dev. unt. Kohl.*, p. 118 et 119); je n'en ai vu une forme particulière rappelant le *Stig. perlata* de Saint-John que dans le grès jaune d'Irlande. Aucun *Sigillaria* évident.

Au sommet du terrain devonien, beaucoup de *Cyclostigma Kiltorkanse*, assez de *Cycl. minuta*, Haugh.; encore peu de véritables *Lepidodendron*; *Lepidophyllum Baylianum*, Schimp. (de *Cyclostigma?*); nombreux *Palæopteris Hibernica*, Forb. (particulier avec ses pinnules rachiales); *Sphenopteris Condrusorum*, Crép. (près du *Sph. refracta*), *Sphenopteris Hookeri* (près du *Sph. Schimperi*). *Filicites lineatus*, Bailey; aucun *Bornia transitionis* dans le grès jaune.

FLORES CARBONIFÈRES ANCIENNES, ANTHRACITIQUES.

Par la série ursienne, où l'on remarque un mélange de nombreux *Cyclostigma* avec des *Bornia transitionis, Lepidodendron Veltheimianum, Stigmaria*;

[1] *Fossilflora des Ueberg.* p. 88, pl. II, avec ses branches linéaires dichotomes, circinées au bout, pourvues d'une fine côte moyenne.

par les couches inférieures de Saint-John, contenant encore des *Psilophyton* particuliers; par le calcaire carbonifère, où sont concentrés les *Palæopteris*, le terrain carbonifère le plus ancien hérite d'un certain nombre de plantes devoniennes; les *Cyclostigma*, les *Palæopteris*, les *Sphenopteris*, enchevêtrent les deux flores à leur point de jonction.

Dans le terrain carbonifère ancien, les Calamariées figurent par des *Calamites* assez nombreux en haut, mais de formes grêles, par le genre propre *Bornia*, plus répandu au milieu et en bas, par peu d'*Asterophyllites* s'y rapportant, comme l'*Ast. spaniophyllus*, Feist., sans *Volkmannia*, sans *Annularia* ni *Sphenophyllum* proprement dits, le *Sph. tenerrimum*, Ett., étant à rattacher aux *Bornia; Stigmatocanna, Anarthrocanna*. Les Fougères comprennent des *Palæopteris* aussi nombreux que variés, avec *Cyclopteris* pétiolés, tels que le *Cycl. Bockschiana*, Göpp., avec de très-rares *Nevropteris* en haut et des *Sphenopterides* de diverses sortes, à feuillage maigre et menu, *Hymenophylloides*, *Duvallioides*, prenant en haut le dessus sur les *Palæopteris Aulacopteris dichotoma*, Göpp., *tenuistriata* et autres plus minces signalés à tort comme *Cordaites*. A partir du milieu de la série, la flore est généralement composée de *Lepidodendron*, du type *Veltheimianum*, particuliers par leur écorce stratifiée, avec des *Knorria*, des *Stigmaria* et de très-rares *Sigillaria*, même en haut. Déjà *Diploxylon* à Burnt-Island et *Triquetrum ligneum* (communs à Oldham). A Burdiehouse, les fossiles ordinaires sont les *Lepidodendron*, les Fougères, peu de *Calamites* petites, absence de *Stigmaria* comme de *Sigillaria* (*Fossil Flora*, III, 25); il y a cependant des *Stigmaria* à Burnt-Island. *Cordaites* déjà répandus, étroits, à sommet tronqué : *Nöggerathia abscissa*, Göpp., *polaris*, Heer; *Cordaites Robbi*, Daw., en grandes feuilles; assez de bois de Conifères en Angleterre (Witham), principalement de *Pissadendron* en Amérique, Daw., soit *Pissadendron antiquum*, Daw. *Dadoxylon Beinertianum*, Göpp.; *Protopitus*, Göpp.; quelques petits *Cardiocarpus* peu variés, sans *Rhabdocarpus* ni, pour ainsi dire, de *Trigonocarpus* caractéristiques : *Cardiocarpus punctulatus*, Göpp. et Berg., *Carpolithes conchæformis*, Göpp.; *Haidingera piriformis*, Eich.; *Trigonocarpus ellipsoideus*, Göpp.; *Calathiops*, Göpp, etc.

Des changements assez notables se remarquent de bas en haut dans trois étages que relient les *Lepidodendron Veltheimianum* (la plus commune plante caractéristique du culm, encore de la jüngste grauwacke et déjà du calcaire carbonifère, *Die Fossilflora des Ueberg.* p. 98), le *Lepidodendron tetragonum*, le *Bornia transitionis*, le *Cyclopteris acadica*, Daw. (caractéristique du lower coal d'Amérique), le *Sphenopteris elegans;* nous croyons pouvoir différencier ces étages de la manière suivante:

Filicacées. Comme espèces partagées avec le vieux grès rouge : *Sphenopteris devonica*, *refracta*. *Sphenopterides* généralement fins, *trichomanoides*, allant au culm : *Sphenopteris bifida*, Lind., *lanceolata*, *confertifolia*, Göpp. Maximum des *Palæopteris* : *Palæopteris inæquilatera*, Göpp., *Pal.* (Asplénioïdes) *Lindsææformis*,

Sélaginées. Bunb., *Pal. polymorpha* (Cardioptéroïdes), *frondosa*, Göpp. Fin des *Cyclostigma* par *C. minuta*, *Nathorstii*, Heer, avec *Lepidodendron*, comme le *Wiikianum*, Heer, et autres ayant, d'après Dawson, conservé des rapports avec les *Cyclostigma*, et petits *Lepidodendron*, *carneggianum*, Heer, *acuminatum*, Göpp., avec *Lepidodendron Veltheimianum*, Presl., *squamosum*, Göpp. (du type *tetra-*

Stigmariées. *gonum*), des *Knorria imbricata*, Stern., *Knorria acicularis*. *Stigmaria ficoides*

Calamariées. *rugosa*, *anabathra*, With. *Bornia transitionis* nombreux; *Asterophyllites elegans*, Göpp. Sorte de *Cladoxylon*; *Zygopteris tubicaulis*, Göpp.

FLORE DU CULM.

La flore anthracitique a tout son épanouissement dans le culm, par la quantité et la variété en bas et au milieu des *Palæopteris*, par la quantité des *Bornia*, sans pour ainsi dire encore de *Calamites*, par la masse des *Lepidodendron* du type *Veltheimianum*. Les leitpflanzen ou plantes caractéristiques, largement répandues, sont : 1° *Lepidodendron Veltheimianum* en Europe, avec *Knorria imbricata*; *Lepidodendron corrugatum*, Daw., au Canada; *Lepidodendron Glinkanum*, Eich., allié aux *corragatum* et *Veltheimianum*, en Russie centrale;
en Saxe, principalement *Lepidodendron* et *Bornia* dans les schistes et même

Calamariées. dans la houille, le *Lep. Veltheimianum* dominant de beaucoup, avec *Knorria imbricata*, plus rarement *Lep. tetragonum* (*Geog. Darst. d. St. in Sach.*, p. 13-

Stigmariées. 14); 2° les *Bornia transitionis*, nombreux et répandus, auxquels vient s'associer le *Calamites Rœmeri*, Göpp.; *Stigmaria* en quantité à Thann, *ficoides*, Brongn., *lævis*, Göpp., et autres de structure particulière en Silésie, en Écosse; *Sphenopteris distans*, Stern. C'est spécialement l'étage des *Rhodea* (Stur), des *Cardiopteris* (Schimper). Les Sélaginées forment déjà la masse de la végétation dans le Harz.

Filicacées. *Palæopteris* (Asplénioïdes) *Machaneti*, Stur; *Cardiopteris frondosa*, Göpp.; *Pal.* (Adiantoïdes) *antiqua*, Ett.; *Pal.* (Archæopteris) *Tschermaki*, Stur, *dissecta*, Göpp. (duquel on peut rapprocher le *Triphyllopteris Collombiana*, Sch.); *Pal.* (Sphénoptéroïdes) *affinis*, Lind. (que j'ai reconnu pour devoir être placé à la suite du groupe); *Rhodea divaricata*, Göpp., *elegans*, Brongn., *Moravica*, Ett., *patentissima*, Ett., *grypophylla*, Göpp., *pachyrachis*, Göpp., *petiolata*, Göpp.; *Sphenopteris Göpperti*, Ett., *filifera*, Stur; *Sphenopteris* (à lobes linéaires arrondis) *Schimperi*, Göpp. (caractéristique), *Haueri*, Ett.; *Sphenopteris* (Cheilantoïdes) *distans* et autres. *Clepsydropsis duplex*, Will. (type devonien inconnu dans le terrain houiller). *Nevropteris antecedens*, Stur. Le *Lepidodendron tetragonum* (répandu au Canada) s'est développé à la suite du *Lep. Nothum*; *Lep. depressum*, Göpp.; *Knorria longifolia*, Ster.; *Ulodendron commutatum*; *Halonia tetrasticha*; les deux *Megaphytum* du Harz comme ceux publiés par M. Göppert sont des *Ulodendron* anciens. Beaucoup de macrospores (Amérique, Spitzberg, Roannais), papilleux à Burnt-Island.

Lépidodendrées.

FLORE DE LA GRAUWACKE SUPÉRIEURE.

Dans la grauwacke supérieure, les *Lepidodendron* acquièrent la prépondérance du nombre et de la variété à la fois avec *Knorria*, *Ulodendron*, *Halonia*: *Lepid. carinatum*, *polyphyllum*, Rœm., *Volkmanni*, Stern. (Moravie et Silésie), *rugosum*, Presl., *caudatum*, déjà *Lep. aculeatum*, Stern., *obovatum*, Stern., peut-être *rimosum*, Stern., et sans doute *brevifolium*, Ett., dans les couches supérieures, avec *Lep. sexangulare*, Göpp. (rappelant les *Lepidofloyos*), rameaux de *Lepidodendron* décrits à faux comme *Lycopodites erectus*, etc.; *Halonia tetrasticha* (tout mince), *regularis* (Burdiehouse); *Ulodendron ovale*, Carr., *commutatum*, Schimp., *Schlegeli*, Eich. Les *Stigmaria*, inconnus dans le terrain devonien supérieur, rares dans le calcaire carbonifère, abondent plus que dans le culm avec les *Lepidodendron* (Russie centrale), la plupart particuliers, tels que *Stig. undulata*, *elliptica*, *inæqualis*, *sigillarioides*, mais déjà beaucoup de *Stigmaria ficoides* ordinaires, et cela en telle quantité que, avec les *Lepidodendron*, ils tendent à former, comme dans le terrain infra-houiller, la plus grande partie de la végétation. Toujours rareté complète de quelques Sigillaires minces ou particulières, telles que *Sigill. undulata*, Göpp., *Volzii*, Brongn., et *densifolia*, Brongn. (si Berghaupten ne se rattache pas plutôt au terrain infra-houiller), *Sigill. costata*, Lesq. (du groupe de Chester, en haut du terrain carbonifère ancien de l'Illinois), *Sigill. subelegans* (à Ostrau), *Sigill. venosa*, Brongn.; *Sigill. Guerangeri* et *Verneuilleana*, Brongn. (à Sablé); le *Sigill. culmiana*, Rœm., étant un *Cyclostigma*, le *Sigill. minutissima*, Göpp., étant douteux. On voit augmenter les Calamites (réputées abondantes dans la basse Loire), la plupart grêles mais déjà variées: *Cal. Rœmeri*, *Cal. Volzii* (remplaçant le *Cal. transitionis* à Berghaupten), *cannæformis*, *tenuissimus*. Des *Asterophyllites pygmæus*, Brongn., *microphylla*, avec *Sphenophyllum* insolites, *dissectum*, Brongn. (analogue à l'*Ast. elegans*), *bifurcatum*, Gein., *tenerrimum* (Moravie); pas d'*Annularia*. Prédominance de Sphénoptérides: *Sph. dissecta*, Brongn., *Gersdorfii*, Göpp., *elegans* (fréquent), *distans*, *tridactylites*, *microloba*, *bifida*; *Sph. Schistorum*, Stur (nombreux). Les *Palæopteris* prennent presque fin par *Cyclopteris tenuifolia*, Göpp., *Haidingeri*,

Lépidodendrées.

Stigmariées.

Sigillariées.

Calamariées.

Filicacées.

Ett., *flabellata*, Brongn. (Berghaupten). *Megaphytum protuberans*. Le *Caulopteris Peachii* est, avons-nous vu, un *Aulacopteris;* les *C. Göpperti*, Eich., et *microdiscus*, Eich., sont des *Lepidodendron*. *Alethopteris discrepans*, Daw., *Prepecopteris aspera*, Brongn. (abondant à Berghaupten), *stricta*, Göpp. Et déjà du terrain houiller moyen : *Sphenopteris furcata*, Brongn. (Sablé), *obtusiloba*, Brongn.; *Hymenophyllites quercifolius*, Göpp., *Prepecopteris subdentata*, *Nevropteris heterophylla*, Brongn. (Moravie), *Loshii*, Brongn., etc.

FLORES HOUILLÈRES MOYENNES.

Il y a en Russie et dans la Forêt-Noire des terrains carbonifères que l'on hésite à ranger plutôt dans la grauwacke supérieure que dans le terrain houiller. C'est qu'il n'existerait pas de limite accusée entre ces deux subdivisions. Cependant les plantes propres à la grauwacke ont presque disparu, et de nouvelles ont leur entrée graduelle. Dans le millstone-grit, les plantes du terrain houiller moyen dominent. Il paraît ainsi exister à la base du terrain houiller un étage caractérisé par une flore renfermant les restes de plantes plus anciennes, avec les plantes houillères les plus caractéristiques.

Lépidodendrées.   *Flore de l'étage infra-houiller*. Les Sélaginées avec les Stigmariées constituent le fond de cette flore. C'est peut-être même dans les couches les plus profondes du terrain houiller que les Sélaginées ont leur maximum de nombre, de grandeur (plus accusée que dans le culm, dit M. O. Feistmantel). Association particulière de *Lepid. aculeatum*, Stern. (nombreux dans le millstone-grit), *obovatum*, Stern. (abondant), *crenatum*, Stern. (basse Silésie), avec *brevifolium*, Ett. (Bohême) et *Haidingeri*, Ett. Les *Lepid. brevifolium, obovatum, aculeatum*, sont des espèces sociales en Bohême (d'Etting.) et à Belmez (Gr.); *Lep. selaginoides, phlegmarioides*. Encore *Lepid. Veltheimianum* (non rare à Hattingen) avec les *Lepid. caudatum*, Presl., *carinatum, rugosum, Rhodeanum*, Göpp.; *Lepid. Volkmannianum*, Stern., *rimosum*, Stern.; *Aspidiaria undulata*, Stern., *Ulodendron* communs (quatre espèces dans les couches inférieures de Schwarzwaldauerthal et communs en Russie) : *Ul. punctatum, ellipticum, majus;* plusieurs espèces d'*Halonia, tuberculosa*, etc., et *Lepidofloyos acadianus*, Daw. (ancien), *intermedius, laricinus* (déjà en basse Silésie).

Stigmariées.   Stigmariées abondamment répandues partout, principalement dans la houille, qu'elles ont formée, conjointement avec les Lépidodendrées, mais en général à petites cicatrices, et surtout le *Stig. stellata*, Göpp. (en basse Silésie), *undulata*, Göpp., *reticulata*, Göpp.

Sigillariées.   Cependant encore peu de Sigillaires dans les couches inférieures de la basse Silésie et de la Bohême, dont *Sigill. oculata*, Schlot. (caractéristique en basse Silésie), *Sigill. alveolata*, Stern. et non Brongn., *Knorrii*, Brongn., *trigona*, Stern.; *Sigill. minima* à Hattingen avec *Sigill. nodulosa*, Rœm., *deutschiana*, Br.

Beaucoup de Fougères plus diversifiées qu'antérieurement, surtout des *Sphenopteris Davallioides*, *Dicksonioides* et déjà *Aneimioides*. Encore pour derniers représentants diminués et affaiblis des *Palæopterides*, *Sphenopt. adiantoides*, *oblongifolia*, Göpp., *antiqua*, Daw. (du millstone-grit d'Amérique). Si l'on veut bien suivre, dans *Die Fossile Flora Farrnkräuter*, les *Sphenopteris Davallioides*, *Cheilantoides*, *Dicksonioides*, ainsi que les *Hymenophyllites* et *Trichomanites*, on prendra une assez complète idée des Sphénoptérides que l'on trouve ensemble et avec les autres plantes du terrain infra-houiller. Encore *Sphen. distans*, *Sphen. elegans* (abondant), avec *Sph. furcata*, Brongn., *dissecta*, Brongn., *Sph. Dubuissonis*, Brongn., *tridactylites*, Brongn. (abondant), *rigida*, Brongn., *divaricata*, Göpp., *linearis*, Brongn., *acutiloba*, Stern., *oppositifolia*, Hœninghausii, Brongn., *Gravenhorstii*, Brongn., *Sph. meifolia*, Stern., *multifida*, Lind. *Prepecopteris* ni nombreux, ni variés; encore *Pecopt. aspera*, Brongn.; *Pecopt. sinuata*, Daw., *plumosa* (à Hattingen); quelques *Sphenopteris-Aneimioides*, *latifolia*, *acuta*, *macilenta*, *muricata*, *Megaphytum*. Rares *Nevropteris* dans les couches inférieures de la Silésie, de la Westphalie : *Nevr. Loshii*, *tenuifolia*, etc. Déjà *Alethopteris lonchitica*, Brongn., *Mantelli*, Brongn., *heterophylla* (millstone-grit du Canada) et autres, comme dans les couches plus élevées. *Aulacopteris crassa*.

Calamariées non encore très-abondantes. Calamites relativement peu nombreuses en basse Silésie : *Cal. undulatus*, Stern. (beaucoup dans le millstone-grit du Canada), *Steinhaueri*, Brongn., *communis*, Ett. (abondant en Bohême), *cannæformis* et *Cistii* (déjà répandus). Rares *Asterophyllites* (à fines sinon généralement à courtes feuilles en Bohême) : *Ast. foliosus*, Lind., *tenuifolius*, St., *dubius*, Brongn., *delicatatus*, St., etc. *Calamostachys typica*, Schimp. Pas de véritables *Annularia* ni pour ainsi dire encore d'*Ann. asterophylloides*. *Asterophyllites furcatus*, Gr. (en Vendée), à feuilles remarquablement bifurquées, *Sphenophyllum tenerrimum*, et à peine quelques *Sphenophyllum* ordinaires.

Il y a des Cordaïtes et des Carpolithes, mais on ne voit pas que les plantes auxquelles ces débris appartiennent aient joué un certain rôle.

I.

FLORE HOUILLÈRE SOUS-MOYENNE.

Les caractères de la flore continuent à changer de manière qu'un peu plus haut ils passent de plus en plus manifestement à la flore si caractéristique du terrain houiller moyen.

Encore grande abondance de Sélaginées et à peu près les mêmes, mais

Filicacées.

Calamariées.

moins prépondérantes et avec des changements de nombre, ce qui, joint à d'autres différences résultant de l'introduction et de l'augmentation de diverses plantes, pourrait bien caractériser un étage où l'on trouve d'ores et déjà la plupart des espèces qui sont particulièrement propres au terrain houiller moyen.

Sélaginées. Énormément de *Lepidodendron* dans le gannister, à Newcastle; *Lep. Haidingeri*, *obovatum*, *undulatum*, *aculeatum*, *crenatum*, *caudatum*, *longifolium*, Brongn., *brevifolium*, Ett., *selaginoides*, *Volkmanni*; *Lepidofloyos laricinus*, *intermedius*, *crassicaule*. *Ulodendron* au maximum, très-commun en Angleterre, *dichotomum*, *punctatum*, *majus*, *minus*, *pumilam*, *transversum*, etc. (voir *Monthly Journal*, 1870, p. 144). Les *Halonia* sont communs et parfois proportionnels aux *Lepidodendron* dans le Lancashire (Binney, *Obs. foss. pl. of carb. str.* part III, p. 96): *H. tortuosa*, *regularis*, etc.

Sigillarinées. *Sigillaria oculata*, Schl., plus nombreux, avec *Sig. elegans*, Brongn., *scutellata*, Brongn., *elongata*, Brongn., *mamillaris*, Brongn., *alveolaris*, Brongn., *reniformis*, Brongn.; dans la gannister série il y a une certaine proportion de *Sigillaria* des types *Saullii*, *Knorrii*, *scutellata*, *organon*, *alternans*. Beaucoup de *Stigmaria ficoides*, *minor*, *stellata* et *reticulata* encore. Les *Dictyoxylon*, les *Lyginodendron* et autres Cryptogames exogènes (qui doivent se rapporter aux Sigillaires) sont communs, dit M. Williamson, dans les nodules calcaires des lower coal-measures, dont les débris végétaux diffèrent beaucoup, d'après cet investigateur, de ceux de Burnt-Island.

Calamariées. Calamites en quantité, dont, outre les espèces ci-dessus notées, *Cal. cannæformis*, Schl., *Suckowii*, Brongn., *Cistii*, Brongn., *decoratus*, Brongn., *approximatus*, St., *ramosus*, Art., déjà. En plus des Astérophyllites précités, *Ast. subhippuroides*, Brongn., *longifolius*; *Volkmannia polystachya*, Stern. Pas encore d'*Annularia*, mais, si j'en ai mieux jugé par l'examen des empreintes du Muséum que d'après les descriptions, seulement des Asterophyllites-annularioides, tels que *Annularia radiata*, St. Les *Sphenophyllum* se montrent principalement sous les formes *erosum*, Lind., *saxifragæfolium*, St.

Filicacées. Fougères aussi abondantes que variées, la plupart Sphénoptérides, toujours anciennes; cependant de plus en plus rare *Sphenopt. elegans*, Brongn., *dissecta*, avec *Sph. furcata*, *Gravenhorstii*, Brongn. Déjà assez de *Sphenopteris latifolia*, Brongn., *acutifolia*, Brongn., *nervosa*, Brongn., *muricata*, Brongn., avec l'*obtusiloba*, Brongn., le *trifoliata*, Brongn.; beaucoup de *Pseudo-odontopteris Britannica*, à Hyde. Des *Prepecopteris Silesiaca*, Göpp., *oxyphylla*, Göpp., *Glockeri*, Göpp. *dentata*, Brongn., *Miltoni*, Art. *Megaphytum majus*. *Pecopteris ophiodermatica* et autres de la même sorte. Les *Nevropteris* arrivent à l'abondance, avec quelques *Cyclopteris obliqua*; *Nevropt. heterophylla*, Brongn. (commun), *Loshii*, Brongn. (également), *gigantea*, St., *tenuifolia*, Schl., an-

gustifolia, Brongn., *rarinervis*, Bunb. *Alethopteris lonchitica*, Brongn., *Mantelli*, Brongn., *Dournaisii*, Brongn., *urophylla*, Brongn., *Serlii*, Brongn. *Loncho-pteris obtusiloba*, Göpp. A Oldham, *Rhachiopteris aspera* (se trouvant déjà à Burnt-Island), deux *Zygopteris* rappelant ceux d'Autun, *Medullosa* en petites branches, un *Psaronius* à racines poilues, etc.

On ne signale guère de Cordaïtes; cependant il y en a avec les autres plantes, mais tous finement striés. Le fait est que, dans la basse Silésie, les *Artisia*, dit Göppert, appartiennent à la plus grande rareté. Il y a encore peu de fusain dans la houille. Quelques rares *Carpolithes, acutus, membranaceus*, Göpp. A Oldham on trouve quelques petites graines ellipsoïdes, des *Trigo-nocarpus ovatus*. {Cordaïtées.}

Au nombre des plantes communes, on pourrait énumérer : *Sphenopteris latifolia*, Brongn., *acutifolia*, Brongn.; *Lepidodendron aculeatum*, St., *obova-tum*, St., *crenatum*, St., *Sigillaria oculata*, Schl.

Au nombre des plantes plus rares : *Calamites ramosus, Asterophyllites fo-liosus*, L., *Nevropteris flexuosa*, St., *Lepidodendron rimosum*, St.; *Lepidofloyos laricinus*, St., etc.

II.

FLORE HOUILLÈRE MOYENNE PROPREMENT DITE.

Le terrain houiller moyen proprement dit est assez bien caractérisé par la riche flore suivante, où les Sigillaires (qui auparavant ont déjà pu contre-balancer les Lépidodendrées, comme quelques flores locales de Liége et de Westphalie en offriraient des exemples) sont arrivées à la prépondérance complète, toujours avec de nombreuses Sélagines, mais le tout mêlé de *Ne-vropteris*, de *Sphenopteris-Aneimioides*, de *Prepecopteris*, d'*Alethopteris* (du type lonchitica), de *Calamites* et de *Sphenophyllum*.

Règne des Sigillarinées, partout variées, nombreuses, abondantes et for-mant la masse de la houille : *Sigillaria* (à côtes étroites) *Græseri*, Brongn., *Utschneideri*, Brongn., *angusta*, Brongn., *scutellata*, Brongn.; *Sigill. Deutschiana*, Brongn., *intermedia*, Brongn., *elongata*, Brongn., *lævigata*, Brongn., *reni-formis*, Brongn., *canaliculata*, Brongn., *polleriana*, Brongn.; *Sig. Saullii*, Br., *ocellata*, St., *Cortei*, Brongn., *subrotunda*, Brongn., *Sillimanni*, Brongn., *rugosa*, Brongn., *orbicularis*, Brongn., *oculata* (encore), *mamillaris*, Brongn., *notata*, Brongn., *Dournaisii*, Brongn., *ornata*, Brongn.; *Sigill. elliptica*, Brongn., *Can-dolliana*, Brongn.; *Sig. notata*, Brongn., *Schlotheimiana*, Brongn., *Knorrii*, Brongn.; *Sig. alveolaris*, Brongn., *elegans*, Brongn., *hexagona*, Brongn. *Syrin-godendron cyclostigma*, Brongn., *bidentata*, Gold., *organum*, Lind., *alternans*, Stern. (des plus répandus en haute Silésie et à Zwickau), *Brongniarti*, Gein. (abondant par place). Les Sigillaires ne paraissent pas mêlées au hasard; on {Sigillarinées.}

48

les verrait, en Westphalie et ailleurs, associées d'une manière plus ou moins constante; celles qui paraissent le mieux aller ensemble sont : *Sigill. mamillaris, Cortei, scutellata, subrotunda, Utschneideri, deutschiana*. Au nombre des plus répandues : *Sigillaria rugosa, reniformis, tessellata, Leopoldina*, Göpp. (haute Silésie), *Brownii*, Daw. (Nouvelle-Écosse). Au nombre des plus récentes : *Sigill. elegans*, Brongn. (commun), *tessellata*, Stein. (aussi), *cyclostigma*, Brongn., etc. Développement des *Pseudosigillaria striata*, Brongn. (nombreux en haute Silésie), *rimosa*, Gold. (commun à Duttweiler), *monostigma*, Lesq.

Stigmaria partout en quantité, en Amérique comme en Europe, et paraissant, dit-on, comme les végétaux premiers-nés de la houille; ce sont plutôt des *Stigmaria minor* à Sarrebruck, en haute Silésie (d'après M. Goldenberg); *Stigmaria ficoides* (commun); les *Stigmariopsis*, non distingués des *Stigmaria*, seraient relativement rares.

Lépidodendrées. Grands et fréquents *Lepidodendron; Lepidofloyos* au maximum (abondants à Sarrebruck et en Nouvelle-Écosse). *Lepidod. aculeatum*, St., *obovatum*, St., *caudatum*, Pr., *fusiforme*, Cord., *undulatum*, St., *rugosum*, surtout *Lepid. rimosum*, Sternbergii, Lind., et *elegans*, Brongn. (middle-coal d'Amérique); en Europe, les *Lepid.* Sternbergii et elegans sont communs; *Lepidofloyos laricinus*, Stern. (nombreux en Silésie et à Sarrebruck), *lepidophyllifolium*, Gold., *macrolepidotus*, Gold., *tetragonus*, Daw.; *Ulodendron majus*, Lind., *minus*, Lind.; *Halonia tuberculata*, Brongn., *tortuosa*, Lind., *regularis; Lepidophyllum majus*, Brongn. (abondant); *Lepidostrobus variabilis*, Lind. (très-commun en Angleterre). Macrospores en très-grand nombre.

Filicacées. Quantité et variété de Fougères. Encore *Sphenopteris-Davallioides* ou plutôt *Cheilantoides*, dont *Sph. Hœninghausii*, Brongn. (abondant), *Bronni*, Guth., *Schlotheimii*, Brongn., *tenuifolia*, Brongn., et *tenella* (commun); *Sph. rigida*, Brongn., *furcata*, Brongn., *dissecta*, Brongn., *elegans*, Brongn., et autres anciens, mais en décroissance ou en disparition visible; *Sphenopt. artemisiæfolia*, Stern., et *striata*, Stern. Très-nombreux *Alethopteris*, dont *Aleth. lonchitica*, Brongn., *Serlii*, Brongn., *urophylla*, Brongn., *Mantelli*, Brongn. (commun), *Davreuxii*, Brongn., *heterophylla*, Göpp., *Sternbergii, marginata*, Göpp., *macrophylla*. Âge des *Lonchopteris Bricii*, Brongn., et *Röhlii*, Andrä. Maximum des *Prepecopteris*, en nombre et en variété à Eschweiler (École des mines), à Anzin et à Sarrebruck (Muséum) : *Pecopt. pennæformis*, Brongn., *æqualis*, Brongn., *Pecopt. plumosa*, Brongn., *dentata*, Brongn., *Miltoni* Art., *Silesiaca*, Göpp. *Pecopt. delicatula*, Brongn., *acuta*, Brongn. *Pecopt. arborescens*, rarement cité et pour lequel on a pu prendre quelques parties analogues des Fougères précédentes. Trois *Megaphytum* (Sarrebruck); ces tiges sont communes en Angleterre; *Mcg. distans*, Lind., *approximatum*, Lind., *frondosum*, Art.,

Psaronius musæformis, St. (c'est un *Megaphyton*); *Zippea disticha*, Cord.; *Pecopt. undulata*, Göpp.; *Asplenites longifolius. Sphenopteris-Aneimioides*, généralement propres au terrain houiller moyen : *Sphen. muricata*, Brongn., *nervosa*, Brongn., *acutifolia*, Brongn., *latifolia*, Brongn. (les plus communs), *Sphen. obtusifolia*, Brongn., et *trifoliolata*, Brongn., *Sph. irregularis*, Stern., *macilenta*, Lind., *Baëumleri*, de Röhl; en Westphalie notamment, d'après Andrä, nombreux *Sphen. obtusiloba*, *trifoliolata*, *irregularis*, *Schillingsii*, And., *nummularia*, Gutb., *rotundifolia. Pseudopecopteris Defrancii*, Brongn., *obliqua*, Brongn., *Bohemica*, Ett., et, à la suite, *Odontopteris* (pécoptéroïde) *Britannica*, Gutb., *Odontopt. nevropteroides*, Röm., *Callipteris discreta*, Weiss; ces diverses Fougères paraissent bien avoir leur place ici. Énormément de *Nevropteris* communs et variés peut-être encore plus en Amérique qu'en Europe, avec quelques *Cyclopteris* à bord entier (*Eucyclopteris* de M. Göppert) : *Nevropteris tenuifolia*, Schl., *flexuosa*, Stern., *Loshii*, Brongn., *gigantea*, St., *heterophylla*, Brongn., *angustifolia*, *confluens*, *acutifolia; le Nevropt. flexuosa* est une espèce très-abondante. *Cyclopteris obliqua*, Brongn., *oblata*, Lind. (que j'ai vu n'être que des folioles de *Nevropteris*), *amplexicaulis*, Gutb. *Dictyopteris* à folioles décurrentes, *cordata*, Röm., *obliqua*, Bunb., en Amérique comme en Westphalie; *Dict. sub-Brongniarti* à folioles plus allongées et atténuées que dans le terrain houiller supérieur. Nombreux *Aulacopteris* en Westphalie, dans toutes les mines; de même à l'Escarpelle et à Douai (Nord); il y en a beaucoup à Hyde, et considérablement à Moston (Lancashire).

NOTA. — En fait de Fougères dans le terrain houiller moyen du nord de la France et du Lancashire, je n'ai vu en abondance que des *Nevropteris* parmi une grande masse de *Sigillaria* et de *Calamites*, de sorte que, si je me fiais à mes observations personnelles, j'admettrais que les Fougères ont eu une chute au milieu de la formation houillère.

Calamariées.

Calamites répandues et très-abondantes, surtout les *Cal. dubius*, Artis (avec couture des côtes), *undulatus*, St., *ramosus*, Art., *decoratus*, Brongn. (beaucoup en haute Silésie), *Steinhaueri*, Brongn. (fréquent). *Endocal. varians*, *approximatus*, Schlot. (en général à plus longs articles), *Cal. nodosus*, Stern. Les *Cal. Suckowii*, *Cistii* et *cannæformis* ne se présentent pas tout à fait avec les caractères qu'ils ont dans le terrain houiller supérieur. *Calamophyllites verticillatus*, L. et H., *Ast. subhippuroides* (plutôt que *equisetiformis*, car je n'ai pas vu cette espèce avec les plantes du terrain houiller moyen), *grandis*, St. (nombreux), *rigidus*, Brongn., *longifolius*, Stern. (commun), *tenuifolius*, St., *foliosus*, L. et H., *microphylla* (à Aniche), *Volkmannia Binneyana* (fréquent à Aniche), *elongata*, Brongn., *Huttonia spicata*, Stern. *Asterophyllites-Annularioides* communs, dont *Ann. radiata*, Brongn., et *minuta*, Brongn., *Charæformis*, St., *delicatulus*, St.; *Ann. fertilis*, St.

48.

Très-nombreux *Sphenophyllum* variés, *erosum*, Lind., *dentatum*, Brongn., *truncatum*, Schimp., *Schlotheimii*, Brongn. surtout, *emarginatum*, Brongn., *saxifragæfolium*, St. Le groupe paraît arrivé à son maximum. D'après les citations de Cœmans et Kickx, les *Sphenophyllum Schlotheimji*, *saxifragæfolium* (avec les modifications *quadrifidum*, Brongn., *fimbriatum*, Brongn.) sont avant tout du terrain houiller moyen, où je n'ai jamais vu le moindre vestige des *Sphenophyllum oblongifolium*, Germ.

Cordaïtées.

D'un certain nombre de faits relatés, on peut croire que les *Cordaites* sont devenus communs, sinon encore très-répandus et abondants, si, comme c'est possible, on n'a pas pris pour tels les *Aulacopteris*. On les a cités en Amérique comme contribuant quelquefois à former la houille avec les Sigillaires; cependant, dans l'Ohio et en Angleterre, ils sont relativement rares avec ces plantes prédominantes. Ils abondent dans le bassin houiller du Hainaut avec le *Cardiocarpus Lindleyi* constamment associé (Crépin), mais je les crois très-subordonnés dans le nord de la France. Le *Cordaites borassifolius* est dit commun, mais on lui rapporte des feuilles à nervation trop fine. J'ai bien remarqué que les *Cordaites* du terrain houiller sous-moyen comme ceux du terrain houiller moyen sont, en général, finement striés et fissurés, tels que le *Cord. palmæformis*, et ont souvent la forme étroite du *Cordaites latifolius* de M. Göppert, *linearis*, Gr.; à Denain ils ont une texture nerveuse excessivement fine, et se présentent avec des *Cladiscus* écailleux et des *antholithes Pitcairniæ*. Quelques *Artisia approximata*, Lind.; peu de *Cordaicladus* au Canada et en Angleterre, où l'on ne sait à quoi les rapporter. Cependant il y a beaucoup de mineral-charcoal dans le middle coal formation, et du faserkohle en quantité dans la houille de haute Silésie, près Lendzin, et dans le district de Nicolaï, où M. Göppert le note en général comme *Araucarites carbonarius*. Je n'en ai pas vu beaucoup dans le Nord, et il est à remarquer que, dans le fusain, M. Goldenberg a trouvé beaucoup de bois de *Diploxylon*, et M. Dawson beaucoup de bois de Sigillaires (à Pictou), et que le bast-tissue, ou liége sous-cortical de Sigillaires, constitue peut-être le fusain le plus abondant des houilles à Sigillaires de la Nouvelle-Écosse (*Quarterly journal*, 1871, p. 150). Parfois de nombreux Cardiocarpes, mais généralement petits à Newcastle, à Sulzbach, de la forme des *Carpol. acutus, bicuspidatus*, Stern., *marginatus*, Forst., *Lindleyi*, Carr., avec *Antholithia*, nombreux en Angleterre, *Pitcairniæ*, Lind., *anomalus*, Mor., *priscus*, Newb. De Charlottenbrun (Silésie) et de la Bohême, Göppert avec Beinert, Corda après Sternberg, ont fait connaître d'assez nombreux Cardiocarpes, généralement assez petits, qui viennent peut-être en majeure partie de couches plus élevées. Peu de *Cardiocarpus* ordinaires, *Card. marginatus*, Art. Grands Samarocarpes, tels que le *Carp. alatus* et les *Jordania* de M. Fiedler.

Divers.

Trigonocarpus variés et abondants: beaucoup, six espèces en Nouvelle-

Écosse, où ils sont associés aux Sigillaires (Dawson). *Trigonocarpus Nöggera-thii*, nombreux à Sarrebruck et répandus en Angleterre, où on les trouve ici et là, dit Lindley, en quantité considérable. *Trigonocarpus* divers à Manchester. *Trig. Parkinsoni*, Brongn., *ovatus*, Brongn., *olivæformis*, Lind. *Trig. avellanus*, Daw., *Hookeri*, Daw., au Canada.

Nöggerathia assez communs en Bohème, nombreux à Raconitz, d'après M. O. Feistmantel : *Nög. foliosa*, Stern., *intermedia*, Feist., *speciosa*, Ett.

III

FLORE HOUILLÈRE SUPRA-MOYENNE.

Beaucoup de plantes du terrain houiller supérieur, à leur phase d'avène-ment, contribuent à caractériser, avec les espèces du terrain houiller moyen déjà différemment combinées, un système de couches supra-moyennes aux-quelles pourrait bien correspondre la deuxième zone de Saxe; des types anté-rieurs se développent, d'autres atteignent leur maximum.

Calamites aussi nombreux : *Cal. Suckowii* (commun), *Cistii, cannæformis, ramosus; Asterophyllites foliosus, longifolius, grandis, rigidus; Annularia minuta. Annularia brevifolia, Ann. longifolia* (douteux). *Equisetites priscus*, Gein.; peut-être pas encore d'*Eq. infundibuliformis*. Nombreux *Sphenophyllum saxifragæ-folium, Schlotheimii, truncatum, majus*.   *Calamariées.*

Encore *Sphenopteris latifolia, irregularis, trifoliolata; Sph. Hœninghausi*, Brongn., *corallioides*, Gut., *fragilis*, Brongn.; *Sph. cristata*, Brongn. *Pecopteris Pluckeneti*, Brongn. *Paragonorrhachis* fréquents en Saxe (Geinitz) et au nord-ouest de Prague (O. Feistmantel); *Par. Gutbierana*, Presl., *adnascens*, Lind. *Prepecopteris* ordinaires, *pennæformis*, Brongn., *dentata*, Brongn.; c'est plutôt ici qu'il faut placer le maximum des *Prepecopteris*. *Pecopt. erosa*, Gut., *Pecopt. Radnicensis*, Göpp. *Pecopteris abbreviata*, Brongn., *villosa*, Brongn., *Cistii*, Brongn., *oreopteridia*, Brongn. et *arborescens*; association de *Pecopt. abbreviata, pteroides*, Brongn., *Bucklandi*, Brongn., mais peu nombreux à côté des autres Fougères; *Pecopteris unita*, Brongn. Le *Caulopteris* de la haute Silésie, celui de Westphalie, le *Caul. Philipsii* de Camerton, le *C. primæva* de Bath, plusieurs *Protopteris* du Somestershire leur sont plus ou moins as-sociés, ainsi que le *Psaronius carbonifer*, Cord., de Chomle; *Megaphyton* divers décrits dans le *Palæontographica* de décembre 1874, p. 143. Masse de *Ne-vropteris* grands et variés en Pensylvanie, surtout *N. flexuosa, gigantea, lon-gifolia, cordata*, avec *Cyclopteris varians, obliqua. Dictyopteris nevropteroides*, Gut., *sub-Brongniarti. Schizopteris lactuca*, Presl.   *Filicinées.*

Encore *Lepidodendron aculeatum*, avec plus ou moins de *Lep. Sternbergii, elegans, rimosum; Lepidostrobus variabilis*. Assez de *Lepidofloyos*, principale-ment *L. laricinus*, avec *Lepidophyllum majus*. Des *Lycopodites* variés.   *Lépidodendrées.*

Sigillarinées.

Proportion toujours grande de *Sigillaria* : *Sigill. Cortei* (en masse en Saxe),
et au nombre des autres principalement *Sig. intermedia, Sillimanni, tessellata*
(assez), *cyclostigma, alternans* (commun), *Brongniarti. Stigmaria ficoides vulgaris* (commun) et *Stig. minor.* Les *Pseudosigillaria*, surtout le *monostigma*,
Lesq., sont nombreux.

Cordaïtées.

Beaucoup de *Cordaïtes* près de Prague, ici et là presque à l'exclusion des
autres plantes à Sarrebruck, n'ayant plus la texture généralement aussi fine :
Cordaïtes borassifolius, Stern.; *Artisia transversa; Cladiscus Schnorrianus*, Gein.
Carpolithes devenus plus nombreux et variés; *Cardiocarpus emarginatus*,
Göpp., *orbicularis*, Ett., *ovatus*, Brongn.

Continuation des *Nöggerathia, Psygmophyllum flabellatum*, Lind.

Divers.

Les *Trigonocarpus* ont diminué, *Trig. Parkinsoni*, Brongn. Par contre, les
Rhabdocarpus ont augmenté; ils donnent de grosses graines, dans l'Ohio.
Rhabd. Künssbergi, Gut., *tunicatus*, Göpp.; *Pachytesta Schultziana*, Fied.; *Carpolithes clavatus*, Stern.; *Mentzelianus*, Göppert et Berg.

On peut être frappé des nouveaux caractères que revêt cette flore, si on
la compare à celle du terrain houiller moyen proprement dit; elle présente
des types avant-coureurs de la flore supérieure, des *Pecopteris, Annularia*, etc.

POINTS EN QUESTION. — Les *Pecopteris*, les *Annularia* et même les *Odontopteris* sont réputés de tous les terrains houillers. C'est là une grande erreur,
qu'il importe de dissiper et qui résulte de la mauvaise classification de ces
plantes.

Dans les roches fossilifères les plus incontestablement moyennes de différents pays, il m'a paru y avoir, sauf plus amples informations, concordance
frappante de la variété et de la quantité des *Sigillaria* et des *Lepidodendron*
avec les *Sphenopteris-Davallioides, Aneimioides*, les *Sphenophyllum* des types
erosum et *Schlotheimii*, les *Prepecopteris* à fructifications de Schizéacées, pour
ainsi dire sans véritables *Pecopteris* à *Asterotheca*, sans *Annularia brevifolia* et
longifolia, sans *Odontopteris.* Ce n'est que dans le terrain houiller supra-moyen
qu'apparaîtraient et se développeraient les *Annularia* et les *Pecopteris.* Dans
le nord de la France, je n'en ai même point trouvé dans le faisceau à charbon gazeux et gras de Bully-Grenay (fosse 1), de Denain et de Douai.

Les Fougères pécoptéroïdes du terrain houiller moyen ne présentent pas
les fructifications des véritables *Pecopteris* si ordinairement fertiles; elles ne
portent que rarement les marques de capsules isolées; une bonne partie paraît
avoir eu des sporanges de *Senftenbergia*, comme l'*Asplenites ophiodermaticus*,
Göpp., d'après un échantillon du Muséum, et comme sans doute aussi les
Pecopteris dentata, pennæformis, et également le *Pec. aspidioides*, Stern. La
fructification des *Pecopteris* crénelés les plus anciens, tels que le *Pecopt. undulata*, Göpp., est différente de celle que nous avons reconnue aux *Pecopteris*;

le *Pecopteris Miltoni* figuré par Artis, de forme approchant de celle du *Pecopt. abbreviata*, a des indices de fructifications marginales bien constatées par M. Geinitz. M. Williamson n'a pas rencontré, dans ses nodules calcaires, d'*Asterotheca* si fréquents à Saint-Étienne et à Autun. S'il y a de véritables *Pecopteris* dans le terrain houiller moyen, ils doivent être très-rares; ce ne sont pas, en tout cas, des *Pecopteris cyatheoides;* ceux de cette forme que l'on voit dans les collections anglaises viennent soit de Wettin, soit des Alpes. Les *Pecopteris*, nombreux à Zwickau, ne sont pas associés avec les plantes inférieures de ce district si complétement étudié. Les *Pecopteris*, principalement de la forme névroptéroïde, n'apparaissent pour ainsi dire que dans le terrain houiller supra-moyen à l'état de plantes isolées. Des Fougères décrites comme *Pecopteris* n'en sont point; tel est le cas du *Pecopt. oreopteroides* de Lindley.

L'*Annularia fertilis* doit-il être considéré comme faisant partie du genre ?

M. Göppert n'a pas une seule fois fait mention des *Annularia longifolia* et *brevifolia* en haute Silésie; il ne cite en basse Silésie que les *Annularia radiata, spinulosa, fertilis*. En Bohême, les *Annularia* sont rares, le *minuta* est le plus ordinaire. Les *Annularia brevifolia* que l'on m'a montrés comme venant de la Belgique proviennent de Mons, où se trouvent les couches supérieures de la formation. C'est à peine si, en Westphalie, on cite l'*Annularia brevifolia;* l'existence de l'*A. longifolia* serait douteuse en Belgique, d'après un opuscule [1] de M. Crépin, reçu après la rédaction de ce mémoire.

Les *Odontopteris* n'ont aucune apparition, même en haut, dans le terrain houiller moyen, les *Odontopteris* du type *Britannica* (non rare dans le Hainaut) et d'autres formes plus névroptéroïdes de l'Ohio, Belmez, Westphalie, telle que le *Callipteris discreta*, Weiss, n'appartenant certainement pas à ce genre, que je crois propre au terrain houiller supérieur. Je n'en ai vu en Angleterre que sur des schistes de Shrewsbury (appartenant au membre le plus élevé de la série carbonifère, Murchison), parmi des *Pecopteris* divers et *Caulopteris*.

Les *Pecopteris* signalés à Geislautern (près Sarrebruck), à Camerton (Angleterre), sont, comme partout, associés à un ensemble de plantes relativement supérieures. Ainsi dans l'Illinois, les *Pecopteris pteroides, Cistii, oreopteridia, unita, arborescens*, de Mazon-Creek (dont les plantes, dit Lesquereux, sont plutôt identiques à celles de Rhode-Island et, par suite, assez récentes) se trouvent précisément avec les *Annularia brevifolia* et *longifolia*, ainsi qu'avec les *Odontopteris æqualis, Wortheni*, qui tous caractérisent les couches

[1] Première livraison des *Fragments pour servir à la flore du terrain houiller de Belgique*, 1874, p. 10.

houillères supérieures d'Amérique. En Nouvelle-Écosse, l'*Annularia spheno-phylloides* ne se rencontre que dans les couches supérieures. C'est aussi dans les upper coal-measures d'Angleterre que l'on signale et que j'ai vu des *Pecopteris Miltoni, abbreviata, oreopteroides,* des *Annularia longifolia* et *brevifolia,* avec des *Nevropteris cordata,* des *Sigillaria elegans,* des *Lepidodendron Sternbergii,* d'abondantes *Calamites,* de manière qu'en fin de compte, lorsque l'on cite comme appartenant à la middle coal formation les *Pecopteris polymorpha, Bucklandi, villosa, oreopteridia, Pluckeneti,* on est en droit d'admettre qu'ils proviennent des couches les plus élevées de cette importante division du système carbonifère.

FLORES HOUILLÈRES SUPÉRIEURES.

Les transformations que nous venons de voir prendre leur origine dans le haut du terrain houiller moyen se continuant, la flore, avant de changer définitivement de nature, passe encore par des intermédiaires, où tantôt les Calamites, par leur abondance et plus nombreuses que variées, constituent le trait caractéristique de la végétation de la Saxe, disait déjà Petzholdt, sans doute au niveau des 3e et 4e zones de M. Geinitz, et où tantôt les Sigillaires ont le dessus, mais avec l'intervention croissante des Fougères, qui augmentent jusqu'à caractériser en Saxe une 5e zone supérieure, à laquelle se rattacheraient les couches houillères de Wettin et généralement celles les plus élevées de l'Allemagne. Le développement des Cordaïtes, des Calamodendrons et autres Fougères imprime des caractères nouveaux à la flore houillère supérieure du centre de la France. Nous allons énumérer les espèces concordantes qui nous paraissent le mieux se rapporter aux couches houillères sous-supérieures de l'Allemagne, avant de présenter la liste de celles qui caractérisent d'une manière assez différente, chez nous, le véritable terrain houiller supérieur proprement dit.

I.

FLORE DU TERRAIN HOUILLER SOUS-SUPÉRIEUR.

Les traits qui paraissent propres aux couches inférieures du terrain houiller supérieur semblent pouvoir s'exprimer ainsi qu'il suit :

Calamariées.   Quantité de *Calamites* et *Asterophyllites* parfois prédominants en Saxe, et en quantité proportionnellement plus grande peut-être que plus bas et que plus haut. *Calamites Suckowii,* Brongn., *Cistii,* Brongn., *dubius,* Artis (au Canada), *cannæformis,* Schl. (beaucoup), *varians,* St. (assez), *approximatus,* St. (nombreux et plus généralement à courts articles); encore *Cal. ramosus,* Artis (à Wettin et Manebach). Quelques *Asterophyllites grandis,* St., *Aster.*

hippuroides, Brongn., et *rigidus* (abondant), *Ast. equisetiformis*, Schl. Plus nombreux *Annularia brevifolia* que *longifolia*; restes d'*Annularia radiata*, St., *Bruckmannia tuberculata*, St., *Equisetites infundibuliformis*, Bronn (fréquent), *Sphenophyllum Schlotheimii*, Brongn. (plus ou moins), *truncatum*, Schimp.; encore *saxifragæfolium*, St., *Sph. majus*, Bronn; rare *Sphenoph. angustifolium*, Germ., et *Sph. oblongifolium*, Germ., douteux.

Peu de véritables *Sphenopteris*; cependant assez de *Sph. Gravenhorstii*, Brongn., à Pilsen; les *Sphenopteris-Aneimioides* sont devenus très-rares et locaux, tels que les *Sph. nervosa*, Brongn. (à Wettin), *irregularis*, St., *nummularia*, Gut. *Prepecopteris dentata*, Brongn. (différant, en général, à Rive-de-Gier comme en Saxe, de ceux d'Anzin et de Sarrebruck que j'ai vus), *plumosa*, Brongn., *delicatula*, Brongn., *Pecopt. erosa*, Gut.; *Oligocarpia Gutbieri*, Göpp. *Sphenopteris-Dicksonioides* (nouveaux), *Chærophylloides*, Brongn., *cristata*, Brongn. Association des *Alethopteris aquilina* et *Grandini* (tous deux assez peu répandus). Avénement des *Callipteridium ovatum*, Brongn., *nevropteroides*, Gr., *pteroides*, Geinitz. Encore nombreux *Nevropteris*, *flexuosa*, St. (abondant dans les parties supérieures du terrain de Zwickau, Gutbier), avec d'autres à grandes pinnules et *Cyclopteris* divers, *terminalis*, Gut., *Nevropt. auriculata*, Brongn., *Soreti*, Brongn., *Cordata*, Brongn. *Dictyopteris nevropteroides*, Gut., et *Brongniarti*, Gut. Les *Odontopteris* apparaissent par d'assez fréquents *Od. Reichiana*, Gut., avec *Cyclopteris Germari*, déchiqueté, *Od. Alpina*, St. (auquel ressemble le *Pecopt. Beaumonti*, Brongn.), *Od. Wortheni*, Lesq., et déjà il paraît *Od. Schlotheimii* à Sarrebruck et en Amérique. Nombreux *Aulacopteris* ou *Cordaites*, ce que l'on ne saurait dire d'après les signalements. *Pecopteris arborescens*, Brongn. (nombreux), *pulchra*, Heer, *Candolliana*, Brongn. (quelquesuns), *Pecopteris villosa*, Brongn., *oreopteridia* (commun). La plupart des *Pecopteris* se rapportent à la section des *Nevropterides*, soit *Pecopt. pteroides*, Brongn., *Bucklandi*, *polymorpha*, Brongn. (communs et nombreux en Amérique), desquels on peut rapprocher les *Pecopt. Cistii*, Brongn., *distans*, Lesq., et autres; ces *Pecopteris* vont généralement ensemble et avec *Pecopt. abbreviata* (commun en Amérique et allié au *Pecopt. Lamuriana*, Heer), *Pecopt. crenulata*, *Pecopt. aspidioides*, St., *ovalis*, Gut., *Goniopteris unita*, v. *major*, (à Geislautern), *Pecopt. elegans*. Encore *Protopteris* au nord-ouest de Prague; *Caulopteris peltigera*, Brongn., *Cistii*, Brongn., *macrodiscus*, Brongn. et autres de ce dernier type, tels que *C. Morrisi*, Carr., *obliqua*, Germ.; ces tiges ne sont pas encore fréquentes, elles sont rares à Wettin. *Caulopteris Freieslebeni*, Gut., *Psaronius pulcher*, St.

Peu de *Lepidodendron*: *Lepid. Sternbergii*, L. et H. et *elegans*, Brongn. (avant tout); *Lepidostrobus subvariabilis*; *Lepidofloyos* quelquefois communs, principalement le *L. laricinus*, St.; *Knorria Selloni*, St.; *Lepidophyllum majus*,

Filicacées.

Lépidodendrées.

Brongn.; *Pseudosigillaria* non rares. *Lycopodites lycopodioides*, Feist., *Gutbieri*, Göpp.

Sigillariées. De moins en moins de *Sigillaria* et de *Stigmaria* parallèlement; *Sigillaria intermedia*, Brongn. (Illinois), *elliptica*, Brongn., *Candollii*, Brongn., *Sillimanni*, Brongn., *tessellata*, Brongn., *elegans*. *Syringodendron cyclostigma, alternans, distans*, Gein. (fréquent en Bohême). Déjà *Sigill. lepidodendrifolia*, Brongn., à Sarrebruck, en Pensylvanie, avec le *Sigill. Brardii*, Brongn., ces dernières espèces nouvelles avec le *Sigill. spinulosa*, Germar, et le *Sigill. Grasiana*, Brongn., de la même sorte; l'*Aspidiara Schlotheimiana*, St., de Manebach, est un *Sigill. Grasiana* à cicatrices plus grosses et plus rapprochées. *Stigmaria ficoides* abondant avec quelques *Stig. minor*.

Cordaïtées. Masse de Cordaïtées pouvant arriver à dominer les autres plantes, mais avec un nouveau facies, qui les distingue, en général, de celles du terrain houiller moyen. *Cordaites borassifolius*, St., *principalis*, Germ. Nombreux *Artisia* en Nouvelle-Écosse, là où sans doute gisent communément les *Dadoxylon* et les *Cardiocarpus* signalés par M. Dawson, avec beaucoup de *Poacites* (pour *Cordaites*) en South-Joggins, où ils remplissent certains charbons qu'ils paraissent former. *Dadoxylon Brandlingii*, Lind., *Cardiocarpus emarginatus*, Göpp., *Gutbieri*, Gein., *major*, Brongn., *ovatus*, Brongn., et autres.

Introduction et développement des *Dicranophyllam*.

Déjà *Walchia pinniformis*, Schl.

Calamodendrées. Arrivée du *Cal. cruciatus*, St. (Saxe), *Cal. elongatus*, Gut. Assez d'*Arthropitus* et quelques *Calamodendron* dans le conglomérat ripagérien. Dawson signale ce bois dans le fusain de la houille de la Nouvelle-Écosse, où il est fréquent sans doute seulement dans les couches supérieures. A savoir s'il en est ainsi du fusain de la russkohle, que M. Geinitz rapporte aux *Calamites*.

Divers *Polypterocarpi* dans les galets quartzeux de Grand'Croix dont les structures diffèrent dans l'ensemble beaucoup de celles d'Oldham.

Divers. Encore quelques *Trigonocarpus Nöggerathii*, St., *Parkinsoni*, Brongn.; le groupe disparaît. Autres graines polygones à Grand'Croix.

Doleropteris gigantea, Göpp. (Feistmantel); nombreux *Schizopteris lactuca*, Presl., *Nephropteris orbicularis*, Brongn.

Nöggerathia psygmophylloides, Nügg. *subflabellata, cannæphylloides*.

Pachytesta Schultziana, Fied., *Rhabdocarpus Bockschianus*, Göpp. et Berg., et une grande variété d'autres graines à Grand'Croix.

II.

FLORE HOUILLÈRE SUPÉRIEURE PROPREMENT DITE.

La flore, venant de revêtir beaucoup de formes nouvelles, les complète en perdant de plus en plus ses caractères antérieurs. Nous allons en dire les caractères principaux, tirés principalement de Saint-Étienne et aussi extraits de quelques endroits qui semblent représenter, en dehors de notre pays, le terrain houiller supérieur proprement dit.

Continuation des mêmes Calamites, souvent très-nombreuses et quelques-unes peut-être légèrement modifiées : *Cal. interruptus*, Schl., outre des *Cal. Suckowii*, *Cistii*, *cannæformis*. *Asterophyllites hippuroides*, *Ast. equisetiformis*, Schl., avec *Volk. gracilis*, Presl. (ce genre est en décroissance marquée). Des *Equisetites*. Très-commun *Macrostachya infundibuliformis*, Bronn. *Annularia brevifolia* et *longifolia* ordinaires et abondants partout. Nombreux *Sphenophyllum oblongifolium*, Germ., caractéristiques avec *Sph. vere angustifolium*, Germ., et les autres par exception; encore *Sph. majus*, Bronn. Calamariées.

Pour ainsi dire plus de *Sphenopteris*. Peu de *Prepecopteris* encore particuliers, tels que le *Prep. Biotii*, Brongn. *Pecopteris Pluckeneti*, Schl., ordinaire et *subnervosa* développé. *Pecopteris unita*, Brongn., abondant. *Pecopt. arguta*, Brongn., commun. Le *Pecopteris Schlotheimii*, Gœpp., multiple, est très-répandu en grande quantité, comme le dit très-justement son auteur, dans toute la partie supérieure du terrain houiller, jusque dans le terrain permien, avec plus ou moins de *Pecopt. Cyathia*, Brongn., *Candolliana*, Brongn., *hemitelioides*, Brongn., espèces allant ensemble. Encore beaucoup de *Pecopt. polymorpha*, Brongn., des *Pecopt. pteroides*, relativement peu de *Pecopt. oreopteridia*, Brongn. *Caulopteris* en proportion de forme et de nombre, généralement *C. macrodiscus*, Brongn., diversifié; masse de *Psaroniocaulon*, de *Psaronius* et de *Tubiculites*, de manière que les *Psaronius*, réputés du grès rouge et rares dans le terrain houiller, sont au contraire au maximum dans celui-ci, et de beaucoup. *Nevropteris* isolés rares, excepté le *Nevr. auriculata* (dit commun à Turgove, en Croatie); quelques *N. gigantea* particuliers. Nombre et fréquence de *Dictyopteris Brongniarti*, Gut., *Schützei*, Rœm. Abondance extrême d'*Odontopteris-xenopteroides*, avec grande proportion de *Cyclopteris trichomanoides*, Brongn., à bord denté : *Odont. Reichiana*, Gut., avant tout, puis *Brardii*, Brongn., etc. En même temps et plus haut, abondants *Odontopteris mixoneura*, principalement *Od. Schlotheimii*, Brongn. Il y a des *Od. obtusiloba*, Naum., véritables à Saint-Étienne, et de la forme *lingulata*, Gœpp., à Wettin. Quantité extraordinaire d'*Alethopteris Grandini* diffus. Communs et nombreux *Callipteridium*, des types *ovatum*, *gigas*, Gut., *densifolia*, Brongn., propres au terrain houiller supérieur. Grande masse d'*Aulacopteris* en conséquence et assez de *Medullosa*, une structure que l'on croyait par erreur permienne et qui devrait même être commune dans tout le terrain houiller, si les tissus moins altérables s'y fussent généralement conservés. Filicacées.

Les *Lepidodendron*, devenus surnuméraires, ont presque disparu; il en est Lépidodendrées.

49.

de même des *Lepidofloyos;* il n'y en a guère plus qu'une espèce à grands coussinets dans le centre de la France. Cependant les *Pseudosigillaria* ne sont pas rares.

Sigillariuées. Presque plus de *Sigillaria-Rhitydolepis.* Espèces nouvelles dispersées : *Sigillaria Brardii*, Brongn., assez fréquent ; *Catenaria decora*, St.; *Sigill. spinulosa*, Germ., non rare ; *Sigill. Grasiana*, Brongn., quelques-uns ; *Sigill. lepidodendrifolia*, Brongn., à Rossitz et en nombre par places à Saint-Étienne. *Stigmaria ficoides* par-ci par-là. Les *Stigmariopsis* l'emportent, comme de juste, puisque les *Syringodendron varie alternans*, St., *Brongniarti*, Gein., *distans*, Gein., dominent les véritables Sigillaires.

Cordaitées. Cordaïtées très-abondantes et très-répandues (principalement à la base du terrain houiller stéphanois, avec tous autres débris des mêmes plantes) ; *Cordaites principalis*, Gein., *borassifolia*, St., *tenuistriatus, lingulatus; Dadoxylon* en quantité, certainement plus nombreux que dans le rothliegende, où l'on avait fixé leur maximum ; *Dadoxylon Brandlingii*, l.... Nombre de *Cardiocarpus* divers, *Gutbieri*, Gein., *reniformis*, Gein., *lenticularis. Poa-Cordaites* commun dans l'étage des Fougères à Saint-Étienne ; il y en a à Schwalbach et dans les couches supérieures d'Ottweiler ; *Carpolithes disciformis* de Weiss, commun à Saint-Étienne et se trouvant dans les couches supérieures de Sarrebruck ; *Artisia* répandus. *Dory-Cordaites* paraissent devenir plus nombreux en haut ; de même les *Samaropsis* (fréquents dans les schistes houillers de Sarrebruck supérieur et rares dans le rothliegende). *Botryoconus* s'y rapportant.

Conifèrées. *Walchia pinniformis*, Schl., rare dans le centre de la France ; on l'a trouvé dans les couches supérieures de la Sarre, de la Saxe. *Walchia hypnoides*, Brongn. (se rapprochant, d'après M. Göppert, du *Walchia pinnata* de Gutbier).

Calamodendrées. Grande quantité de *Calamites cruciatus*, St., de bois de *Calamodendron* que, par erreur encore, on avait cru plus développé à la base du terrain permien. Divers *Arthropitus*. Assez d'*Asterophyllites* à feuilles nerveuses : *Ast. densifolius, perlongifolius.*

Divers. Les *Trigonocarpus* sont laissés en arrière. Des *Codonospermum. Polypterocarpi* fréquents. Assez souvent des *Pachytesta gigantea. Rhabdocarpus* communs. *Carpolithes subclavatus, striatus.* En un mot une grande variété de graines répandues et souvent abondantes.

Fréquents et divers *Doleropteris* et *Schizopteris; Aphlebia pateræformis*, Germ.; *Schizopteris pinnata*, Gr., *Androstachys.*

Au nombre des séries introduites, on peut compter celle des *Sigillaria Brardii*, Brongn., *spinulosa*, Germ., avec *Sigill. lepidodendrifolia*, Brongn., celle des *Odontopteris mixoneura*, celle des *Callipteridium*. Les genres *Aletho-pteris*, *Sphenophyllum*, se sont renouvelés. Genres propres *Poa-Cordaites*, etc.

Les espèces exclusives ou caractéristiques par la fréquence au moins, si ce n'est toutes par l'importance, sont *Pecopt. arguta*, Brongn., *Alethopteris ovata*, Brongn., *gigas*, Gut., *Grandini*, Brongn., *Sphenophyllum oblongifolium*, Germ., *angustifolium*, Germ., *Odontopteris Brardii*, Brongn., *minor*, Brongn., *Od. Schlotheimii*, Brongn., *Asterophyllites equisetiformis*, Schl., *Calamites cruciatus*, *Schizopteris pinnata*, *Codonospermum anomalum*, etc.

Il n'y a pour ainsi dire plus de Fougères moyennes et inférieures, soit en *Sphenopteris*, soit en *Prepecopteris*, soit même en *Nevropteris*.

Bref, la flore houillère supérieure est très-distincte; on pourra s'en laisser convaincre de plus en plus par la suite.

Elle éprouve des changements chronologiques dont nous nous servirons plus loin pour fonder les étages du terrain houiller supérieur.

III.

FLORE SUPRA-HOUILLÈRE.

Nous signalerons sommairement la flore de l'étage supra-houiller de tendance au terrain permien. (Voir les chap. II et III suivants.)

Diminution rapide des *Alethopteris*, *Odontopteris xenopteroides*, *Dictyopteris*, des *Annularia*, des *Sphenophyllum*. La flore est plus simple, moins opulente.

Avec les *Calamites varians* nombreux et *Suckowii*, interviennent quelques *Cal. major* et apparaît le *Cal. gigas*. Beaucoup d'*Asterophyllites equisitiformis*. *Sphenophyllum Thonii*, Mahr, un nouveau venu. | *Calamariées.*

Les *Pecopteris cyatheoides* persistent en changeant un peu; *Pecopt. hemitelioides*, *rigida*, Daw., *Massilionis*, Lesq. (analogue au *P. densifolius*), etc. avec nombreux *Odontopteris minor* et *Schlotheimii*, quelques *Od. obtusa*, plusieurs *Nevropteris* de texture nerveuse analogue, tels que *Nevr. rotundata*, *petiolata*, Gr., et autres. *Callipteridium gigas*; *Tæniopteris abnormis*; *Pseudosphenopteris integra*, And., *fallax*, Weiss, etc. | *Filicacées.*

Sigillaria Brardii et *spinulosa*. *Stigmaria ficoides*. | *Sigillariées.*

Cordaites redevenant nombreux mais à feuilles plus minces : *Cord. rarinervis*, Gr., *simplex*, Daw., *platynervia*, Göpp.; beaucoup de *Dory-Cordaites affinis* et de *Samaropsis fluitans*. *Poa-Cordaites* persistants. | *Cordaitées.*

Walchia pinniformis (commun dans le membre supérieur de l'upper coal du Canada), *robustus*, Daw., et *gracilis*, Daw., se référant aux variétés de Saint-Étienne. | *Coniférées.*

Calamodendrées. Énormément de *Calamodendron*, de *Calamites cruciatus*; *Calamodendron bistriatum*, Cot., *Arthropitus subcommunis, ezonata*, Göpp., etc.

FLORE PERMIENNE, POSTCARBONIFÈRE.

On a vu que les *Medullosa*, *Calamodendron*, *Psaronius*, *Dadoxylon*, réputés exclusifs ou du moins plus abondants dans le rothliegende, ont au contraire leur maximum dans le terrain houiller supérieur de la Loire et du centre de la France; cela ne fait pas de doute en tout cas pour la quantité, et si les *Psaronius* déterminés du terrain permien sont trois fois plus variés que dans le terrain houiller, c'est qu'on n'a pas encore fait la reconnaissance de leurs débris charbonnifiés et houillifiés dénotant un certain nombre d'espèces. Les Calamodendrées sont certainement plus variés à Saint-Étienne que dans le rothliegende; il doit en être de même des *Medullosa* et assurément aussi des *Dadoxylon*.

Le nombre des espèces communes au terrain houiller et au terrain permien, de 18 d'après M. Göppert, s'est élevé de beaucoup par les observations du docteur Weiss à Sarrebruck et par les miennes dans le centre de la France: il doit dépasser le chiffre de 50.

Au nombre des espèces houillères s'élevant et s'éteignant dans le terrain permien, on peut compter: *Calamites Suckowii, approximatus; Asterophyllites equisetiformis, rigidus*. A peine *Annularia longifolia* en Saxe, dans l'étage inférieur du rothliegende de Jicin (Bohême) et dans l'étage sous-permien d'Oslawau; à peine *Annul. brevifolia* en Bohême, d'après un tableau de M. F. Posegny; sorte d'*Annularia minuta*; *Alethopteris gigas* et *ovata* (ce dernier, sous le nom de *Callipteridium mirabile*, vient seulement de se laisser découvrir dans le rothliegende, où il n'est pas certain que l'*Aleth. Grandini* arrive); *Pecopt. elegans*, peut-être aussi *Pecopt. Pluckeneti* et *Biotii; Pecopt. oreopteridia, unita* et autres; *Ptychopteris macrodiscus* (d'après le catalogue des plantes fossiles de Beinert); *Odontopteris Schlotheimii* (montant jusqu'au schiste cuivreux d'Illemenau en Hesse); peu de *Nevropteris*, dont *N. auriculata, lingulata*; *Dictyopteris Schützii* (à Autun), *Brongniarti* (qu'on vient de trouver en Saxe); *Sigillaria Brardii, denudata, Ottonis, Dantziana*, Gein. (voisin du *spinulosa*), *reniformis* ou plutôt *alternans* (d'après Howse en Angleterre), *lepidodendrifolia* (dans le sous-permien de Zbejsow, d'après M. Stur); *Stigmaria ficoides* (dans le rothliegende inférieur); *Cordaites principalis, borassifolius; Dadoxylon Brandlingii; Samaropsis fluitans*, Daws.; *Carpolithes Cordai*, Gein., *disciformis*, Weiss. Il est à remarquer que ces espèces sont caractéristiques, en général, du terrain houiller supérieur.

D'un autre côté, un certain nombre d'espèces permiennes, c'est-à-dire qui n'ont tout leur développement que dans le terrain de ce nom, prennent racine dans le terrain houiller supérieur, comme : *Calamites gigas, Calamodendron striatum, Arthropitus ezonata, Odontopteris obtusiloba, Tæniopteris abnormis, Walchia pinniformis*, etc.

Espèces partagées : *Nevropteris lingulata, Pecopteris Schlotheimii, hemitelioides*, etc.

On voit ainsi qu'il y a enchevêtrement des flores houillères supérieure et permienne, que des espèces et des séries communes relient dans un tout général.

Cependant la flore permienne a des caractères qui lui appartiennent exclusivement et qui sont de grande importance.

Les *Callipteris* (que je n'ai pas aperçus dans le terrain houiller même le plus élevé) se signalent par la variété unie à la quantité déjà en bas et surtout au milieu du rothliegende, qu'ils caractérisent au premier chef, car aux formes ordinaires il faut ajouter, selon moi, beaucoup de plantes décrites dans des genres différents, telles que le *Nevropteris cicutæfolia*, l'*Odontopteris permiensis* de Strogonow (à nervation de *Callipteris*), certains *Pecopteris* et la plupart des *Sphenopteris* permiens, de formes particulières, érémoptéroïdes et schizoptéroïdes, comme évidemment le *Sphenopt. Naumanni*, Gut., encore le *Sphenopteris erosa*, Morris, de même que les *Sphenopt. oxydata, lyratifolia;* un *Sphenopteris* érémoptéroïde de Lodève est un *Callipteris;* un autre du même endroit à rachis bifurqué présente la décurrence des pennes qui distingue les Gleichéniées; il n'y a pas jusqu'à un *Sphenopteris* (de Bert), rappelant le *Sph. tridactylites*, qui n'ait des pinnules inférieures décurrentes. (La constatation de ces particularités prouve que, pour la détermination générique des frondes de Fougères, il faut avoir moins égard aux découpures des pinnules qu'au mode de foliation générale.) Le groupe des *Callipteris*, inconnu dans le terrain houiller, prend ainsi un grand développement de formes dans le terrain permien. Quantité de *Walchia pinniformis*, Stern., *filiciformis*, Stern. Les plantes les plus diffuses et étendues, c'est-à-dire les véritables leitpflanzen des Allemands, sont : *Odontopteris obtusiloba*, Naum., *Callipteris conferta*, Stern. (caractéristique principalement du rothliegende inférieur et moyen, plus répandu dans le rothliegende moyen), *Walchia pinniformis, Calamites gigas*. Les *Odontopteris mixoneura* sont plus développés dans le terrain permien que dans le terrain houiller supérieur, par le type *Od. obtusiloba* (nombreux et variés en Russie), *Odontopteris stipitata*, Göpp.

Plusieurs espèces de *Tæniopteris;* mais ce groupe, que l'on croyait propre au terrain permien, est trop bien représenté à Saint-Étienne pour ne pas être de ceux partagés entre les deux formations.

Nöggerathia (psyg.) *cuneifolia*, Brongn. *Schützea anomala*, Gein. *Dictyotha-*

lamus, Göpp., et autres inflorescences nouvelles. *Myclopitus stellata* et diverses structures très-remarquables bien différentes de celles de Grand'Croix.

En général et en résumé, la flore permienne possède les derniers représentants des Lépidodendrées, des Sigillarinées, des Calamariées. Encore beaucoup de Pécoptéridées, mais la plupart devenues subarborescentes au moins dans le zechstein, si elles se rapportent aux *Sphallopteris* et autres tiges basses de Fougères à cicatrices plus simples de *Protopteris*. Grande quantité de Névroptérides (qui sont presque les seules Fougères du rothliegende d'Angleterre, d'après William King), mais seulement des *Odontopteris mixoneura* et des *Callipteris*, rares *Alethopteris*. Il n'y a plus de véritables *Odontopteris* ni de *Cyclopteris*, pour ainsi dire, et les *Nevropteris* plus persistants ont un air certain de parenté avec les *Odontopteris mixoneura*; la plupart se rangent près du *Nevr. Dufrenoyi*, ils sont polymorphes. En Saxe, semblant de reprise des *Sphenopteris* sous des formes particulières qui en rapprochent quelques-uns des *Callipteris*; le *Sphenopt. Zwickaviensis*, Gut., est érémoptéroïde et schizoptéroïde avec subdivisions linéaires et acrothèques; le *Sphen. fasciculata* est érémoptéroïde, ainsi que le *Sph. dichotoma*, Alt. Les *Trichomanites* permiens, d'après un spécimen de Lodève, ont des formes schizoptéroïdes. Il y a cependant de vrais *Sphenopteris*, mais particuliers, tels que *Sphen. Gützoldi*, Gut., et autres Dicksonoïdes récents. Quelques rares représentants des *Prepecopteris*, mais des plus récents, le *Pecopt. Beyrichi*, Weiss, continuant le *P. Biotii*, Brongn. *Nevropteridium imbricatum*, Göpp., *Sphenopteris integra*, Germ., *Calamites* diverses, *infractus*, Gut., *leioderma*, Gutb., avec le *Cal. gigas*, Brongn. Aucun *Sphenophyllum* cité avant celui qui vient d'être trouvé en haute Silésie et ceux à signaler plus loin dans le rothliegende du centre de la France. On a vu que les *Annularia* sont exceptionnels, à part l'*Ann. carinata*, Gut., de Reinsdorf (proche de l'*Ann. longifolia*), *Ann. spicata*, Gutb.; *Lepidodendron* petits, dégénérés. *Sigillaria* se rattachant aux *Brardii* et *spinulosa*. Les *Trigonocarpus* s'élèvent à peine dans le terrain permien; *Trig. postcarbonicus*, Gümbel; *Tripterocarpus dyadicus*, Gein.; les *Rhabdocarpus* y montent plusieurs. Quelques *Cardiocarpus eiselianum*, Geinitz. Nombreux petits *Carpolithes* variés. Et en outre des *Cordaites* et *Walchia*, *Piceites Naumanni* (de Saalhausen), très-peu d'*Artisia*.

On a distingué trois étages dans le rothliegende.

Rothliegende
inférieur.

L'étage inférieur, que le docteur Weiss appelle kohlenrothliegende, des plus profondes couches du rothliegende existant à Cusel, à Saint-Wendel, dans le pays de Sarrebruck, a beaucoup de plantes du terrain houiller supérieur avec *Callipteris conferta* (déjà répandu), *Walchia pinniformis* (devenu directeur), *Calamites gigas* (caractéristique); c'est en Saxe la zone de l'*Od. obtusiloba*, du *Tæniopteris abnormis* avec *Nevropteris lingulata*. Assez de *Pecopt.*

Schlotheimii, densifolius, Göpp.; en Bohême, *Psaronius helmintholithus, Zeidleri, asterolithus, infarctus. Zygopteris primœva*, Cot. *Calamites* en disparition. Quelques *Asterophyllites* à Autun, *equisetiformis* et autres. *Sphenophyllum Thonii*, etc. Quelques *Walchia filiciformis* avec le *Walchia pinniformis*, Tiges de Conifères répandues dans le terrain permien inférieur de la Bohême, de la Silésie; *Dadoxylon Schrollianum, cupressum. Samaropsis fluitans*, Weiss. *Carpolithes disciformis. Cardiocarpus Ottonis*, Gut. *Cordaites palmæformis*, Göpp. et autres à feuilles minces.

Dans l'étage moyen du rothliegende, les *Walchia* gagnent en force et abondance; augmentation de la série du genre *Callipteris;* effacement des plantes houillères. Beaucoup d'*Od. obtusiloba*, Naum. Toutes les variétés de *Callipteris conferta*, St., au maximum (à Ottendorf), *prælongata*, Weiss, *Call. affinis*, Göpp., *Call. lyratifolia, Tæniopteris multinervis*, Weiss, *Walchia* divers, *pinniformis, filiciformis, linearifolia.*

Rothliegende moyen.

Quant à l'étage supérieur, il nous serait difficile pour le moment de préciser ses caractères différentiels. Il nous semble que les Névroptéridées y revêtent tout particulièrement les formes amples de *Nevropteris salicifolia*, Fisch., *Odontopteris permiensis*, Brongn., *Callipteris Wangenheimii*, Brongn., *Göpperti*, Morris; *Od. Fischeri. Psygmophyllum expansum*, Brongn., *cuneifolia*, Br. Cela concorde avec une diminution sensible des espèces permiennes antérieures dans les grès cuivreux de Russie, qui renferment quelques plantes du zechstein, dont nous laisserons la flore de côté, à cause de ses caractères ambigus.

Rothliegende supérieur.

NOTES COMPLÉMENTAIRES.

1° SUR LES PLANTES DEBOUT QUE L'ON TROUVE DANS LA SÉRIE ASCENDANTE
DES TERRAINS CARBONIFÈRES.

Comme les forêts fossiles paraissent être la continuation clair-semée des véritables forêts carbonifères, on doit s'attendre à les voir formées des mêmes végétaux que l'on trouve dans les strates.

Dans les roches argileuses devoniennes du Canada, rhizomes de *Psilophyton* en place.

Dans le carbonifère le plus ancien des îles Bären, tiges debout de *Bornia transitionis* dans les grès et leurs rhizomes traçants dans les schistes.

De la grauwacke supérieure jusqu'en haut du terrain houiller moyen, les *Stigmaria* sont partout, dans les deux mondes, très-répandus et existeraient constamment à la sole des couches de houille, tandis que, dans le terrain houiller supérieur, ils diminuent, y deviennent plus ou moins exceptionnels et sont absents dans le permien comme dans le devonien.

Le tableau des tiges debout (p. 153 à 158, *Abhandlung der Steink.*) signale généralement des Sigillaires avec quelques Lépidodendrées et Calamites; assez de Lépidodendrées avec Sigillaires et Calamites dans le terrain houiller inférieur de la basse Silésie et de Radnitz; la plupart des tiges debout de la basse Silésie sont des Lépidodendrées avec de rares Sigillaires (Göppert); plus généralement des Sigillaires avec très-peu de Lépidodendrées en Westphalie, en haute Silésie, à Sarrebruck, d'après Goldenberg; non loin de Neunkirchen, on a trouvé une forêt entière de Sigillaires debout. Dans la deuxième zone des Sigillaires, à Zwickau, ces plantes en place existent en grand nombre, principalement le *Sigillaria alternans*. D'après Dawson et Rich. Brown, nombreuses Sigillaires droites aux South-Joggins, au cap Breton et à Sydney. Cependant, dans les mines de M. Sidebotham, à Hyde, j'ai vu au toit d'une couche quelques *Psaronius* en place, à mince tige (de *Megaphytum* sans doute) entourée de radicelles peu nombreuses.

Il faut s'élever un peu plus haut pour rencontrer plus communément et en nombre les Calamites dans le terrain de Plauen en Saxe, aux South-Joggins. Ces tiges, que l'on trouve déjà en place dans le terrain houiller le plus inférieur, ne sont jamais plus répandues et plus abondantes que dans le terrain houiller supérieur, où, seules ou concurremment avec les *Biotocalamites* (que M. Dawson aurait vus aussi en Nouvelle-Écosse, sans les distinguer), elles forment une grande partie des forêts fossiles, avec quelques *Syringodendron* isolées ou réunies par groupes, avec des racines ligneuses de *Calamodendron*, et, ce que l'on n'avait pas encore constaté, des bases de tiges de Fougères, c'est-à-dire des *Psaronius* posés en grand nombre au toit des couches de houille ou dispersés dans les forêts fossiles, avec de non moins nombreux stocks vides de *Cordaïtes* et quelques *Dadoxylon*, que l'on n'avait signalés en Angleterre, en Amérique et en Allemagne que comme une curiosité.

Il se produit de la sorte de grands changements dans la nature et la proportion des plantes debout, puisque, à part les Calamites que l'on trouve partout, quoique plus nombreuses en haut, il n'y a guère en bas que des Sigillaires avec quelques *Lepidodendron*, ces derniers seulement plus communs dans les couches les plus profondes, tandis qu'à Saint-Étienne les Sigillaires sont devenues relativement rares, pendant que les Calamodendrées, Cordaïtes et Fougères composent la majeure partie des forêts fossiles.

2° SUR LES EMPREINTES DES PLANTES QUI SE MONTRENT AVOIR SUCCESSIVEMENT FORMÉ LA HOUILLE, ET SUR LA STRUCTURE VÉGÉTALE DE CELLE-CI.

La houille, pour peu qu'elle soit schisteuse et même, sans cela, pour peu que les lamelles constituantes ne soient pas fondues en une masse compacte, se laisse assez facilement reconnaître, par un œil exercé, comme formée d'écorces et de feuilles diverses dont on peut parfois lire les empreintes feuillet par feuillet, page par page; dans la houille d'Angleterre les formes végétales sont si nettes qu'on peut les déterminer spécifiquement.

J'ai généralement constaté, comme MM. Geinitz en Saxe et Göppert en Silésie l'ont plus ou moins bien reconnu, que les plantes qui ont formé la houille sont surtout celles qui dominent dans les roches encaissantes, et l'on devait s'y attendre, puisque, comme je le démontrerai, la houille est une roche sédimentaire. Certains bancs ont été formés de peu d'espèces; mais toutes les espèces peuvent exister dans la houille; on y aurait même trouvé des espèces nouvelles en Silésie; 80 espèces de Sigillaires y ont été découvertes (p. 73, *Abhandlung der Steink.*).

Quoi qu'il en soit, les plantes qui ont formé la houille changent comme la flore.

Les *Psilophyton* fournissent le très-peu de combustible que l'on rencontre dans le terrain devonien inférieur. Une couche devonienne, sans doute déjà supérieure, du Canada serait principalement composée de Lycopodiacées.

Déjà aux îles Bären, le charbon est produit par des *Lepidodendron Veltheimianum*, *Knorria* et *Calamites*. M. Geinitz signale la houille de Hainichen-Ebersdorf comme formée préférablement de *Sagenaria*; il la désigne par Sagenarienkohle; avec les *Sagenaria* on voit, dans celle d'Ebersdorf, des *Stigmaria inæqualis* en abondance (p. 7, *Darst. d. Flora d. Hainichen*, etc.). La culmkohle anthracitique provient surtout de *Sag. Veltheimiana*; j'ai à peu près reconnu qu'il en est ainsi de l'anthracite du Roannais. En Russie, dans le calcaire carbonifère, petits amas de houille principalement formés de *Lepidodendron* à Nowgorod, Kaluga, de même qu'à Tula, d'après Auerbach et Trautschold. Dans les terrains houillers les plus anciens, on a partout à peu près observé que le combustible doit son existence aux Lépidodendrées; Rhode a figuré plusieurs fragments de houille formés de Lépidodendrons et venant des couches les plus profondes de la basse Silésie, de Neurod et de Waldenburg (pl. VII, *Beiträge zur Pflanzenkunde der Vorwelt*, etc.).

Dans la basse Silésie, à Waldenburg et particulièrement dans le liegende zug (p. 277, *Abhand. d. Steinkohl.*), la houille feuilletée est principalement due à des *Stigmaria ficoides*, et surtout à des *Stig. stellata* en si incroyable quantité que Göppert et Beinert l'ont désignée par Stigmarienkohle; il y a aussi beaucoup de *Lepidodendron*, quelques *Sigillaria* et *Calamites*. Le charbon du terrain infra-houiller, comme celui de la grauwacke supérieure, serait ainsi formé préférablement de *Stigmaria* et *Lepidodendron*; celui du gannister m'a paru formé avant tout de *Lepidodendron*, avec beaucoup de *Stigmaria*

Houille ancienne.

50.

et quelques *Sigillaria;* sur le charbon de Durham on voit principalement des *Stigmaria ficoides minor* et *minuta* avec des *Lepidodendron* et *Sigillaria.*

Dans une zone sans doute déjà plus élevée, à Radnitz, M. d'Ettingshausen dit que les végétaux qui ont engendré la houille sont surtout les *Stigmaria* et *Sigillaria*, puis les *Lepidodendron* et les *Calamites*, les Fougères y ayant une part très-subordonnée.

Composition végétale de la houille du terrain houiller moyen.

D'après Göppert et Beinert, les Sigillaires ont pris visiblement une si grande part à la formation de la houille en haute Silésie, que, dans le grand district de Nicolaï, dans les mines situées sur la Przemsa, dans la Pologne et dans la république de Krakau, la houille peut être désignée par Sigillarien-kohle (p. 277, *Abhandl. der Steink.*); un fragment de houille de Sigillaire est signalé et figuré *ibid.*, p. 70, fig. 16; en ouvrant le charbon, on le voit formé des écorces combinées de *Sigillaria* riches et variées, de *Lepidodendron*, *Stigmaria* et *Calamites;* aux mines Fiedrich, Martha et Valaska, grande quantité de fusain; les *Stigmaria* et *Lepidodendron* se retirent ou augmentent et ne dominent que dans quelques cas, les *Stigmaria* à Lendzin, les *Lepidodendron* dans le district de Nicolaï; les *Calamites* et *Nöggerathia* sont clair-semés, les Fougères manquent presque totalement. Dans une note du 19 janvier 1867, intitulée : *Explication de la structure des houilles en général et de celle de la haute Silésie en particulier,* Göppert disait que la majeure partie de la houille des arrondissements de Nicolaï et de Myslowitz se compose surtout de Sigillaires et de *Stigmaria* y attenants, puis de fusain, de *Nöggerathia* en grandes feuilles et de Fougères; en 1867, cet auteur a exposé à Paris des blocs de bouille que l'on voyait formés par la superposition de *Sagenaria*, *Stigmaria*, *Sigillaria*, *Lepidofloyos*, *Ulodendron* et, auxiliairement, de *Nöggerathia* et de Fougères; il y avait des échantillons composés couche par couche de *Sigillaria* et *Nögge-rathia*. Dans un voyage qu'il fit en 1846, M. Göppert vit que la houille de Sarrebruck est aussi principalement née de *Sigillaria*, *Stigmaria*, *Lepido-dendron* (principalement le *Lep. laricinus*), de même que sans doute aussi celle d'Eschweiler, de Westphalie et de Liége [1]. En dernier lieu, cet auteur ex-

---

[1] 1re couche de Welleseweiler partout riche en *Sigillaria* et *Lepidodendron*, et particulièrement en *Lep. laricinus*. A la mine Merchweiler et Querschied, les *Sigil-laria* dominent plus qu'ailleurs, comme en haute Silésie. A la mine Gerhardt, le charbon de la couche Beust paraît formé de *Stigmaria*. La mine Kronprinz Friedrich Wilhelm se distingue en particulier par la quantité de faserkohle, comme en Silésie. A Eschweiler, les *Stigmaria* règnent dans la houille avec les *Sigil-laria* et les *Lepidodendron*. Sur la Worm, *Sigillaria*, *Stigmaria* et *Lepidodendron* en égale quantité. A Essen et à Liége, à côté d'abondants *Stigmaria*, *Sigillaria* et *Le-pidodendron*.

prime, comme un résumé de toutes les observations de sa vie, que ce sont les *Sigillaria* et les *Stigmaria* qui ont formé la masse principale de la houille avec *Lepidodendron*, parfois en quantité; il y a bien trouvé des quantités de *Cal. decoratus;* les *Nöggerathia* y entrent pour une part importante en Silésie et à Sarrebruck; le charbon de la fosse Agnès-Amande (haute Silésie) se composerait cependant en grande partie de Fougères. Mais aucune autre famille n'a pris un développement pareil à celle des Sigillaires pendant la formation de la houille du terrain houiller, non-seulement par le grand nombre des espèces, mais par la grande quantité des individus. D'après des observations faites en Lancashire et déjà publiées en 1863, observations qu'il a continuées depuis, M. Binney croit que les couches de houille des middle coal-measures sont principalement formées de Sigillaires. En Nouvelle-Écosse, d'après Dawson, c'est dans le middle coal et dans le milieu, près des grandes couches de houille, que se trouvent la majorité des Sigillaires, entre-mêlées de Lépidodendrons, de Calamites et de Fougères. Au dire de M. Geinitz, les Sigillaires prédominent en Saxe dans les couches profondes de Planitz, de Niederwörschnitz.

De ces observations concordantes il est résulté pour MM. Göppert, Dawson, la croyance, partagée par les géologues, que la houille est principalement formée d'écorces de Sigillaires avec Stigmariées, appelées les plantes mères de la houille (*Mutterpflanzen*), avec de moins en moins de *Lepidodendron*, etc.

J'ai voulu me rendre compte du fait par moi-même, et en 1868, à Sarrebruck, j'ai bien remarqué que les empreintes de Sigillaires dominent réellement dans la houille comme dans les schistes de triage, avec de fréquentes Lépidodendrées, des Stigmariées à plat dans les joints et parfois en feuillets superposés de si près que certaines mises en paraissent entièrement formées; *Aulacopteris* nombreux. En 1866, j'aurais constaté la même composition végétale de la houille à Charleroi.

La houille de Rive-de-Gier paraît bien avoir été produite en grande partie par des Sigillaires avec *Stigmaria* et quelques *Lepidodendron;* mais à Saint-Étienne, de même que dans le centre de la France en général, j'avais remarqué que les empreintes de la houille sont très-généralement striées et sillonnées, bien avant d'avoir reconnu que ce sont des *Cordaites, Aulacopteris, Stipitopteris, Psaroniocaulon* et *Calamites.* La houille de la troisième zone de Saxe serait composée de Calamariées diverses, principalement de *Calamites,* et spécialement du *Cal. Cistii,* qui paraît avoir fourni un contingent essentiel à la houille de Plauen, en raison de quoi M. Geinitz désigne celle-ci comme Calamitenkohle, mot de M. Göppert appliqué à de la houille plus ancienne.

On a signalé à Sarrebruck des lits de houille presque entièrement formés

Composition végétale de la houille du terrain houiller supérieur.

de *Nöggerathia*. Mais sous ce nom on a bien pu confondre les *Aulacopteris*, le charbon des couches supérieures de Flöha et Gückelsberg, dit Nöggerathienkohle, se composant principalement de *Nögg. crassa* et *palmæformis*.

Houille supérieure. Il faut croire cependant que le Nöggerathienkohle renferme beaucoup de Cordaïtes. En Amérique, les Cordaïtes contribueraient pour une large part à la formation de certains lits de houille supérieure. Mais nulle part comme dans le centre de la France on n'a, je crois, des couches puissantes et nombreuses formées presque entièrement de feuilles et d'écorces de Cordaïtes avec fusain de *Dadoxylon*.

En 1841, M. Göppert [1], en avançant l'opinion que la houille est principalement formée de *Sigillaria* et de *Stigmaria* avec des *Lepidodendron*, des *Calamites*, exprimait qu'elle ne renferme que rarement des Fougères. M. Geinitz dit bien que la Farrenkohle domine dans les couches supérieures d'Oberhohndorf en Saxe. Mais nulle part encore on n'avait bien reconnu des couches nombreuses et puissantes de houille, comme il en existe dans le centre de la France, en grande majeure partie formées de stipes et tiges de Fougères, c'est-à-dire de *Stipitopteris* et surtout d'*Aulacopteris* avec *Psaroniocaulon*, et d'une notable quantité de *Tubiculites* et de *Medullosa*, sans pour ainsi dire de *Sigillaria* ni *Stigmaria*, non plus que de *Lepidodendron*. Cela bat en brèche cette opinion que les Fougères, de leur nature, ne sont pas aptes à former des couches nombreuses et puissantes; il faut dire que dans le terrain houiller supérieur celles de ces plantes qui sont herbacées sont gigantesques et que la plupart des autres sont arborescentes.

Tout en haut du terrain houiller, il y a des couches d'une grande puissance, comme celle de Decazeville, qui résultent en majeure partie de l'accumulation des écorces de Calamodendrées avec beaucoup de fusain provenant des mêmes végétaux.

Mais on se tromperait fort si l'on s'imaginait qu'une couche de houille n'est formée que d'une seule sorte de plantes; en haut de Saint-Étienne, par exemple, les écorces de *Calamodendron* sont entremêlées d'*Aulacopteris* et *Stipitopteris*, de *Psaroniocaulon*; des mises, des planches même intercalées, se composent presque entièrement de *Cordaïtes*.

Houille permienne. La houille permienne du centre de la France, que l'on voit constituée par les mêmes végétaux qui dominent dans le charbon du terrain houiller le plus supérieur, se distingue par la présence habituelle des *Callipteris*.

La houille, on le sait, se compose de lames et lamelles spéculaires bitu-

_____

[1] *Die Gattungen der Fossilpflanzen*, p. 5.

mineuses entremêlées de charbon de bois. Nous venons de voir les empreintes de plantes conservées à la surface des lamelles. Il pouvait convenir de rechercher si la nature du charbon de bois ou du fusain et la structure des lamelles de houille spéculaire s'accordent avec les débris des plantes empreintes dans la houille des différents dépôts carbonifères.

Il y a bien une disproportion évidente entre la quantité du fusain et la masse des écorces et feuilles formant la houille. Pour l'expliquer, Dawson a recouru à la supposition qu'une grande partie du bois a été anéantie. La disproportion paraît moins extraordinaire lorsque l'on sait combien le feuillage était développé, combien les écorces devenaient épaisses et denses et quelle quantité de tiges avaient un intérieur lâche et facilement destructible.

La proportion du fusain varie suivant l'âge des différentes houilles. Il n'y a pour ainsi dire pas de fusain dans les anthracites : cela concorde avec le peu de tiges ligneuses vivant à l'époque de leur formation. Le charbon de bois devient abondant dans la houille du terrain bouiller supra-moyen, où il se compose de *Suber* et de *Dadoxylon*; le charbon gras, dans le Nord, est celui qui renferme le plus de fusain (dit houille daloïde); il est commun dans tout le terrain bouiller supérieur.

Il éprouve des changements en rapport avec ceux des plantes; ainsi, à Saint-Étienne, il se rapporte généralement aux *Dadoxylon* dans l'étage des Cordaïtées, en grande partie aux *Tubioulites* et *Fascioulites* dans l'étage des Fougères et en quantité importante aux *Calamoxylon* dans l'étage des Calamodendrées.

La structure végétale est seulement dissimulée dans la masse compacte de la houille; elle correspond à celle des feuilles et écorces qui lui ont donné naissance.

On doit s'attendre à ne trouver que du parenchyme et du prosenchyme, foliacé et libérin, comme appartenant aux écorces et feuilles dont la houille se montre formée.

Certains morceaux d'anthracite ancien du Roannais ont une texture subéreuse feuilletée particulière, due aux écorces de *Lepidodendron*. A la loupe on voit aisément la houille du gannister formée principalement de lamelles subéreuses de *Lepidodendron*, d'épidermes cellulaires de *Stigmaria*, d'écorces prosenchymateuses de *Sigillaria*.

D'après Dawson, la variété de houille compacte dénote du bast-tissue et du tissu cellulaire, d'accord avec les écorces de Sigillaires et les autres restes herbacés qui composent cette houille; ces écorces sont en effet de beaucoup la partie dominante, et l'on sait qu'elles sont formées de parenchyme et surtout de cellules allongées sans pores.

Marginalia:
Fusain.
Quantité et nature.

Structure
de la houille
spéculaire.

A Saint-Étienne, la houille terne et mate offre toujours quelques traces de structure végétale facilement reconnaissables au microscope.

La houille de Cordaïtées renferme beaucoup de *Cordaiphlœum*, qui rend cette espèce de combustible plus fibreuse que celle formée d'autres écorces, même que celle de Sigillaires, qui a cependant pu faire croire que le cannel coal est formé de bois.

La houille des couches moyennes et supérieures de Saint-Étienne, de la 6ᵉ à Chavassieux, du Clapier, d'Avaize, etc., est formée en notable partie de tissu cellulaire, souvent allongé et terminé obliquement, et de tissu fibreux, comme on devait l'attendre des stipes et tiges de Fougères qui composent principalement cette houille.

RÉCAPITULATION DES CHANGEMENTS GÉNÉRAUX; UNITÉ BOTANIQUE DE LA FLORE. — DIVISION FONDAMENTALE DE LA PÉRIODE CARBONIFÈRE EN ÉPOQUES.

En généralisant les changements de la flore, nous pourrons mieux juger par un coup d'œil d'ensemble de leur importance à la longue et des rapports qui les enchaînent cependant dans une grande unité botanique.

Après des types à peine connus dans le bas, apparaissent, en haut du terrain devonien, un certain nombre de groupes carbonifères sous des formes anomales et chétives, parmi quelques genres propres qui finissent en changeant d'espèces dans le terrain carbonifère ancien.

Le terrain carbonifère ancien participe du terrain devonien par les *Palæopteris*, les *Cyclostigma*, etc.; les fossiles du grès jaune de Kilkenny joignent le terrain devonien supérieur au calcaire carbonifère, et la série ursienne, réciproquement, le dernier au premier.

Cependant la flore devonienne a des espèces et des types propres et peut se distinguer jusqu'à un certain point. Haughton a cru pouvoir tracer une ligne, aperçue aussi en Thuringe par Richter et Unger, entre le terrain devonien supérieur, qui a des Fougères de genres à part, des formes particulières, anomales, et le terrain carbonifère inférieur, où apparaissent des espèces plus analogues à celles du terrain houiller.

D'après M. Göppert, les trois florules du terrain carbonifère ancien ont une grande affinité entre elles et assez peu de parenté avec la flore du terrain houiller proprement dit. Cependant elles présentent l'avant-garde se développant en haut des Sélaginées et une partie des Sphénoptéridées habituelles au terrain houiller moyen. La grauwacke supérieure a été réunie au terrain houiller. Quand on vient à examiner, en effet, la flore de Landshut (Silésie), on ne saurait douter que, bien que se rattachant de plus près au terrain infra-houiller qu'au culm, elle ne présente entre les deux terrains un trait d'union, réalisé par les dépôts carbonifères de Berghaupten, de la Vendée. Quant au millstone-grit, ses plantes le réunissent tout à fait au terrain houiller.

Cela n'empêche pas que les caractères positifs tirés des genres et espèces propres, combinés aux caractères négatifs, ne justifient une séparation entre le terrain carbonifère ancien et le terrain houiller en général.

Le terrain infra-houiller n'a pas de caractères différentiels bien marqués : continuation du règne des Sélaginées, plus riche de formes peut-être que dans la grauwacke supérieure; abondants *Stigmaria* avec encore peu de *Sigillaria*; mêmes Sphénoptérides; mais disparition des *Adiantites* et introduction et développement des groupes houillers : *Asterophyllites*, *Sphenophyllum*, *Nevropteris*, *Alethopteris*, *Sphenopteris-Aneimioïdes*, etc.

Dans le terrain houiller moyen, les plantes survenues en dernier lieu deviennent abondantes en général; les Sigillaires atteignent une extension de formes et de nombre extraordinaire; les *Lepidofloyos* sont communs; maximum des *Nevropteris*, des *Sphenopteris-Aneimioïdes*, des *Prepecopteris*, des *Asterophyllites-annularioïdes*; première série de *Sphenophyllum*, d'*Alethopteris* du type *lonchitica*.

Il y a apparence que les véritables *Pecopteris* à *Asterotheca* se présentent seulement vers la fin de l'époque houillère moyenne,

sous les formes favorites de *Pecopt. nevropteroides* et crénelées, en
même temps que les *Annularia* et autres groupes supérieurs commencent à entrer dans la flore avec une importance qui va s'ac-
croître.

Dans le terrain houiller supérieur, où ces végétaux parviennent
à un grand développement, les *Alethopteris* et *Sphenophyllum*
changent, les *Sphenopterides* s'éteignent en général, les *Lepidodendron*, avec les *Pseudosigillaria*, disparaissent, de même que, à
peu près aussi, les *Sigillariæ veræ*; il ne reste que les *Syringodendron*, à part une nouvelle série de *Sigillariæ leiodermariæ*; les
Odontopteris remplacent les *Nevropteris*. Bref, il se produit de tels
changements, que la flore stéphanoise ne conserve plus qu'une
ressemblance lointaine avec celle du terrain houiller du Nord.
Partout, en Amérique comme en Europe, les Fougères et les Calamites, les Conifères dans le Canada, jouent dans le terrain houiller supérieur un rôle plus large sinon plus nombreux; les Cordaïtées, les Pécoptéridées, les *Odontopteris*, les Calamodendrons,
aussi nombreux que diversifiés, forment le contingent principal
de la flore, qui dépouille de plus en plus ses caractères crypto-
gamiques par des structures dicotylédones plus accusées, sinon
plus multiples, et surtout par une grande quantité de graines qui
révèlent près de trente genres et plusieurs familles à Saint-Étienne
seulement.

La flore du rothliegende, en dépit de genres et d'espèces
propres, paraît cependant avoir des racines nombreuses dans le
terrain houiller supérieur et n'être composée, pour une bonne
partie, que des dernières productions des groupes carbonifères
les plus récents; le nombre des espèces communes avec le terrain
houiller dépasserait aujourd'hui 5o; un étage dans le centre de
la France effacerait mieux que nulle part ailleurs la ligne de démarcation que l'on n'avait reconnue si bien tranchée en Saxe que
parce qu'il y existe une lacune entre les derniers dépôts carbonifères et le terrain permien. Toutefois la flore permienne s'affirme
de plus en plus dans le rothliegende moyen par des *Callipteris*,

des *Odontopteris-mixoneura*, des *Walchia* plus nombreux et variés, par des *Schizopteris*, *Psygmophyllum* particuliers, ouvrant une nouvelle ère, et par d'autres propriétés qui chez nous la rendent de plus en plus indépendante. Mais cette flore ne s'en présente pas moins dans ses groupes principaux comme la continuation appauvrie de la flore houillère, de manière que l'époque permienne rentre dans la période carbonifère, dont elle ferme le cycle, puisque le grès bigarré ne renferme aucune plante bien constatée de cette grande période, qui a produit des changements devenus complets à la longue, mais tous liés par des enchevêtrements nombreux et essentiels.

UNITÉ BOTANIQUE DE LA FLORE CARBONIFÈRE.

La flore paléozoïque se développe ainsi sous l'empire de l'unité la plus persistante, par l'existence des mêmes classes, ordres et familles, les uns plus ou moins différemment représentés de bas en haut et les autres, comme les Calamariées, continus et nombreux tout le temps. Et ce qu'il y a de remarquable, c'est que le maximum de cette flore correspond au terrain houiller, de manière que, si l'on veut me permettre cette figure, le devonien ne représente que l'aurore et le permien que le crépuscule d'une grande période géologique à laquelle aucune espèce et peut-être même aucun genre n'ont survécu, en confirmation de l'idée d'une période biologique indépendante et contrairement à la théorie de la continuité.

Cependant M. Schimper voit dans le permien l'origine du trias.

Mais dans le rothliegende l'absence des genres et familles du trias et la présence des ordres et types houillers composant presque toute sa flore sont un double fait considérable, devant lequel tombe et s'évanouit le passage encore douteux d'une ou de deux espèces permiennes dans le domaine du trias, où un nouveau monde végétal a fait table rase de l'ancien. M. Schimper se fonde sur ce

que les Conifères et les Cycadées dans le terrain permien sont
moins anomales que dans le terrain houiller; mais les *Walchia*, en
faveur de cette thèse, paraissent avoir une tout autre alliance que
les analogues de forme, les *Volzia*.

Il faut cependant bien reconnaître que certaines plantes des
terrains secondaires inférieurs ont des attaches avec celles des
terrains primaires. Ainsi les *Sphallopteris* des grès cuivreux de
Russie pourraient bien se continuer dans le greensandstone par
les *Protopteris punctata*, Stern., *Singeri*, Göpp., *Sternbergii*, Corda,
que, contrairement à ce que l'on savait de leur habitat, M. Carruthers a reconnus étrangers au terrain houiller; le *Trizygia speciosa* de Royle ressemble à un *Sphenophyllum oblongifolium* qui
deviendrait beaucoup plus ample; les *Schizoneura* du grès bigarré
y suppléeraient aux *Asterophyllites;* les *Spirangium carbonarium*, qui
ne paraissent pas rares dans le terrain houiller moyen d'Angleterre, durent jusque dans les couches waldiennes.

Dans cet ordre de considérations, comment envisager le zechstein, qui a à peine quelques espèces très-rares de communes avec
le rothliegende et qui, avec des formes encore houillères, présente des types tout nouveaux, *Ulmannia*, etc., qui lui sont propres?
Ce membre se laisse difficilement unir au rothliegende, quoique
le *Sphenopteris dichotoma*, Alth., l'*Alethopteris Martinsii*, Germ., et
sans doute encore le *Caulerpites crenulatus*, Alth., des schistes cuprifères de Riechelsdorf, paraissent des *Callipteris* (*Palæontographica*, 1851, p. 30), quoique le *Zonarites digitatus* puisse être un
Dicranophyllum, quoique le *Tæniopteris Eckardti* ait des analogues
plus anciens, etc. Le zechstein n'ayant pas pour cela d'affinité avec
le trias, si l'on en fait le terme final de la série carbonifère, la
dénomination de *dyas*, appliquée au terrain permien par M. J.
Marcou et épousée par M. Geinitz, aurait, sous le rapport botanique plus que par la dualité des dépôts, quelque raison d'être.

Toutefois le groupe inférieur de cette formation hétérogène
reste étroitement uni au terrain houiller aussi bien par les animaux que par les plantes, et M. J. Marcou a fait assurément erreur

en le rattachant, ainsi que le zechstein, au trias, dans une même formation générale, qu'on est loin de connaître dans toutes ses parties, mais qui ne présente pas la moindre apparence d'unité paléontologique.

DIVISIONS FONDAMENTALES DE LA PÉRIODE CARBONIFÈRE
EN ÉPOQUES ET SOUS-ÉPOQUES, ET DE LA FORMATION EN TERRAINS CORRESPONDANTS.

Si la flore carbonifère reste une dans la coexistence exclusive de ses grands groupes de plantes, la composition et les rapports génériques et spécifiques de celles-ci varient beaucoup, et leur importance quantitative aussi, par des changements continus et lents, des apparitions et des disparitions réglées. Il s'agit de savoir si ces changements multiples, notables, complets à la longue, sont de nature à motiver quelques coupures fondamentales dans la grande période carbonifère.

Quoique variant d'une manière continue ou tout au moins sans rester longtemps immobiles, les termes de la flore se coordonnent de manière à offrir, mieux que les caractères pétrologiques constants dans le temps et variables dans l'espace, diverses unités chronologiques et stratigraphiques résultant de la combinaison durable de genres propres. Si l'on se reporte à notre tableau, on voit que, à part les *Pecopteris*, les *Annularia* supérieurs, qui ne font que prendre leur élan dans le terrain houiller moyen, comme les *Walchia* permiens dans le terrain houiller supérieur, on voit, disons-nous, qu'entre les terrains houillers moyen et supérieur les genres sont aussi différents qu'entre le terrain houiller supérieur et le permien, et au moins aussi différents qu'entre le terrain houiller moyen et le terrain carbonifère inférieur. Le terrain houiller moyen possède la masse des Sigillaires, des *Nevropteris*, les *Prepecopteris*, les *Sphenopteris-Aneimioides*, etc.; le terrain houiller supérieur a en propre les *Odontopteris*, les *Callipteridium*, les *Annularia*, les *Dory-Cordaites*, les *Poa-Cordaites*, les *Dicranophyllites*, les *Calamodendron*, le maximum des *Schizopteris*, et une grande quantité de Pécoptéridées et de Cordaïtes, qui n'a d'égale que celle des Sigillaires et des Lépidodendrons dans le terrain houiller moyen.

La considération des groupes plus élevés réunit en quelques faisceaux les différentes combinaisons génériques. Ainsi les Lépidodendrées règnent sans conteste dans les terrains carbonifères anciens, et les Sigillaires dans le terrain houiller moyen; les Cordaïtées, les Calamodendrées, acquièrent, concurremment aux Pécoptéridées, dans le terrain houiller supérieur, ensemble ou successivement, par des formes propres et nouvelles, le plus riche développement dont ces groupes paraissent susceptibles, et impriment à la flore de plus en plus dicotylédone un cachet nouveau, qu'elle conserve en partie dans le permien.

Cependant les règnes successifs des Lépidodendrées, des Sigillarinées, bien que très-distincts lorsqu'on les prend à la moyenne, ne sont pas sans offrir beaucoup de mélanges notables : les *Sphenopteris*, les *Stigmaria*, les *Lepidodendron, Ulodendron, Halonia*, constituent des liens d'attache entre le terrain carbonifère inférieur et le terrain houiller moyen, à la base duquel les Lépidodendrées dominent souvent, comme les *Sphenophyllum*, les *Asterophyllites*, etc., entre les terrains houillers moyen et supérieur, et les Pécoptéridées, les Calamodendrées, entre le terrain houiller supérieur et le terrain permien. Mais on remarque que ces flores restent long-temps fixes dans l'ensemble, qu'il y a seulement extinction de genres antérieurs au commencement et introduction de genres futurs à la fin de chaque grande étape; que de l'une à l'autre flore il existe une différence complète au fond, qu'il n'y a de points de contact qu'aux extrémités, où se produisent des changements plus brusques, plus rapides dans l'intervalle franchi par un petit nombre de plantes, comme cela a lieu entre deux époques successives assez bien tranchées.

La formation carbonifère admet non-seulement deux, mais, au même titre, trois divisions de premier ordre, qui correspondent en partie à celles que le plus complet développement, bien connu, des terrains carbonifères de l'Amérique britannique a inspirées aux géologues de ce pays, savoir : les lower coal-measures pour le culm, les middle coal-measures pour le terrain houiller productif moyen, et les upper coal-measures pour le terrain houiller supérieur, bien moins développé que dans le centre de la France. C'est ainsi que, d'accord autant que possible avec la géologie plus générale, la botanique fossile me conduit à partager la période carbonifère en trois époques, dans le sens peu réduit du mot, l'époque du terrain carbonifère inférieur, l'époque du terrain houiller moyen et l'époque du terrain houiller supérieur, sans compter l'époque précarbonifère du terrain devonien et l'époque postcarbonifère du terrain permien.

Au point de vue géologique, le terrain houiller moyen se distingue par la régularité de ses strates plus fines, plus grises, par le grand nombre et la répétition à peu d'intervalle de couches de houille plus faibles; le terrain houiller supérieur consiste en dépôts plus circonscrits, irréguliers, avec des couches de combustible plus puissantes, mais moins nombreuses et répétées à des distances inégales; le terrain carbonifère ancien a une nature plus calcaire, plus siliceuse; ses roches, de grauwacke, sont plus métamorphisées; le charbon en couches minces peu nombreuses, en chapelet, est de nature anthracitique.

SECTION II.

ÂGE RELATIF, CONCORDANCE, ORDRE DE SUCCESSION DES FORMATIONS CARBONIFÈRES DE L'HÉMISPHÈRE NORD [1] EN GÉNÉRAL ET DE LA FRANCE EN PARTICULIER.

Les associations de végétaux fossiles sont si constantes dans les dépôts de même époque et les différences positives, doublées des

[1] Dans l'hémisphère austral, on a indiqué le terrain houiller à Madagascar, au Brésil, au Pérou (à 14,700 pieds près Huanaco), même dans les Antilles. Dans l'Afrique méridionale, il existe caractérisé comme en Europe, avons-nous vu p. 352. On ne connaît des autres pays, par un petit opuscule de M. Carruthers, que quelques espèces du Brésil. Je regrette beaucoup de livrer ce manuscrit à l'impression avant d'avoir examiné les plantes houillères promises à M. Brongniart par l'empereur Dom Pedro pour le Muséum.

différences négatives de flore [1], sont si complètes d'une époque à une autre, que quelques fragments de schistes réunissant, par exemple, les *Pecopteris muricata, nervosa, Nevropteris heterophylla, Annularia radiata, Sigillaria Knorrii, Lepidodendron obovatum,* annoncent le terrain houiller moyen, comme la cohabitation des *Odontopteris Reichiana, Pecopteris cyathea, Annularia longifolia, Calamites cruciatus, Callipteridium mirabile,* démontre le terrain houiller supérieur, aussi sûrement que les *Bornia transitionis, Lepidodendron Veltheimianum,* indiquent le carbonifère ancien, et les véritables *Callipteris,* le permien; la concordance frappante de la variété et quantité des mêmes *Nevropteris, Sphenopteris, Sigillaria, Lepidodendron, Asterophyllites-annularioides,* etc., dans les roches d'âge moyen de tous pays, que j'ai pu examiner au Muséum, me donne pleine confiance dans la botanique stratigraphique en ce qui concerne d'abord la classification générale, qui est le but de ce chapitre.

Cette classification est fondée sur les changements généraux de la flore, presque exclusivement ou conjointement avec quelques considérations géognostiques. Comme on ne peut guère compter pouvoir estimer suffisamment une flore par quelques espèces, même caractéristiques, parce que ce serait prendre par peu de points isolés une chose très-complexe, nous avons cherché, autant que cela nous a été possible, à appuyer nos déterminations sur une série plus cohérente de documents. Nous ne présenterons des listes de plantes que relativement aux terrains dont on ne connaît pas la flore ou dont la position n'est pas bien fixée.

Les dépôts carbonifères dont les flores nous sont connues seront classés par terrains, et cela de bas en haut, afin de mieux suivre leur ordre de formation successive.

---

[1] Entendues comme absence de plantes d'autres niveaux seulement et non comme absence de plantes du même niveau, certaines flores étant incomplètes, comme celles du Condros formée de Fougères, comme celle du Roannais pourvue de très-peu de Fougères, comme celle de Burdiehouse sans *Stigmaria.*

TERRAINS DEVONIENS.

En Europe, le terrain devonien généralement supérieur existe en Irlande, en Écosse, en Thuringe (près Saalfeld); l'horizon le plus élevé du grès jaune se présenterait sur le continent à Moresnet (près Aix-la-Chapelle), dans l'Ardenne par les Psammites de Condros[1]. Je ne le vois pas représenté en France d'après les plantes.

Au Canada, où il est plus complétement développé, les plantes, dit M. Dawson, sont les mêmes que celles des divisions correspondantes du terrain devonien en Europe, et particulièrement de beaucoup de points en Irlande; mais la flore érienne paraît être, avons-nous vu, en partie plus récente et se rapporter au calcaire carbonifère et même au culm, et peut-être tout ensemble en partie au millstone-grit, pense M. Carruthers, à Saint-John du moins, où, avec quelques espèces précarbonifères, il y a de nombreuses formes carbonifères anciennes, telles que des *Calamites radiatus, Palæopteris Bockschii, Sphenopteris Hœninghausi, Hymenophyllites obtusiloba, Gersdorfii, Stigmaria*, et plusieurs sortes de verticillaires, à vrai dire, assez anomales, mais parmi des types véritablement houillers de *Calamites, Nevropteris, Sigillaria, Cordaites* (feuilles, fleurs et fruits).

TERRAINS CARBONIFÈRES ANCIENS.

Le terrain carbonifère qui recouvre la plus grande partie de l'Irlande est généralement ancien et peut-être en bonne partie trèsancien.

La flore paléozoïque des terres polaires, de l'île des Ourses, par 74° 30′, différente de celle du terrain devonien supérieur ordinaire, a cependant des plantes communes (de nombreux *Cyclostigma*) avec le grès jaune et se rapproche de celle des schistes charbonneux du sud-ouest de l'Irlande; elle a beaucoup plus

Ursa stufe de Heer.

[1] Crépin, *Description de quelques fossiles des Psammites du Condros*, 1874. — Al. Gilkinet, *Sur quelques plantes fossiles de l'étage des Psammites du Condroz*, 1875.

d'analogies avec la grauwacke des Vosges, que M. Heer descend de
deux étages, par erreur pensons-nous, jusqu'en bas du calcaire
carbonifère, auquel nous rapportons le terrain carbonifère de l'île
des Ourses, ainsi que celui du Spitzberg, puissant [1], peut-être
un peu plus élevé quoique situé aussi en dessous du calcaire carbonifère, et renfermant à peu près les mêmes plantes fossiles,
mais avec des *Stigmaria ficoides*. M. Heer a fait voir que les îles
Parry, au groupe desquelles appartient l'île Melville, possèdent
du carbonifère aussi ancien, qui, chez nous, existerait, d'après lui,
dans le bas Boulonais. Sa présence en Groënland est devenue
incertaine. A la base de la grande série carbonifère de l'Australie,
sous le tropique du Capricorne, il y a à Queensland des couches
au moins aussi anciennes, desquelles, en effet, on m'a montré, en
Angleterre, de nombreux *Lepidodendron nothum*, *Lep. Veltheimianum*, un *Archœopteris*, un reste imparfait de *Bornia*, une sorte de
Stigmaria à petites cicatrices.

Étage du calcaire
carbonifère.   L'étage du calcaire carbonifère est représenté en Écosse, où il
est suivi du culm, auquel se rapporterait en général la série de
Burdiehouse; il existe en Silésie, à Moresnet; il est répandu en
Belgique, sous le nom de calcaire de Visé (concordant avec le
terrain houiller sans millstone-grit interposé).

*A quoi se rapporte le terrain anthracifère de Hardinghem, dans le
bas Boulonais?*

Le terrain carbonifère du bas Boulonais passe pour appartenir
au calcaire carbonifère; d'après Murchison, une partie est enfer-
mée entre deux couches de calcaire. Mais, suivant M. Gosselet [2],
le terrain à houille de Hardinghem n'est pas intercalé dans les
couches calcaires, mais descendu au milieu d'elles en forme de V;
les plantes fossiles des couches supérieures [3], auxquelles il faut
joindre un *Sphenopteris nervosa* du Muséum, peuvent, en effet,

[1] E. Robert, *Bull. géol.* 1841, p. 23.
[2] *Bull. géol.* 1861, p. 22.
[3] *Bull. géol.* 3ᵉ série, t. I, p. 409.

bien faire partie d'une flore infra-houillère. Mais il est probable qu'il y a à Hardinghem deux systèmes de couches d'âges différents.

L'étage du culm existe en Devonshire (où il est connu sous le nom de culm-measures), en Westphalie, Nassau, Hesse, nord-ouest du Harz (près Clausthal), en Thuringe (en même temps que le devonien supérieur), près Magdebourg, en Saxe, en Silésie et Moravie avec une grande extension.

Étage du culm.

On le trouve à Thann, dans les Vosges, de même qu'en face, de l'autre côté de la plaine du Rhin, dans la Forêt-Noire supérieure, à Badenweiler.

GRÈS À ANTHRACITE DU ROANNAIS.

Le grès à anthracite du Roannais [1] *et du Beaujolais correspond à la grauwacke du culm.*

Les débris de plantes fossiles sont rares et mal conservés dans le Roannais; ils paraissent plus variés à l'est que du côté de l'ouest. J'ai dû chercher beaucoup pour réunir les éléments d'une florule caractérisée. On n'avait pas encore trouvé de Fougères. J'ai suffisamment de notes sur la grande couche inférieure et sur les couches intermédiaires, remarquablement accompagnées, à Lay, à Charpenet et surtout à Combres, de quartz lydien ou de Kieselschiefer, dans lequel M. Maussier a trouvé des débris végétaux.

Pour les espèces déterminables, voir 1re partie, pages 48, 58 et 59, 64, 122, 139, 145 et 146. J'ai besoin d'y ajouter d'autres observations.

A Bully et à Combres, davantage ou mieux qu'à Saint-Symphorien-de-Lay, on ne voit presque exclusivement dans les schistes et débris de triage que des empreintes striées sillonnées quelquefois en losange, avec des boutonnières, mais qu'il m'a fallu trouver en rapport de contact avec des épidermes de *Lepidodendron Veltheimianum*, pour être fixé sur leur nature; de pa-

[1] Voir Gruner, *Description géologique et minéralogique du département de la Loire*, 1857, t. I.

52.

reilles empreintes striées ont été figurées par M. Göppert (*Die Fossil Flora
d. Ueberg.* 1851, pl. XX, fig. 1 et 2, p. 182), par M. Schimper (*Terrain de
transition des Vosges*, p. 337, aux pl. XXIII, XXIV, représentant des empreintes très-communes de cylindres emboîtés les uns dans les autres, dit
l'auteur, qui en parle comme de bois fossile).

Parmi ces empreintes excessivement abondantes, qui, à Bully, semblent
former toute la flore, on distingue à peine quelques indices de *Lepidodendron
tetragonum*, *squamosum*, Göpp., de *Knorria Jugleri*, Röm. L'anthracite feuilleté
de Viremoulin, de Combres, mieux que celui d'ailleurs, se laisse voir presque
tout formé d'écorces, ordinairement striées, de *Lepidodendron*, du type *Veltheimianum*, avec quelques *Bornia* à Combres.

Toutes les plantes trouvées dans le grès à anthracite du Roannais sont caractéristiques des terrains carbonifères anciens; elles
n'ont aucun lien de parenté avec celles de Saint-Étienne. Le terrain
du Roannais a, du culm, l'abondance extrême des *Lepidodendron
Veltheimianum* avec *Knorria imbricata*, *Lepidodendron tetragonum*;
un grand nombre de *Bornia transitionis* sans *Calamites*; ses *Sphenopteris* sont ceux du culm moyen et inférieur d'Altendorf et Moh-
radorf en Moravie. Les débris de plantes sont empreints d'un
caractère général de haute antiquité carbonifère. Et il me paraît
certain que le grès porphyrique à anthracite du Roannais appartient
réellement à l'étage du culm, peut-être même à sa partie moyenne.
M. Gruner, ne voyant à le placer qu'entre le calcaire carbonifère
et le terrain houiller, l'a identifié naturellement au millstone-
grit [1]; il l'a rapporté justement aux dépôts carbonifères anciens
des Vosges, à Thann (Alsace), que M. Schimper considère comme
pouvant être l'équivalent du calcaire carbonifère; M. Leymérie
avait placé notre terrain en dessous du système carbonifère.
M. Jourdan, le liant au calcaire inférieur sur lequel il repose à
stratification concordante, les a rapportés tous deux au carboniferous limestone des Anglais.

Le terrain de transition du Beaujolais est en continuation du

---

[1] Voir Gruner, *Description géologique et minéralogique du département de la Loire*,
t. I, p. 267, 268 et 427.

grès anthracifère du Roannais et occupe la même position géologique; ses empreintes ont conduit M. Ébray à le mettre au niveau de celui de Thann.

La grauwacke supérieure se montre en Saxe, en Silésie, à Mahrisch-Ostrau, où elle suit le culm, etc.

Étage
de la grauwacke
supérieure.

En Westphalie, près de la Ruhr, les couches les plus profondes renferment bien quelques fossiles végétaux caractéristiques du culm, mais non sans mélange avec des espèces houillères. Les couches de Landshut, auxquelles MM. Sandberger et Schimper ont identifié celles de Badenweiler et de Thann, nous paraissent appartenir aux couches de transition les plus récentes, ainsi que celles de Berghaupten, dans le grand-duché de Bade, qu'aujourd'hui M. Geinitz rapporte, assurément à tort, à la zone des Sigillariées.

Le terrain carbonifère ancien se présente dans le Canada avec les mêmes caractères botaniques qu'en Europe.

TERRAINS CARBONIFÈRES DE LA RUSSIE CENTRALE ET DE L'ASIE SEPTENTRIONALE.

Les terrains carbonifères de la Russie [1] présentent un grand intérêt en ce que du moins ceux du centre seraient en grande partie à cheval sur le terrain carbonifère ancien et sur le terrain houiller moyen. La formation houillère de Kharkoff, entre autres, se rattache généralement à la grauwacke la plus récente, de même que celle d'Artinks (dans l'Oural) et de Petrowskaja. Mais comme le caractère houiller y coïncide avec celui de la grauwacke, on doit admettre, d'après les empreintes du Muséum, qu'à Kharkoff ou du moins à Petrowskaja existe en même temps du terrain houiller moyen, largement développé, verrons-nous, dans la Russie

[1] Sur la nouvelle carte géologique de la Russie, par Helmersen, on voit le terrain carbonifère s'étendre à l'est le long de la chaîne des Ourals jusque dans la Nouvelle-Zemble; de l'autre côté, à l'ouest, il forme près de la mer d'Azow le vaste bassin du Donetz, entre le Don et le Dnieper, se présente dans la Russie centrale, autour de Moscou (dans les gouvernements de Nowgorod, de Tula et Kaluga) et se prolonge jusqu'à la mer Blanche; des pointements annoncent son extension sous les morts terrains; il se développe en outre grandement dans l'Altaï oriental.

méridionale, où, à Iekaterinoslaw, il est accompagné de calcaire carbonifère sur le bord du bassin du Donetz.

Murchison a rapporté au calcaire carbonifère les terrains de la Russie centrale qui contiennent cette roche intercalée et même superposée avec de mauvaises couches de houille à *Stigmaria*, mais avec des plantes houillères démontrant que la présence du calcaire carbonifère n'est pas une indication suffisante de l'âge des dépôts.

La grauwacke de l'Altaï (entre l'empire de la Chine et la Sibérie) et le terrain carbonifère de la Chine orientale paraissent également anciens, malgré quelques indices de plantes moyennes. Dans l'Altaï, il existerait un énorme développement du système houiller [1], probablement du même âge que celui de la Russie centrale [2]; toutefois plusieurs empreintes signalées y indiquent en même temps du terrain houiller moyen, pourvu de couches de houille épaisses [3]. Je dois dire que je n'ai vu de la Sibérie qu'un Astérophyllite et de la Mongolie que des débris de plantes difficilement appréciables; M. l'ingénieur des mines du gouvernement russe, Nesterowsky, devait m'adresser de Barnaoul, en Altaï, une collection d'empreintes qui ne m'est pas parvenue.

Quoi qu'il en soit, la masse des terrains carbonifères de la Russie centrale et de l'Asie septentrionale paraît se rattacher généralement à la grauwacke et en bien plus petite partie au terrain houiller sous-moyen, par la prédominance des Lépidodendrées, aussi variées que nombreuses, des *Ulodendron*, des *Halonia*, avec beaucoup de *Calamites*, peu de *Sigillaria*, beaucoup de *Stigmaria*, etc.; ils contribuent à unir, par une transition ménagée, le terrain carbonifère ancien au terrain houiller moyen, de concert avec les couches de Landshut, de Berghaupten et de la basse Loire (comme on va en juger).

[1] Description géologique de la partie N. E. de la chaîne de Salaïr, en Altaï (*Annales de la Soc. géol. de Belgique*, 1875, p. 12).

[2] Göppert, Description des végétaux fossiles recueillis par M. Tchihatcheff en Sibérie.

[3] D'Eichwald, *Lethæa Rossica*, 1860, p. 41.

LE TERRAIN ANTHRACIFÈRE DE LA BASSE LOIRE CORRESPOND À LA GRAUWACKE SUPÉRIEURE,
DE MÊME QUE CELUI DE SARTHE ET MAYENNE.

Je vais énumérer séparément les traits principaux de la flore de
ces terrains, d'après les collections nombreuses de M. E. Bureau
et du Muséum, à Paris.

Chez M. le docteur Bureau, à Paris :

En fait de Fougères, presque rien que des *Sphenopteris* variés, maigres,
finement découpés, à lobes souvent linéaires, *Davallioides*, dont *Sph. dissecta*,
Hœninghausi, *tridactylites*, *Dubuissonis*, *elegans* (avec les rides transversales
caractéristiques du rachis); *Pecopteris aspera*; aucun *Adiantites*. Nombreuses
Calamites, dont le *Cal. transitionis* et autres étroites tiges rappelant un peu,
qui le *Cal. Suckowii*, qui le *Cal. Cistii*; pas d'*Asterophyllites* évidents; aucun
Annularia, aucun *Sphenophyllum*. Nombreux *Lepidodendron*, dont *Lep. Veltheimianum*, *fastigiatum*, *elegans*, et peut-être *Mielecki*; *Lepidofloyos* rappelant
le *laricinus*, plutôt de ceux que nous avons signalés dans la grauwacke supérieure et le millstone-grit; *Lepidophyllum* analogue au *majus*. Pour ainsi dire
pas de *Sigillaria*, à part le *minima*. Nombreux *Stigmaria ficoides* et autres à
plus petites cicatrices. Un *Cordaites*, pas de graines. Quelques grosses capsules de Sélagines.

D'après cela seul, le terrain carbonifère de la basse Loire se
tient aussi rapproché du terrain infra-houiller qu'éloigné du calcaire carbonifère, et à plus forte raison du devonien : 1° positivement, par la variété des Lépidodendrées, l'abondance et l'ampleur
du *Lep. Veltheimianum*, les *Bothrodendron* de la grauwacke supérieure de la Saxe, par la grande quantité des *Stigmaria*, par la
diversité et le grand nombre des *Sphenopteris*, en partie les mêmes
que dans le terrain houiller le plus inférieur de Waldenburg en
Silésie, tels que les *Sph. dissecta*, *tridactylites*, etc.; par des *Lepidodendron* et des *Stigmaria* analogues à ceux du terrain infra-
houiller; 2° négativement, par l'absence des *Palæopteris* et *Adiantites*, ainsi que par celle des autres plantes que nous avons vues
caractérisant le devonien et le calcaire de montagne.

La longue bande carbonifère dont il s'agit a des rapports avec

les couches de Berghaupten par quelques espèces identiques :
Pecopt. aspera, *Sphen. dissecta;* or, les *Asterophyllites pygmæus*, avec
Sigill. densifolia, *Volzii*, des couches de Berghaupten (que Geinitz
et Ludwig ont placées dans la formation houillère) sont à peine
compatibles avec la flore du culm; quelques types de *Lepidodendron*
et de *Sphenopteris* de la basse Loire ont d'ailleurs leurs analogues
dans le terrain houiller de Radnitz; les *Sphenopteris* et autres formes
relieraient plus complétement le terrain en question aux couches de
Landshut ou au liegenden flötzzug du district de Waldenburg, qui
est tout à fait à la base du terrain houiller; la quantité des *Stigmaria*, moins nombreux dans le culm et presque inconnus dans le
devonien, le rapproche, en effet, du terrain houiller inférieur de la
basse Silésie. De manière que, enfin, le terrain carbonifère de la
basse Loire, ayant une flore qui participe autant de celle du terrain
houiller le plus inférieur que de celle de la grauwacke, peut être
considéré comme appartenant au moins à la grauwacke supérieure.

Au Muséum, en effet, on peut voir :

De Mouzeil : *Lepidofloyos laricinus;* de Montrelais : *Stigmaria inæqualis* (espèce de la grauwacke); *Sphenophyllum dissectum*, et inscrits au catalogue :
Stigmaria intermedia, *Cal. Cistii*, *Pecopteris Serlii*. De la Haie-Longue: restes de
Sigillaires, *Lepidodendron brevifolium* (comme à Oignies-Aiseau, Belgique); débris de *Lepidodendron*, comme dans le Roannais; Calamites houillères, et inscrit
au catalogue : *Cal. Sackowii*. De Saint-Georges-Chatelaison : *Lepidophyllum
submajus*, *Lepidodendron carinatum*, *Lepidofloyos laricinus*, Cordaïtes, et inscrit :
Pecopt. dentata (aperçu dans la grauwacke supérieure d'Ostrau). De Saint-
Georges-sur-Loire: sorte de *Samaropsis* avec assez de *Eo-Cordaïtes*, *Asterophyllites microphyllus*, *longifolius*, *Artisia angulosa*, *Sphenopteris latifolia*,
Prepecopteris subdentata, *Nevropteris* menus; et d'une manière générale :
Stigmaria partout, nombreux *Lepidophyllum lanceolatum*, *Lepidodendron Veltheimianum*, *gibbosum*, *cruciatum*, *carinatum* (partagé avec le terrain houil-
ler), *Volkmannianum*, Stern. (analogue à ceux de Zabrze et de Waldenburg).

M. Brongniart a cité en outre : *Sigill. venosa* (du terrain houiller
moyen d'Angleterre), près Montrelais, avec *Calamites Cistii*, *Sphe-*

nopteris tenuifolia, Virletii (que M. d'Ettingshausen tient pour analogue à son *Asplenites elegans*).

Tout le monde sera frappé du caractère assez récent de cette flore, qui conserve des relations avec celles de Burdiehouse, de Petrowskaja et du Roannais, toutefois de manière que le terrain carbonifère de la basse Loire paraît devoir atteindre le terrain houiller par ses couches supérieures, au moins à Saint-Georges-sur-Loire, par la présence des *Lepidofloyos*, des *Pecopt. Serlii*, des *Prepecopteris* et d'autres végétaux absents dans les terrains carbonifères anciens connus et propres au terrain infra-houiller de Hattingen, par exemple.

Ces résultats ne concordent pas avec ceux admis par les géologues, qui ont, excepté M. Rivière, maintenu le terrain carbonifère de la basse Loire, en concordance de stratification sur le terrain silurien, dans le devonien supérieur, entre autres raisons [1], parce qu'on y a trouvé les coquilles caractéristiques de l'étage supérieur de ce terrain dans une intercalation située entre la grauwacke inférieure, pleine de *Stigmaria* avec *Calamites* et *Sphenopteris dissecta*, et l'assise productive supérieure où sont ouvertes les mines de charbon. Cependant M. de Verneuil [2], par des déductions empruntées à la paléontologie, avait pensé que les couches à combustible de l'ouest de la France appartiennent au système carbonifère et sont superposées au terrain devonien. Les coquilles devoniennes ont pu tout aussi bien, en effet, avoir un retour dans le terrain carbonifère inférieur que les animaux permiens une avance dans le terrain houiller de Nürchan [3] et même dans le gasschiefer de Pilsen [4], que, à cause de cela, M. O. Feistmantel tient également pour permiens, tandis que ces dépôts sont incontestablement houillers par l'ensemble de leur végétation houillère sans mélange d'espèces permiennes.

[1] *Bulletin géol.* 1860, p. 792 et 793.
[2] *Bulletin géol.* 1844, p. 143.
[3] *Jahrbuch d. deut. geol. Gesell.* t. XXV, p. 579.
[4] *Jahrbuch d. K. K. geol. Reich.* 1873, p. 267.

TERRAIN ANTHRACIFÈRE DE SABLÉ, DE LA BACONNIÈRE, DE L'HUISSERIE
(SARTHE-MAYENNE).

Les couches de Sablé alternant avec le calcaire carbonifère et
recouvertes par celui-ci, bien caractérisé par les coquilles caractéristiques de cet étage, ont été considérées par M. de Verneuil comme
appartenant tout entières au terrain carbonifère ancien, auquel
Murchison rapporte le groupe anthracifère du nord-ouest de la
France; or les empreintes nombreuses du terrain anthracifère de
Sarthe et Mayenne que j'ai vues au Muséum ressemblent tout
à fait, isolément et dans leur mode d'association, à celles de la
basse Loire : mêmes *Lepidodendron*, *Calamites*, *Bornia transitionis*,
Sphenopteris, tels que *Sph. elegans*, *sublatifolia*, *Adiantites Virletii*, etc. De manière que, en définitive, pour moi, il n'y a pas
de doute que les deux formations, placées par les auteurs de
la Carte géologique [1] d'abord dans l'étage supérieur du système
silurien, puis dans le système anthracifère devonien d'Oma-
lius d'Halloy, n'appartiennent ensemble au terrain carbonifère
inférieur en général et même plutôt aux couches supérieures de
ce terrain à sa jonction avec le terrain houiller (voir, en outre,
une note de M. Brongniart sur les plantes fossiles recueillies dans
la mine de Poillé, *Bulletin géol.* tome VII, 2ᵉ série, p. 767).

TERRAIN CARBONIFÈRE DE LA VENDÉE.

Au Muséum : pinnules de *Nevropteris heterophylla; Pecopt. dentata; Pecopt.
Backlandi, polymorpha; Dictyopteris Brongniarti;* et, d'après le catalogue :
Alethopteris Mantelli. M. Fournel a cité dans un schiste de Faymoreau le *Sigillaria Candollii* (déterminé par M. Brongniart) comme abondant (*Étude des
gîtes houillers et métallifères du bocage vendéen*, p. 32).

Premier envoi de M. Laromiguière : 1° des couches les plus au nord du
bassin d'Épagne, *Sigillaria sub-Knorrii* (avec sillons transversaux rasant le
dessus des cicatrices plus arrondies); deux autres espèces de Sigillaires indéterminables; des *Eo-Cordaites* semblant devoir être communs; 2° du mur et
du toit de la couche nord du bassin de Faymoreau : des *Sphenopteris obtusiloba, Hœninghausi,* et autres espèces voisines également anciennes.

[1] *Expl. de la Carte géol. de France*, t. I, p. 221.

Deuxième envoi de M. Laromiguière : de la mine d'Épagne (toit de la couche du centre) : *Lepidodendron brevifolium*, *Lepidophyllum*, *Bechera grandis*, *Asterophyllites furcatus* (de l'aspect de l'*Ast. tenuifolius*), avec de nombreux *Asterophyllites delicatulus* (pouvant bien s'y rapporter) et, en outre, *Asterophyllites grandis*, *Volkmannia incurvata*.

Les schistes pris à divers endroits renferment des plantes très-différentes peu mêlées, associées par genres.

Cette énumération, bien que par quelques points disparate, indique toujours la présence du terrain houiller moyen à Faymoreau et aussi à Chantonnay si, comme on le suppose, le bassin de ce dernier nom est en rapport souterrain avec celui de Vouvant; les empreintes que j'ai obtenues sont assez analogues à celles des couches sous-moyennes de Schatzlar (Bohème).

C'est le seul terrain houiller moyen indépendant de la France.

M. Laromiguière m'écrit qu'on y admet quatre formations : la plus inférieure est celle de Saint-Laurs; la deuxième, celle de la Verrerie, n'est pas exploitée; la troisième est celle d'Épagne; la quatrième et supérieure est actuellement négligée. Les empreintes viennent de la première et surtout de la troisième formation; celles qui sont au Muséum appartiennent-elles à la formation supérieure?

Les éléments connus ne permettent pas de savoir si ces formations sont d'âges bien différents.

Ces lignes étaient écrites lorsque j'ai reçu, de Saint-Laurs, une caisse de schistes fossilifères où je distingue :

En fait de Fougères, seulement des *Sphenopteris* anciens, surtout des *Sph. schistorum*, Stur., quelques *Sph. distans v. Geinitzii* (à lobes arrondis convergents, comme il y en a à Berthelsdorf, Saxe) et parmi, des vestiges de *Sph. distans*, *obtusiloba* et autres; un rachis scalariforme; des fragments de *Pecopteris aspera* particuliers mais rentrant dans les limites de cette espèce. Très-nombreuses branches et rameaux lycopodioides de *Lepidodendron Veltheimianum*, représenté, en outre, par des tiges et de petits *Lepidostrobus* de construction spéciale; *Ulodendron commutatum* (comme à Berthelsdorf), *Lepidophyllum acuminatum*, Lesq., plutôt que *majus*, Brong., sporanges rappelant le *Cardiocarpus rostratus*, Feist., *Stigmaria ficoides* à cicatrices seulement

53.

plus saillantes; et, comme Calamariées, rien, ce semble, que des *Bornia diffusa*, Gr.

Toutes ces plantes, envoyées par M. Foujols, sont anciennes sans aucunes espèces récentes, conformément à notre tableau; elles rangent le bassin de Saint-Laurs, dont la liaison avec celui de Faymoreau est douteuse, dans l'étage de la grauwacke.

Les empreintes vendéennes que j'ai reçues révèlent ainsi deux étages à peu près contigus, l'un situé au-dessous et l'autre situé au-dessus du point de jonction du terrain carbonifère ancien avec le terrain houiller moyen.

Or, il y a de nombreuses analogies entre la flore de la Vendée et celle de la basse Loire; conséquemment, les deux formations sont en partie les mêmes et, par suite, la seconde, qui appartient en général à la grauwacke la plus récente, doit s'élever par ses couches supérieures jusqu'au terrain houiller.

TERRAINS HOUILLERS MOYENS EN GÉNÉRAL ET SOUS-SUPÉRIEURS.

Nous allons maintenant suivre par pays les différentes formations carbonifères du globe, qui se rapportent en très-grande majeure partie au terrain houiller moyen, et çà et là au terrain houiller sous-supérieur, subordonné plutôt que supérieur proprement dit et indépendant.

TERRAIN HOUILLER DE LA RUSSIE MÉRIDIONALE, DU DONETZ.

Le Muséum possède de nombreuses empreintes venant en général du district de Lougan : *Calamites Suckowii*, *Cistii*, *ramosus*, *undulatus*, *cannæformis*; *Sphenophyllum Schlotheimii*, *dentatum*; *Sphenopteris obtusiloba*; *Nevropteris heterophylla* et autres divers ; *Dictyopteris nevropteroides*, *pre-Brongniarti*, *Rossica*; *Pecopt. villosa*, *Cistii*; *Syringodendron organum* et *cyclostigma*; à Iekaterinoslaw : *Pecopt. pinnæformis*, *dentata*, *Cistii*, etc. M. Payen m'a soumis, comme venant de la mine Routchenko, un schiste gris portant un *Sphenopteris* de Bohême, vraisemblablement le *Partschii*, des *Nevropteris subgigantea* et un *Nevr. heterophylla* à lobe terminal seulement plus large et plus acuminé que d'ordinaire.

D'après cette énumération, et eu égard aux nombreuses espèces presque toutes houillères signalées par d'Eichwald [1], on peut être certain que le terrain houiller de la Russie méridionale, à Lougan, est moyen, et par là on peut supposer qu'il renferme beaucoup de charbon [2]. On a admis qu'il devait être inférieur au véritable terrain houiller, à cause que le calcaire à *Productus* lui est associé [3], cependant en faible proportion dans les parties charbonneuses, et à cause de ses plissements parallèles au système des Pays-Bas, mais pouvant bien avoir une direction d'emprunt (admise par M. Élie de Beaumont).

De la mine d'Eregli, sur la côte septentrionale de l'Asie Mineure, quelques empreintes, adressées au Muséum par M. Tchihatscheff, y dénotent la présence du terrain houiller moyen.

On sait que le terrain houiller existe en Perse; les empreintes que je devais en recevoir par l'intermédiaire de M. Vauvillier me font défaut.

TERRAIN HOUILLER DE LA SILÉSIE, DE LA POLOGNE.

Le bassin de la basse Silésie, avec du culm au fond, se rapporte en partie notable, par le caractère généralement ancien de la flore, au terrain houiller sous-moyen et, en plus faible partie, au terrain houiller moyen.

En haute Silésie, la grande prépondérance des Sigillaires avec plus ou moins de Lépidodendrons, de Stigmariées, de Calamites, divers *Alethopteris*, *Sphenopteris-Aneimioides*, *Davallioides*, *Asterophyllites* variés, quantité de faserkohle (qui n'irait guère avec peu de Cordaïtes, si, comme le dit M. Göppert, c'est générale-

---

[1] *Lethæa Rossica*, p. 67, 78, 85, 125, 165, 186, 189, etc.

[2] Ce bassin, oblong, de 300 sur 100 kilomètres, renfermerait environ 40 couches exploitables, formant une épaisseur utile de 35 mètres, remarquablement régulières, de houille d'une pureté inconnue ailleurs. (Voir Le Play, *Exploration des terrains carbonifères du Donetz*, 1842, p. 90, 221, 262, 319.)

[3] Les coquillages marins caractéristiques du calcaire carbonifère dans le Nord peuvent avoir continué leur existence dans le terrain houiller moyen qui renferme accidentellement cette roche.

ment du bois de Conifères); tout indique une formàtion généralement un peu plus récente que celle de la basse Silésie et la
rattache au terrain houiller moyen proprement dit; ce qui n'empêche pas qu'à Myslowitz, par exemple, et encore plus sûrement
à l'ouest de Nicolaj, il ne se présente un étage supérieur sans Lycopodiacées et avec seulement deux Sigillaires et des plantes du
terrain houiller sous-supérieur. La flore permienne en Silésie se
distingue d'après Morris presque complétement de celle du terrain houiller, comme si une grande lacune existait entre les deux
formations.

TERRAIN HOUILLER DE LA BOHÈME, DE LA MORAVIE.

Les formations carbonifères de la Bohème et de la Silésie méridionale pénètrent en Moravie sur une étendue considérable. Le
terrain houiller est représenté en Bohême par des bassins isolés,
dont la stratigraphie, livrée à ses propres ressources, ne peut fixer
l'âge relatif.

A Stradonitz, quelques fossiles décèlent le terrain carbonifère
ancien, en même temps que beaucoup de *Cordaites borassifolius*,
des *Annularia longifolia*, la prédominance des Fougères, l'absence
presque complète des *Lepidodendron*, des *Sigillaria* et des *Stigmaria* y dénotent du terrain houiller sous-supérieur. En Moravie,
le terrain houiller sous-moyen paraît dominer à Orlau, Dombrau
et Karwin. Il y a analogie nombreuse, dit-on, entre le terrain
houiller de Radnitz, en trois bassins, et celui de Waldenburg;
le terrain infra-houiller y est indiqué par un ensemble de nombreux *Lepidodendron*, avec peu de *Sigillaria*, par des *Sphenopteris*,
dont surtout l'*elegans*, comme à Swina par exemple, où on rencontre beaucoup de *Lepidodendron brevifolium*, *dichotomum*, *obovatum*, *aculeatum*, *Sternbergii*, *Haidingeri* (qui a des analogues
dans le culm supérieur); à Wranowitz (où se trouvent des *Sigillaria* et *Stigmaria* en quantité), il pourrait bien y avoir du terrain
houiller sous-moyen; à Kladno, du terrain houiller moyen, et à
Bras, du terrain houiller supra-moyen. Au Nord et au N.O., d'après

M. d'Ettingshausen, la flore est peu luxuriante, les Fougères dominent, la chute des Sigillaires et des Sélaginées dans les couches
supérieures est parfois si complète que ces plantes sont presque
entièrement remplacées par d'autres, en particulier par des Fougères, avec des espèces du terrain houiller sous-supérieur; si ce
n'est pas encore le cas, à Mosstitz et à Chomle, de strates pour sûr
supérieures à celles de Swina et de Wranowitz; c'est pour le moins
celui du bassin de Rakonitz, où, au dire de Ludwig, les Fougères
et les *Nöggerathia* dominent, du moins dans les parties supérieures,
tandis que les *Sigillaria,* les *Lepidodendron,* les *Calamites,* règnent
dans les couches inférieures. Cependant M. K. Feistmantel a signalé partout à Rakonitz des *Stigmaria* dans les schistes avec beaucoup de *Lepidofloyos laricinus,* de *Calamites Suckowii,* et maints
Asterophyllites grandis; ce qui maintiendrait ce dépôt en dessous
de celui de Pilsen, qui, d'après les énumérations de plantes données par M. O. Feistmantel, représenterait positivement très-bien
le terrain houiller sous-supérieur, même mieux que celui de
Stradonitz.

TERRAIN HOUILLER DE LA SAXE.

La deuxième zone de la plus profonde végétation houillère de
la Saxe, de Planitz à Zwickau (qui a quatre zones de végétation [1]),
de Niederwürzschnitz et de la région anthraciteuse de l'Erzgebirge,
par la prédominance des Sigillariées moyennes, avec encore beaucoup de Lépidodendrées plutôt moyennes, par les *Trigonocarpus,*
Cardiocarpus et les *Cordaites,* par les *Nevropteris, Dictyopteris* et
autres plantes, paraît se rapporter à la partie supérieure du terrain
houiller moyen proprement dit. La troisième zone prend racine
dans la précédente et se continue avec la quatrième, confondue
auparavant avec la troisième. La cinquième zone, qui s'enchaîne à la
précédente et qui est représentée à Oberhohndorf, dont beaucoup
d'empreintes sont communes à Montrond, près Givors (voir ci-après
chapitre III), ne doit probablement pas, d'après les espèces et leur

[1] *Geol. Darstellung d. Steink. in Sachsen,* p. 22 à 24.

association, s'élever plus haut que le terrain houiller sous-supérieur. Les couches de Flöha et Gückelsberg et de Plauen, par leurs
abondants *Aulacopteris palmæformis*, par les *Pecopt. arguta*, *Walchia
pinniformis*, par quantité de *Cordaites* en quelques points, par très-
peu de *Stigmaria ficoides* et de *Sigillaria*, sont peut-être un peu plus
élevées; mais à Flöha les grès inférieurs, avec d'abondants *Calamites
cannæformis*, avec *Lepidofloyos laricinus*, *Alethopteris aquilina*, *Lepidophyllum majus*, *Sphenophyllum saxifragæfolium*, etc., appartiennent
à un étage inférieur, et sauf quelques plantes, dit M. Geinitz [1], la
flore de Flöha se retrouve à Zwickau, où le rothliegende est à
stratification discordante sur le terrain houiller (Mietzsch). Or
l'ensemble nombreux des empreintes que le Muséum possède de
ce dernier endroit ont plutôt leurs analogues à Rive-de-Gier qu'à
Saint-Étienne, de manière que tous les dépôts houillers de la Saxe,
qui forment une série ininterrompue de quatre zones ayant de
l'une à l'autre, indifféremment, le même nombre d'espèces communes, me paraissent correspondre à deux ou trois étages au plus
de terrain houiller supra-moyen et de terrain houiller sous-supérieur, sans, pour ainsi dire, de terrain houiller supérieur proprement dit.

TERRAIN HOUILLER DE LA SARRE ET DE L'EST DE LA FRANCE.

Le terrain houiller de Sarrebruck, qui se continue en France
dans le département de la Moselle, est généralement moyen, sauf
les couches de la première zone du Dr Weiss, qui paraissent sous-
supérieures; on m'a fait part, en effet, qu'elles renferment peu
de Sigillaires, beaucoup de Fougères, Nöggérathiées, Calamites,
pas de *Lepidodendron* autres que le *Lep. laricinum*, des *Odontopteris*
et *Annularia;* les divers *Pecopteris* signalés sont préférablement
ceux de ce système de couches, et les empreintes de Geislautern
qui se trouvent au Muséum se portent garantes que les couches
de ce dernier endroit sont à la base du terrain houiller supérieur.

[1] *Darstellung d. Flora d. Hainichen*, etc., p. 11 et 18.

TERRAIN HOUILLER DE LA WESTPHALIE.

La formation carbonifère de Westphalie comprend du calcaire carbonifère, du culm et de la grauwacke supérieure à la base d'une puissante et riche formation houillère d'âge généralement moyen, avec des couches infra-houillères à Hattingen, des couches sous-moyennes à Dortmund, où dominent les *Lepidodendron*, et des couches supra-moyennes ou même plus élevées, en dehors du bassin, à Piesberg (Hanovre) ou mieux à Ibbenbühren. M. Geinitz pense que la cinquième zone de Flöha et d'Oberhohndorf existe dans les couches supérieures d'Essen, où se retrouveraient aussi les troisième et quatrième zones. Mais les *Pecopteris* paraissent rares; dans tous les cas, ils n'existent que dans les couches supérieures sans *Caulopteris*, et les énumérations du major de Röhl ne permettent pas de supposer la présence du véritable terrain houiller supérieur; les empreintes les plus nombreuses et les plus variées sont celles du terrain houiller moyen et sous-moyen; les Sigillaires se trouvent associées en plus grande abondance près Werden, près Bochum, où l'on exploite les couches moyennes.

A Aix-la-Chapelle, les Fougères et les Calamites abonderaient en haut et les Sigillaires en bas; les couches d'Eschweiler doivent très-généralement appartenir au terrain houiller moyen, avec un faible couronnement de terrain houiller sous-supérieur.

TERRAIN HOUILLER DE LA BELGIQUE ET DU NORD DE LA FRANCE.

Le terrain houiller de la Belgique faisant suite à celui de la Prusse rhénane et pénétrant dans le nord de la France est généralement moyen par l'ensemble des Sigillaires et des Sélagines, aussi variées les unes que les autres dans l'atlas du Dr Sauveur, par les *Sphenophyllum*, les nombreux *Nevropteris* et *Alethopteris*, les *Calamites ramosus*, etc. A Oignies-Aiseau (que j'ai visité en 1866), près de Namur, sur le fond du bassin, le développement des *Lepidodendron*, tels que *Lepid. crenatum, Harcourtii, brevifolium,*

54

fastigiatum, etc., la quantité des Stigmariées avec peu de Sigillaires,
le grand nombre des *Nevropteris*, la prédominance des *Sphenopteris
Davallioides*, etc., tout m'a bien paru démontrer la présence du
terrain houiller sous-moyen. A Charleroi, j'aurais remarqué que
les *Sigillaria* et les *Stigmaria* ont le dessus sur les autres plantes. A
Mons, où l'on place les couches supérieures de la formation, les
Annularia brevifolia, les *Pecopt. polymorpha* et autres empreintes
que j'ai vues dénotent un dépôt situé entre les terrains houillers
moyen et supérieur proprement dits. Quelques plantes annoncent des couches au moins supra-moyennes à Liége et peut-être
sous-supérieures près de Valenciennes et à Anzin.

TERRAINS HOUILLERS D'ANGLETERRE.

Ce qui frappe tout d'abord en Angleterre, c'est que le millstone-
grit du Lancashire et de Manchester, au lieu de présenter la flore
de la grauwacke supérieure, à laquelle on l'a identifié, montre un
mélange de plantes du terrain infra-houiller avec celles du terrain
houiller moyen, dont il a les *Nevropteris*, *Alethopteris* et autres
types[1]; de telle sorte que le millstone-grit ou grès meulière des
Anglais semble devoir être placé dans le terrain houiller sous-
moyen; dans le Lancashire, dit Salter, il est difficile à séparer
des lower coal-measures, et sa flore est approximativement la même
que celle des middle et même encore des upper coal-measures.

Les flores de ces trois divisions me portent à admettre que les
terrains houillers d'Angleterre appartiennent en grande majorité
au terrain carbonifère moyen et en légère partie aux couches sous-
moyennes, les lower coal-measures étant pauvres et se rattachant
par les Sigillaires au middle coal, qui, renfermant les principales
couches exploitables, correspondrait ainsi aux riches et puissants

---

[1] Ont été signalés : *Calamites Suckowii, Cistii, undulatus, nodosus; Asterophyllites
tuberculatus; Sphenopteris dissecta, bifida, furcata, Hœninghausi, latifolia, obtusiloba,
adiantoides; Alethopteris lonchitidis; Nevropteris cordata? tenuifolia, gigantea. Ulodendron majus; Lepidodendron Sternbergii.* Je n'ai trouvé que quelques reliefs déterminables de *Lepidodendron crenatum*.

dépôts de la Belgique, de la Westphalie. Cependant, au nord de
l'Angleterre, les assises inférieures du terrain houiller présentent
plus d'extension, et à Edinburgh, le terrain carbonifère, inférieur au
millstone-grit, a un grand développement à Burdiehouse. Quant
aux upper coal-measures, faiblement développés, ils sont intermédiaires aux terrains houillers moyen et supérieur, au moins
à Camerton (où l'on a signalé des *Pecopteris* et *Caulopteris* avec
d'autres plantes qui, concordance frappante, sont celles de la base
du terrain houiller supérieur), comme en Somersetshire et aussi
à Ardwick, dont les empreintes sont tout à coup assez différentes
de celles habituelles des middle coal-measures. Le terrain houiller
supérieur proprement dit paraît manquer en Angleterre, où les géologues signalent une lacune entre les dernières couches houillères
et les couches permiennes, celles-ci reposant à stratification discordante sur les upper coal, de grandes dénudations, des failles
et des mouvements considérables ayant eu le temps de se produire
dans l'intervalle, ce qui explique pourquoi on a longtemps tenu
en dehors de la série carbonifère, le lower-new-red-sandstone,
pourvu d'autres fossiles. (Voir *Siluria*, 1854, p. 290, 300 et 362.)

TERRAINS HOUILLERS D'AMÉRIQUE.

En Nouvelle-Écosse, où l'on reconnaît les mêmes Sigillaires,
Lépidodendrons, Calamites, *Sphenophyllum, Nevropteris*, à peu près
qu'en Europe, le terrain houiller moyen est largement représenté
au-dessus du terrain houiller sous-moyen; M. Geinitz trouverait des
équivalents à sa deuxième zone au cap Breton et aux South Joggins;
d'après les citations de Bunbury et les empreintes du cap Breton
que j'ai vues au Muséum, je ne puis guère douter que les systèmes
supra-moyen et sous-supérieur n'y soient même assez développés.
Les upper coal-measures y sont, en effet, caractérisés par *Annularia longifolia* et *brevifolia, Sphenophyllum longifolium, Asterophyllites equisetiformis, Nevropteris cordata, auriculata, gigantea, Odontopteris Schlotheimii, Pecopt. arborescens, unita, oreopteridia, Walchia
pinniformis* et autres plantes que nous croyons situées, dans l'Illinois,

54.

au passage du terrain houiller moyen au terrain houiller supérieur, parce qu'il y a encore *Lepidophyllum trinerve*, *Sigillaria scutellata*, *Alethopteris lonchitica*, *nervosa*, *muricata*.

Aux États-Unis se retrouvent les trois divisions de la Nouvelle-Écosse. Le conglomérat de base paraît, en Pensylvanie, plus élevé que celui des Anglais; les couches de l'Arkansas se trouvent inférieures au millstone-grit de l'Illinois, et cependant elles contiennent des empreintes tout à fait houillères, telles que *Sphenophyllum saxifragæfolium*, *Nevropteris tenuifolia*, *Sphenopteris nervosa*, *obtusiloba*, etc. L'Amérique offre ainsi l'exemple d'un faux millstone-grit intercalé dans le terrain houiller peut-être sous-moyen; bien plus, le caractère de la formation houillère, dit Lesquereux, se manifeste jusqu'en dessous du calcaire carbonifère par les mêmes genres et au moins la moitié des mêmes espèces, ce qui démontre une fois de plus le peu de valeur des caractères pétrologiques pour la classification des dépôts d'une même formation. A part cette double particularité, les lower strata de Pensylvanie abondent en Lépidodendrées. D'après Bailey, les anthracites de l'Amérique du Nord situés à la base de la série sont principalement formés de *Stigmaria* (comme le charbon du terrain houiller le plus profond de la basse Silésie alors!). Le terrain houiller des États-Unis, que le sens des plissements avait fait considérer comme plus ancien que celui d'Europe, est généralement moyen; j'ai pu m'en assurer pour l'Ohio par l'examen des empreintes de ce pays qui sont au Muséum. Dans l'Illinois, le règne des Sigillaires ne se montre pas avec évidence au-dessus du sub-conglomérat; ces plantes sont de plus de celles dites cancellées et supérieures; peu de Lépidodendrons; proportionnellement beaucoup de Fougères; nombreux et variés *Nevropteris*, *Sphenopteris* divers, *Dicksonioides*, avec *Annularia longifolia* et *brevifolia*, *Sigillaria tessellata*, *Brardii*, *monostigma*, etc.; bref, un ensemble de plantes assez élevées et assez unifiées par des *Stigmaria* partout, pour faire croire à un système de couches intermédiaires aux terrains houillers moyen et supérieur. L'examen comparé des plantes fossiles du Muséum me ferait admettre la présence du terrain houiller sous-supérieur à Rhode-Island (entre les terrains carbonifères de la Nouvelle-Écosse et des États-Unis), à Wilkesbarre, en Pensylvanie, à Marietta, dans l'Ohio.

TERRAINS HOUILLERS D'ESPAGNE.

En Espagne, dans les Asturies, MM. de Verneuil et d'Archiac ont rapporté au terrain devonien [1] les schistes houillers avec puissantes couches de houille d'Arnao et de Ferrones, lesquels, par cela seul, ne peuvent guère, comme on le verra, avoir leur place qu'à un niveau plus élevé. M. Casiano de Prado a fait rentrer dans le système carbonifère le charbon de Sabero (à Léon), qui avait été rapporté au terrain devonien, dans lequel il est inclus mais par suite d'une interversion (Murchison). Il faudrait connaître les impressions végétales des diverses assises de cette formation très-disloquée [2] pour déterminer la position relative de parties désunies. En attendant, nous allons d'abord faire voir que

Le terrain houiller de Belmez, près Cordoue, Andalousie, dans la Sierra-Morena, correspond aux dépôts sous-moyens de Swina, en Bohême, ou de la Westphalie.

Zone charbonneuse du sud de l'Espagne.

Parmi les beaux échantillons que je dois à la complaisance de MM. Héral, Estival et Breuilhes (ils ont été remis à M. Daubrée et se trouvent à l'École des Mines de Paris), je remarque principalement des *Lepidodendron* et des *Sigillaria;* nombreux et caractéristiques *Lepid. obovatum* (différent du *Lepid. Sternbergii* auquel on l'identifie, au moins par ses deux fossettes), avec *Lepid. aculeatum* (qui est au précédent comme le *Lepid. elegans* est au *Lepid. Sternbergii*); nombreux *Lepid. brevifolium*, Etting.; toutes formes et associations analogues à celle de Radnitz, seulement plus variées par l'allongement; nombreux et beaux *Sigillaria Knorrii*, Brongn., divers (avec des formes voisines du *Sigill. Dournaisii*) *Sigillaria alveolata*, Stern. (identiques à celui de Harzowitz., avec une écorce très-épaisse); *Flemingites; Stigmaria* du type *minor;*

[1] *Bulletin géologique*, t. II, 2ᵉ série, p. 461.
[2] En Portugal, on avait rapporté au terrain silurien, parce qu'il plonge dessous, le dépôt de houille d'Oporto, qui appartient, par les plantes, au terrain houiller sous-supérieur.

nombreux *Calamites* dont à peu près *Cal. Cistii, Suckowii, cannæformis* (et, ce qu'il y a de particulier, concordant pour la plupart avec les formes multiples du *Cal. communis*, d'Etting.), *Cal. tenuistriatus;* mais ni *Annularia*, ni *Sphenophyllum;* presque pas de Fougères, pinnules isolées de *Nevropteris heterophylla; Lonchopteris Bricii*, Brongn.

Ce sont bien là, si je ne me trompe, les empreintes de Swina et leurs combinaisons.

M. de Reydelet, à Paris, m'a généreusement transmis sa collection plus complète des plantes habituelles de Belmez, provenant toutes, ou peu s'en faut, comme celles que j'ai reçues directement, de la grande couche dite *de la Terrible*. J'ai bien reconnu : *Calamites undulatus, Cistii; Bechera delicatala*, Stern.; *Volkmannia elongata*, avec de fins *Asterophyllites*, comme en Bohême; *Sphenopteris furcata, tridactylites* et d'autres encore plus finement déchiquetés, peut-être l'*elegans; Sphenopteris Dicksonioides* (nouveau); plusieurs petits fragments de Fougères paraissant provenir du *Pecopt. muricata* et quelques-uns du *Sphenopteris acutifolia;* un *Asplenites* chétif; *Prepecopt. æqualis* et deux autres rappelant les *Pecopt. Glockeriana*, Göpp., et *setosa*, Etting., mais différents; *Pecopt. Defrancii*, Brongn. (grand format comme à Sarrebruck, et que l'on voit n'être plus un vrai *Pecopteris*); modifications du *Pseudocallipteris discreta* de Weiss et du *Pseudo-odontopteris nevropteroides* de Rœmer; divers *Nevropteris* paraissant communs, dont *Nevropt. Loshii, heterophylla;* sorte de *N. gigantea* et autres; *Cyclopteris varians, reniformis; Pseudocyclopteris oblata; Alethopteris Davreuxii, Al. major* (avec apparences de petits points fructifères au bout des nervures); des *Lonchopteris Bricii* et *rugosa* (qu'éloigne la nature de la surface, outre les différences alléguées par M. Brongniart); *Lonchopteris Rohlii; Lepidodendron crenatum, caudatum, brevifolium, Haidingeri, selaginoides;* trois *Knorria; Lepidostrobus variabilis; Sigillaria mamillaris* (dans l'état de moindre espacement des cicatrices); *Sigill. Knorrii;* une variété ou une espèce voisine du *Sigill. scutellata; Stigmaria ficoides* (*undulata*) et *minor*, autre *Stigmaria* à surface ridée et à toutes petites cicatrices distantes. Sorte de *Cordaites cocoinus* et un autre à feuilles moyennes et fines nervures; *Artisia transversa;* une toute petite graine et une sorte de *Carpolithes reticulatus*, Stern.

Ce qui frappe, en confirmation du tableau raisonné des changements de la flore, c'est l'absence des *Annularia*, la rareté de quelques feuilles de *Sphenophyllum*, apparemment *erosum*, la présence des *Prepecopteris* sans *Pecopteris;* il n'y a en général, pour ainsi dire que des plantes moyennes, sauf dans un schiste noir un *Sigillaria Brardii*, jurant avec l'ensemble des autres espèces; c'est la flore sous-moyenne du terrain houiller de la Bohème et de la Prusse rhénane; cela est aussi évident que possible.

Il est à croire que le grand massif carbonifère des Asturies est moyen en général et non contemporain du calcaire carbonifère.

Zone charbonneuse du nord de l'Espagne

M. Brongniart cite des Asturies un *Pecopt. dentata*. Les échantillons adressés au Muséum par M. Virlet laissent assez bien reconnaître : *Lepidodendron Markii, rimosum; Sigillaria hexagona; Stigmaria minor*, etc. M. Geinitz estime, d'après des éléments qui sont inconnus, que sa zone des Sigillaires est représentée dans ce pays, où le terrain carbonifère ancien serait réduit au calcaire de montagne.

J'ai reçu de M. Gregorio de Aurre les collections suivantes :

Collection de Langreo. Beaucoup de *Calamites* sans *Asterophyllites* ni *Annularia* : *Cal. Suckowii, Cistii, approximatus, ramosus? planicostatus. Sphenophyllum Schlotheimii. Sphenopteris furcata, Schizopteris lactuca; Prepecopteris Miltoni* d'Artis, *dentata*, Br., *Aspidioides*, Stern. (plutôt qu'*Oreopteridia*), sans fructification en *asterotheca; Nevropteris flexuosa* (dont l'*Odontopteris nevropteroides* paraît n'être qu'une modification); *Dictyopteris nevropteroides* et *Hoffmanni; Aulacopteris pachyderma* (à plus forte écorce que d'ordinaire), *filicula* et *punctata. Psaroniocaulon* à petites racines libres et à feuillets vasculaires disposés et ouverts comme dans les *Megaphytum. Lepidodendron crenatum, obovatum, brevifolium, rimosum. Stigmaria ficoides et minor. Sigillaria hexagona, macrostigma* (remarquable) avec *Cyperites* et macrospores.

Collection de Santo Firme. Calamites cannæformis et un autre à côtes plates. *Lepidodendron aculeatum, knorria* particulier. Deux espèces de Sigillaires, l'une à cicatrices transverses et l'autre à superficie striée. *Cordaites lineatus* de longueur et de largeur variables.

Collection d'Arnao. Plusieurs planches de charbon schisteux presque tout formé d'écorces et feuilles de Sigillaires variées, parmi lesquelles je crois reconnaître les *Sigill. intermedia*, Br., *oculata*, Schl., *Syringodendron pachyderma? Calamites cannæformis* (à côtes striées). *Aulacopteris. Cardiocarpus major, Cyclocarpus* comme Corda en a illustré, *Carpolithes ellipsoideus.*

M. Biguon m'a fait part qu'à Arnao se trouvent des *Pecopteris cyathea*, *Cyclopteris peltata*, *Schizopteris anomala*, absents à Sama et à Mières.

De cet examen il suit : 1° que le terrain de Langreo (bassin central des Asturies) est moyen et paraît même devoir être un peu plus récent que celui de Belmez et correspondre mieux aux couches moyennes de la Westphalie; 2° que le terrain d'Arnao est peut-être même supérieur à celui de Langreo, et ne se trouve en tout cas enclavé dans le terrain devonien que par suite de bouleversements pareils à ceux qui dans les Alpes ont intercalé au milieu du lias quelques lambeaux de terrain houiller.

Le terrain houiller de Puertollano, province de Ciudad-Real, est sous-supérieur.

Je dois encore à la complaisance de M. de Reydelet la communication de nombreux échantillons de cette localité, tous munis de *Pecopteris* abondants, à *asterotheca*, avec *Stipitopteris*, dominant de beaucoup toutes les autres plantes, soit surtout et principalement de *Pecopt. arborescens*, en grande partie de la forme *nodosa* de Göppert, avec de fréquents *Pecopteris unita*, dont *v. major* et *longifolia*; des *Goniopteris elegans* et des sortes de *Pecopteris pteroides*, *oreopteridia*, *fertilis*, *angiotheca*; *Pecopteris dentata*, Brongn.; *Sphenopteris sub-Pluckeneti*; assez de débris de *Sphenophyllum*, dont *S. fimbriatum*, *denticulatum*; *Volkmannia gracilis*; *Asterophyllites grandis*; *Calamites Cistii*; communs *Sigillariophyllum*; *Cordaites palmæformis*; petit *Carpolithes* samaroïde, et deux spécimens de *Walchia pinniformis*. Dans les échantillons envoyés à Madrid on aurait reconnu [1] le *Sphenophyllum emarginatum*, le *Calamites Suckowii*, le *Sigillaria tessellata*.

Ce qui frappe tout d'abord et avant tout, par rapport à Belmez, c'est la différence totale de flore, telle qu'une époque au moins doit en séparer le petit bassin de Puertollano, que le caractère trop peu varié des plantes de trop peu de provenances, mais toutes du terrain houiller supérieur, me ferait placer plutôt à la base de celui-ci, malgré quelques Coprolithes et des sortes d'*Estheria*.

[1] *Bull. géol.* t. III, 3ᵉ série, p. 160.

De San Juan de las Abadesas, dans la haute Catalogne, où le terrain houiller se présenterait comme dans les Corbières, j'ai seulement vu des *Annularia longifolia* et *brevifolia,* avec un *Odontopteris genuina,* ce qui permettrait tout au plus de soupçonner l'existence en Espagne du terrain houiller supérieur, que des considérations générales, à présenter plus loin, me font rejeter.

Or, et on va le voir, le terrain carbonifère du Portugal est à la base du terrain houiller supérieur.

En sorte que la péninsule ibérique aurait, mais à l'état plus fragmentaire, les équivalents des divers membres du terrain houiller du Nord; je ne sais pas, d'après mes observations, si c'est avec le même terrain carbonifère ancien à la base.

Parmi les empreintes énoncées et figurées par M. B. A. Gomes (*Vegetaes fosseis, primeiro opusculo : Flora fossil do terreno carbonifero*), on reconnaît l'ensemble des *Pecopteris,* les premiers apparus du terrain houiller sous-supérieur, avec quelques espèces supérieures : *Nevropteris* et *Odontopteris* des Alpes, à Bussaco; *Annularia; Alethopteris* supérieurs; sortes de *Walchia pinniformis,* de *Dicranophyllites.*

Il ne paraît pas douteux que le terrain carbonifère de San Pedro da Cova, d'où viennent la plupart de ces empreintes, ainsi que les dépôts de deux autres régions assez bien raccordées par les plantes fossiles, il ne paraît pas douteux que le terrain houiller du Portugal ne corresponde, en général, au terrain houiller sous-supérieur.

TERRAIN CARBONIFÈRE DE L'ÎLE DE SARDAIGNE.

J'ai tenu compte des diverses plantes fossiles citées et figurées par M. Meneghini dans l'ouvrage du comte Albert de la Marmora (*Voyage en Sardaigne,* t. I, p. 95, 108, et t. II : *Fossiles de l'époque houillère,* p. 223, pl. D), de celles examinées par M. Brongniart et de celles en assez grand nombre dispersées dans la collection du Muséum, et dont je signalerai entre autres *Asterophyllites hip-*

55

puroides, *Equisetites infundibuliformis*, *Sphenophyllum oblongifolium*
et *fimbriatum*, *Cal. Suckowii*, *Pecopteris arborescens*, *unita*, *Candolliana*, *Alethopteris ovata v. major*, *Walchia pinniformis*, et divers
Cordaites, en partie analogues à ceux des couches inférieures de
Saint-Étienne; et du tout il résulte que le terrain carbonifère
de l'île de Sardaigne, mieux que celui du Portugal, se rattache
sûrement aux assises profondes du terrain houiller supérieur; il
me paraît avoir des rapports d'âge avec celui des Alpes, soit dit
en attendant.

TERRAIN HOUILLER SUPÉRIEUR PROPREMENT DIT.

Nous avons vu un peu partout le terrain houiller supérieur
couronnant le terrain houiller moyen; mais celui-là n'est guère
représenté dans le Nord que par ses étages inférieurs, trop liés
aux couches sous-jacentes pour que nous ayons pu les retenir
et n'en parler qu'ici seulement.

Presque nulle part nous n'avons vu du terrain houiller supérieur
proprement dit; car, bien qu'aucune circonstance géologique ne
sépare le terrain houiller du terrain permien en Allemagne,
en Bohême, au pied du Riesengebirge et à Pilsen, il existe une
grande lacune accusée de flore qui n'est bien remplie que dans
les terrains houillers du centre de la France.

Cependant, dans la Forêt-Noire, à Oppenau, il y aurait du terrain
houiller supérieur, comme dans les Vosges. Les formations houillères de Wettin et Löbéjün, de Manebach, d'Ilmenau, du Niedrand
du Harz, sont considérées justement comme supérieures; on les
a parallélisées; on a fait correspondre le Niedrand du Harz au
Wettin. Le fait est que les flores coïncident assez, mais elles se
rapportent en majeure partie encore au terrain houiller sous-
supérieur. Toutefois il y a beaucoup de plantes caractéristiques
de niveau plus élevé, et au Muséum j'ai vu des associations d'espèces stéphanoises, de manière que le terrain houiller supérieur
proprement dit paraît en même temps exister à Ilfeld (Harz), à
Ilmenau (Saxe). Pour les couches inférieures d'Ottweiler, je ne vois

pas qu'elles puissent représenter autre chose dans le pays de Sarrebruck que des couches supra-houillères [1].

Le terrain houiller de Rossitz (Moravie) contiendrait des couches houillères vraiment supérieures et du permo-carbonifère comme dans le centre de la France; il pourrait bien y avoir aussi du terrain houiller supérieur en Croatie, à Turgove (*Jahrb. d. K. K. geol. Reich. Stur.* 1868, p. 131).

TERRAINS HOUILLERS DU CENTRE ET DU MIDI DE LA FRANCE.

En France nous avons vu les terrains anthracifères du Roannais et de la basse Loire correspondre au culm et à la grauwacke supérieure, et le terrain houiller des départements du Nord et du Pas-de-Calais, en prolongement du bassin de Mons (Belgique), et celui de la Moselle, en continuation des couches de Sarrebruck, représenter chez nous la formation carbonifère moyenne.

Mais il y a principalement dans le centre et le midi de la France un grand nombre de petits bassins isolés qui appartiennent tous, sans exception, à une autre époque de dépôts plus récents, et dont l'étude offre le plus grand intérêt; car, comme on l'a déjà vu et comme on en jugera mieux un peu plus loin, ils constituent l'ensemble le plus complet du terrain houiller supérieur proprement dit, comme renfermant une riche flore peu connue et qui comble la lacune précitée, et comme contenant une quantité énorme de houille qu'aucun autre pays ne présente, à beaucoup près, avec le même nombre, la même puissance de couches, au terme de la période houillère.

LE BASSIN HOUILLER DE LA LOIRE PERSONNIFIE PAR LA FLORE L'ENSEMBLE DES AUTRES BASSINS DU CENTRE ET DU MIDI DE LA FRANCE.

Le bassin houiller de la Loire réunit à lui seul, avec la plus grande puissance de dépôt, la flore houillère supérieure la plus

---

[1] Le D' Weiss dit (*Fossilflora d. Saar-Rheingebiete*, p. 232) que, dans l'intérieur des couches d'Ottweiler, se produit rapidement le dépérissement de la flore houillère avec l'apparition des *Callipteris conferta*.

étendue en durée, sinon la plus complète pour chaque étage, et personnifie alors, au point de vue qui nous occupe dans ce chapitre, tous les bassins du centre et du midi de la France, dont l'examen séparé et comparé peut être remis au chapitre II, consacré à leur classification par étages.

Cela étant admis, nous allons, pour tous ces terrains, objets principaux de cet ouvrage, déterminer seulement la position du bassin houiller de la Loire dans la série carbonifère.

A cet effet, en renvoyant au tableau synoptique de la flore, première partie, p. 309, il nous suffira de faire ressortir ses caractères propres, puis comparés, pour passer ensuite de là aux conclusions qui doivent découler naturellement, quant à l'âge de notre formation, et par suite de l'ensemble des bassins houillers sporadiques, épars à la surface élevée et accidentée du plateau central de la France.

CARACTÈRES PROPRES, POSITIFS ET NÉGATIFS, DE LA FLORE DU BASSIN HOUILLER DE LA LOIRE.

Par l'index des plantes fossiles, on voit la série des éléments dont se compose la flore, mais on ne juge pas de leur importance respective, et il est nécessaire de faire ressortir les groupes et les espèces qui, par l'extension, la fréquence et l'abondance, forment la masse de la végétation; et cela séparément pour l'étage de Rive-de-Gier et le système stéphanois, et encore en faisant la distinction ici des couches inférieures, moyennes et supérieures.

Considérations des familles de plantes.

Calamariées aussi variées que nombreuses à Rive-de-Gier, comme à Saint-Étienne, où elles abondent, ce semble, plus en haut qu'en bas, sans arriver nulle part à la suprématie de la quantité en général, remplissant toutefois quelques bancs de schiste de leurs débris. Filicacées de formes encore plus multiples, abondantes à Rive-de-Gier et en masse dans les régions moyennes et supérieures de Saint-Étienne, où elles dominent réellement (tandis que, dans les terrains houillers moyens et inférieurs, elles ne jouent, quoique aussi diverses, qu'un rôle restreint par la quantité). Sélaginées encore assez fréquentes à Rive-de-Gier, très-rares et revêtant des formes anomales à Saint-Étienne. Sigillariées abondantes à Rive-de-Gier sous la forme de *Stigmaria* dans les schistes argileux, et en même temps de *Sigillaria* dans la houille et les schistes de triage, rares et intermittentes à Saint-Étienne. Nöggérathiées plus variées à Saint-Étienne. Cordaïtées en masse à la base du système stéphanois. Calamodendrées prenant en haut un développement considérable.

Calamites communs partout et souvent en quantité. *Calamophyllites* et *Asterophyllites* nombreux, par places seulement ; proportionnellement plus d'*Asterophyllites* à Rive-de-Gier qu'à Saint-Étienne. *Annularia* et *Sphenophyllum* souvent ensemble, très-répandus.

Considérations des genres.

Sphenopterides très-rares, jamais nombreux, isolés, accidentels et principalement de la forme *Dicksonioides*. *Pecopteris-Aneimioides* communs. *Prepecopteris* dispersés. Les *Pecopteris* véritables, par la diversité, l'extension et la quantité des débris, ont le pas sur toutes les autres Fougères, avec *Stipitopteris*, *Caulopteris*, *Psaroniocaulon tubiculites* et *Psaronius* des plus abondants au milieu et en haut de Saint-Étienne, avec des masses d'*Alethopteris*, *Odontopteris* et *Aulacopteris*. Encore assez de *Nevropteris* à Rive-de-Gier, rares et peu importants à Saint-Étienne, où les *Odontopteris* en tiennent lieu et place. *Dictyopteris* largement représentés à Saint-Étienne, à profusion par endroits. *Tæniopteris* communs.

Quelques *Lepidodendron* à Rive-de-Gier, à peu près inconnus à Saint-Étienne, où ne persistent guère que des *Pseudosigillaria*. Quelques *Lepidofloyos* à Rive-de-Gier.

Sigillaria et *Stigmaria* paraissant bien avoir pris une part principale à la formation des couches de Rive-de-Gier; les *Stigmaria* remplissant certains schistes, tandis qu'à Saint-Étienne, à part les Sigillaires cancellées, les *Sigillaria* et *Stigmaria*, relativement

rares, ne continuent guère que sous forme de *Syringodendron* avec
Stigmariopsis et n'ont quelque importance que dans le faisceau de
Roche-la-Molière et la Malafolie, au sud-ouest, et au milieu de
l'étage moyen autour de Saint-Étienne, où elles abondent au toit
de la 5ᵉ. Elles sont souvent tout à fait étrangères ailleurs et n'occupent en somme qu'une place très-minime dans la végétation ;
car si, à deux ou trois reprises, elles ont conquis du terrain sur
les Fougères et les Cordaïtes, c'est sans dominer et pour être
presque immédiatement après refoulées, expulsées d'une manière
à peu près complète.

Beaucoup de fruits très-divers : peu de *Trigonocarpus* ; *Polypterocarpus* variés et répandus.

Schizopteris à Rive-de-Gier et en même temps *Doleropteris* et
Aphlebïa à Saint-Étienne, où ce groupe ambigu est plus varié.
Pachytesta et *Rhabdocarpus* communs.

Les *Cordaites* dominent sans partage partout dans les couches
inférieures du système stéphanois : les feuilles avec quantité proportionnelle de *Cladiscus*, *Antholithes*, *Cardiocarpus*, *Artisia*, *Cor-
daiphlœam*, *Dadoxylon*. Les *Poa-Cordaites* ne sont fréquents et
nombreux que plus haut, avec les Fougères, de même que les
Dory-Cordaites.

Quelques *Walchia* dispersés en colonies.

Calamodendron déjà à Rive-de Gier ; *Arthropitus* assez communs
dans les galets de la Péronnière ; les *Calamodendron* par les formes
de *Calamites cruciatus*, de *Calam. rhizobola* jouent un grand rôle
à Saint-Étienne, où leur bois charbonné abonde, avec les *Tubiculites*, dans la houille, au milieu et en haut.

Considérations des espèces.   Espèces se recommandant par la masse : *Pecopteris Schlotheimii*
partout, *Alethopteris Grandini* partout à Saint-Étienne, *Odontopteris
Reichiana* au milieu et en haut, *Aulacopteris* en proportion des
Odontopteris et *Alethopteris*. *Cordaites lingulatus* et *angulosostriatus*
en bas et au milieu, etc.

Espèces se recommandant par la quantité et l'extension à la fois :

Annularia brevifolia et surtout *longifolia* (avec *Brackmannia tuber-culata*), le plus souvent associés et par places très-nombreux. *Cyclopteris* déchiquetés, avec *Odontopteris*. *Pecopteris polymorpha*, *Pecopteris unita* partout. *Caulopteris macrodiscus* à Saint-Étienne. *Psaroniocaulon sulcatum* principalement à Saint-Étienne, etc.

Espèces habituelles : *Calamites Suckowii, Cistii, cannæformis, Equisetites infundibuliformis* plus à Saint-Étienne qu'à Rive-de-Gier; *Pecopteris Pluckeneti* partout, *subnervosa* à Saint-Étienne; *Alethopteris ovata* à Saint-Étienne; *Dictyopteris Brongniarti* et *Schutzei* à Saint-Étienne, etc.

Espèces caractéristiques de Saint-Étienne : *Sphenophyllum oblongifolium, angustifolium; Pecopteris hemitelioides; Odontopteris Schlotheimii; Tæniopteris jejunata; Schizopteris pinnata; Pachytesta gigantea; Cardiocarpus lenticularis; Cordaites principalis; Calamites cruciatus; Sigillaria Brardii, spinulosa*, à peine existants à Rive-de-Gier; *Sigillaria lepidodendrifolia; Syringodendron pachyderma* et *distans*, etc.

Espèces relativement caractéristiques de Rive-de-Gier : *Calamites ramosus, Sphenophyllum Schlotheimii* en quantité avec le *truncatum, saxifragæfolium; Pecopteris Lamuriana; Stigmaria minor; Dictyopteris nevropteroides, Nevropteris flexuosa*, etc.

CARACTÈRES COMPARÉS DE LA FLORE DU BASSIN HOUILLER DE LA LOIRE.

Après l'énumération des familles, genres et espèces de la flore et ces notes additionnelles sur les plantes les plus importantes qui la caractérisent, on peut déjà saisir, par rapport au terrain houiller moyen et surtout inférieur, des différences très-grandes, qu'il nous faut faire ressortir à grands traits, ainsi que les analogies qui, en élevant le terrain houiller de la Loire, le rapprochent du rothlie-gende.

I. *Le terrain houiller stéphanois s'éloigne de plus en plus et complétement du terrain carbonifère moyen et inférieur :*

1° Par la rareté, le peu de variété et la rencontre fortuite des *Sphenopterides*, qui abondent encore en nombre et en formes dans

le terrain houiller moyen, où les *Sphenop. Aneimioides* sont au maximum ; par de rares *Prepecopteris*, de formes en partie nouvelles ;
par peu de *Nevropteris* clair-semés à Saint-Étienne et en partie
nouveaux aussi ; par quelques *Trigonocarpus* restant du terrain
houiller moyen, etc.

2° Par une différence complète des *Sphenophyllum* et *Alethopteris*, qui continuent, sous de nouvelles espèces, à jouer un rôle
notable ; par l'abondance des *Annularia*, des *Pecopterides*, *Odontopteris*, *Cordaites*, *Calamodendron*, etc.

3° Par la rareté exceptionnelle des Sélaginées, la pénurie des
Sigillaires, sans existence continue, le peu de *Stigmaria*, dont la
présence n'est même pas commune, loin d'être abondante, à la
sole des couches.

Aussi, et cela est à indiquer, les ouvrages descriptifs des terrains
houillers du Nord, à part ceux relatifs à Sarrebruck, à la Nouvelle-
Écosse, où le système des couches supérieures est plus développé,
ne m'ont-ils offert que peu de ressources pour la classification des
espèces, excepté pour les espèces durables, comme les *Cal. Suckowii,
Stigmaria ficoides*; l'ensemble des formes est tout à fait différent,
comme je m'en suis assuré sur les lieux depuis longtemps ; et il
est non moins utile de faire remarquer que les espèces stéphanoises
concordent tout à fait, au contraire, avec celles des publications
ayant pour objet les formations houillères plus ou moins supérieures de Wettin et Löbejün, Manebach, Ilmenau, Niedrand
du Harz, Oberhohndorf et Zwickau supérieur. Un grand nombre
sont heureusement publiées dans l'*Histoire des végétaux fossiles* de
. M. Brongniart et nommées dans son *Prodrome*.

*Beaucoup des espèces du terrain houiller stéphanois sont effective-
ment communes à ces dépôts reconnus supérieurs, telles que Alethopteris
ovata, Pecopteris arguta, Odont. Schlotheimii, Carpolithes disciformis,
Samaropsis fluitans, Weiss, Sigillaria Brardii, spinulosa*, etc. Les
espèces communes à Saint-Étienne ne sont pas seulement analogues mais concordantes de tous points avec celles des dépôts

les plus récents de Manebach, du sud du Harz [1]; l'identification s'étend jusqu'aux mêmes variétés [2].

Mais la flore de Saint-Étienne caractérise beaucoup mieux et d'une manière bien plus complète le terrain houiller supérieur proprement dit par une abondance et une prépondérance autrement marquées des Pécoptérides, Odontoptérides, Cordaïtinées, Calamodendrées, et par la présence de plusieurs types subordonnés inconnus ailleurs.

II. *Le terrain houiller stéphanois se rapproche du rothliegende par un ensemble d'espèces et de types qui témoignent de leur proximité dans l'ordre de succession ascendante :*

1° Par les types du rothliegende, qui paraissent, pour un grand nombre, comme les restes de dernière apparition de notre flore houillère supérieure, où ils ont tantôt leurs antécédents, et avec laquelle ils sont tantôt partagés. C'est ainsi que le terrain houiller de la Loire a déjà plusieurs formes des *Odontopteris-mixoneura* variés du rothliegende; que le genre *Tæniopteris* a plus de deux espèces à Saint-Étienne; que les Pécoptérides, qui, après les *Mixoneura* et les *Callipteris*, sont les autres Fougères principales du rothliegende, sont au maximum dans notre terrain houiller avec un nombre proportionnel de *Psaronius in loco natali* et de *Tubiculites* que nous avons reconnus génériquement identiques aux *Psaronius* silicifiés du permien; etc.

2° Par un grand nombre d'espèces houillères supérieures qui vont s'éteindre dans le permien, telles que *Alethopteris gigas, Sigil-*

---

[1] Ajoutons aux rapprochements discutés dans la première partie que le *Nevropteris Cordata* de Saint-Étienne ne ressemble qu'à celui des couches houillères supérieures de l'Angleterre, que notre *Lepidodendron Marckii* rappelle le *Lep. cucullatum* de Piesberg; le *Lep. fusiforme* ressemble à celui de Wettin; etc.

[2] Ajoutons encore aux assimilations faites que le *Sigillaria Preuiana* d'Ilfeld (analogue au *Sigill. Brardii*, mais à cicatrices plus hautes que larges) se trouve au toit de la couche Siméon, que le *Calamites nodosus* de Manebach existe à Saint-Étienne, de même que l'*Annularia brevifolia* v. *microphylla*, Rœm. de Zorge; etc.

laria spinulosa et *Brardii*. Peut-être en est-il encore de même des *Calamodendron striatum* (qui se présentent déjà dans les galets de la Péronnière, il faut dire avec des pores aréolés), et aussi de l'*Arthropitus bistriata* (deux espèces réputées permiennes);

3° Par la présence anticipée d'un certain nombre d'espèces permiennes, telles que *Calamites gigas, major; Arthropitus ezonata; Walchia pinniformis; Cardiocarpus Ottonis,* etc.

Cela n'empêche pas que le terrain houiller de Saint-Étienne ne soit séparé du permien par l'intervalle d'au moins un étage.

Car un grand nombre d'espèces abondantes jusqu'en haut du terrain houiller stéphanois sont absentes ou tout à coup rares et des plus rares dans le rothliegende, telles que les *Annularia longifolia* et *brevifolia, Pecopteris Plackeneti,* etc.

III. *L'étage de Rive-de-Gier paraît faire suite au terrain houiller moyen ou plutôt supra-moyen :*

1° Par beaucoup de *Sphenophyllum* moyens, mais montant assez haut en Allemagne, à Sarrebruck; par de nombreux *Cal. ramosus;*

2° Par quelques *Sphenopteris Gravenhorstii* (qui se trouve en 3ᵉ et 4ᵉ zones de Saxe) et autres, mais rares, peu variés, comme les restes d'un groupe plus ancien et presque disparu; par divers *Prepecopteris;* par beaucoup de *Nevropteris,* mais n'étant plus représentés que par le seul et assez abondant *Nevr. flexuosa;* par *Pecopteris erosa, Dictyopteris nevropteroides,* etc.

3° Par des *Stigmaria* si nombreux, dont le *minor,* qu'ils contribuent, avec les *Sigillaria* et assez de *Lepidodendron,* à former apparemment la majeure partie de la houille. Mais, à part le toit de la petite mine à Frigerin (qui renferme des Sigillaires, des *Stigmaria* et des *Lepidodendron* en quantité, comme dans le terrain houiller moyen, toutefois avec des plantes supérieures), les *Sigillaria* et les *Lepidodendron* sont rares dans les schistes en général; les *Stigmaria* sont loin d'être aussi généralement répandus et en possession de tout le terrain que cela paraît de règle dans la zone des Sigillaires ; les Sigillaires, en particulier, sont si rares dans les roches qu'elles doivent être déchues de leur puissance d'occupation ; elles sont d'ailleurs du nombre de celles, plus récentes, qui ont encore de nombreuses apparitions renouvelées mais temporaires dans les terrains houillers supérieurs.

Mais l'étage de Rive-de-Gier s'éloigne du terrain houiller moyen par le peu de Lépidodendrons récents, tels que les *Lep. elegans, Sternbergii, rimosum,* qui persistent souvent dans le terrain houiller supérieur ; par la rareté du *Lepidofloyos laricinus.*

Il se rapproche plutôt du terrain houiller supérieur et rentre dans la même unité botanique :

Par la rareté des *Sphenopteris,* presque aussi grande qu'à Saint-Étienne, le peu de *Prepecopteris ;* par les mêmes *Pecopteris,* seulement plus abondants à Saint-Étienne ; par de nombreux *Pecopt. unita, Schlotheimii,* et surtout par la présence des *Odontopteris ;* en un mot, par des Fougères généralement supérieures ; par la fréquence des *Annularia brevifolia* communs et aussi *longifolia,* et le nombre déjà grand des *Equisetites infundibuliformis ;* par des espèces exclusives aux terrains houillers supérieurs : *Sigillaria Brardii, spinulosa, Walchia pinniformis, Pecopteris arguta.* La plupart des types et espèces stéphanois commencent leur existence à Rive-de-Gier.

Cependant la flore de Rive-de-Gier est assez différente de celle de Saint-Étienne par la rareté des *Alethopteris, Odontopteris,* du *Cal. cruciatus,* etc.; et cela est très-naturel, car il existe un puissant conglomérat de grès et de poudingue intermédiaire, produisant un hiatus que nous trouverons comblé par la flore de quelques autres bassins houillers français.

Elle se rapporterait assez bien à celle des couches les plus élevées que nous avons vues, dans le Nord, représenter le terrain houiller sous-supérieur, par quantité et variété des mêmes Calamariées, accaparant quelques schistes ; par des *Pecopteris* crénelés et névroptéroïdes assez analogues à ceux des upper coal-measures d'Amérique ; par *Pecopteris unita* v. *major,* etc.

56.

Elle a des rapports évidents avec Zwickau, qui ne renferme pas de terrain houiller supérieur proprement dit; mais elle ressemble en bonne partie à celle de Wettin. De manière que la flore de cet étage oscille, par ses caractères positifs et négatifs, entre deux végétations, en présentant avec la plupart des types supérieurs beaucoup de restes de l'élégante végétation antérieure [1].

DE LA PLACE QU'OCCUPE LE TERRAIN HOUILLER DE LA LOIRE DANS LA SÉRIE CARBONIFÈRE.

Le terrain houiller de la Loire n'a, pour ainsi dire, plus aucun rapport spécifique ni même générique avec les terrains carbonifères anciens.

La flore est si complétement différente de celle du grès à anthracite du Roannais qu'un intervalle de temps immense doit séparer les deux dépôts.

L'étage de Rive-de-Gier a bien encore des points de contact, non dépourvus d'importance, quoique partiels, avec le terrain houiller moyen, mais il se rattache au système de Saint-Étienne par une grande communauté de végétation.

Si l'on suit les changements qui s'introduisent peu à peu dans le terrain houiller moyen, on les voit en quelque façon aboutir, à Zwickau, dans les 3e et 4e zones, à la flore de Rive-de-Gier, qui a une grande somme d'analogies avec les couches carbonifères supérieures du Nord, qui me paraissent devoir commencer par en bas la série des étages houillers supérieurs.

Les changements continuant, le système stéphanois arrive à avoir une flore qui diffère, d'une part, complétement de celle du terrain houiller moyen, par les espèces, les genres et la proportion

---

[1] L'alternance et le mélange d'un assez grand nombre d'espèces moyennes qui n'ont dominé qu'un temps ou qui ne se présentent, en quelque façon, qu'accidentellement, avec une flore généralement supérieure, pourraient peut-être se comprendre par cela que le pays, libre auparavant, a permis même aux plantes en déchéance de s'y naturaliser facilement jusqu'à ce que la végétation ait pris son équilibre.

des familles de plantes, et qui contracte, d'autre part, de plus en plus, en haut, des analogies nombreuses et assez importantes avec le rothliegende pour admettre que Saint-Étienne n'en est éloigné que par le faible intervalle d'un étage.

En sorte que, en définitive, le bassin houiller de la Loire en entier s'est déposé entre le terrain carbonifère moyen et le terrain permien, et se trouve un des représentants les plus complets du terrain houiller supérieur.

Cette conclusion, qui résulte des faits, ne me laisse pas prise au moindre doute. Cependant, afin de lui enlever toute incertitude, je vais, en répondant aux objections, la confirmer par l'absurde, comme on dit en géométrie, lorsqu'on démontre l'impossibilité du contraire.

Est-il possible d'admettre qu'une si grande différence de flore avec le terrain houiller moyen, qui s'accorde remarquablement avec la position que je donne au bassin de la Loire, est-il possible d'admettre, même un instant, que cette différence soit de l'ordre de celles dites locales, ou régionales, ou de latitude?

Cette différence est tout à fait hors de proportion avec les effets des influences locales, qui ne modifient pas la nature de la flore, et cela d'autant plus que les mêmes circonstances topographiques paraissent avoir présidé à la formation de tous les terrains houillers; elles ne pourraient, dans tous les cas, avoir donné lieu qu'à une composition spécifique partiellement différente et à un développement variable des individus; car, si, dans une même contrée, la distribution et l'association des espèces sont sujettes à variations, celles des genres, pour une même station, sont déjà au-dessus des influences dont il s'agit.

Elle est encore moins attribuable aux différences de latitude, car la flore houillère du centre de la France, que pour mon argumentation je puis comparer à celle d'une province botanique, aurait différé, à quelques degrés de latitude, de la flore septentrionale par d'autres groupes prépondérants en espèces et en quantité, ce qui, sans même en appeler à l'uniformité de climat, est tout à fait impossible, quelque obstacle que l'on suppose à la communication, parce qu'il faudrait admettre, contre toute vraisemblance, entre pays dont les flores sont aujourd'hui au moins équivalentes, deux régions botaniques très-distinctes, non-seulement par des végétaux propres, mais par la présence presque exclusive et la domination de genres différents, sinon de familles, Et encore il faudrait faire abstraction de l'ordre des changements de flore précédemment discutés, et qui s'accordent à assigner au bassin de la Loire sa véritable place parmi les terrains houillers supérieurs, à ce point que, si des couches se fussent déposées antérieurement à celles de Rive-de-Gier, nul doute pour moi qu'elles ne participassent pas davantage de la flore moyenne, et que, si les dépôts se fussent continués postérieurement à ceux de la butte d'Avaize, nul doute encore que la flore n'ait tendu à y revêtir davantage le caractère permien et ne se soit rapprochée de celle d'Autun.

CARACTÈRES DES TERRAINS HOUILLERS DU CENTRE ET DU MIDI DE LA FRANCE.

Les terrains houillers du centre et du midi de la France présentent le plus complet développement d'une flore partout réputée pauvre et peu apte à produire des couches de houille notables; et l'on peut dire que la richesse de leur végétation et les grandes accumulations de combustible qui en ont été la conséquence impriment à ces terrains une originalité de formation et de flore toute française.

Le terrain houiller supérieur est partout peu développé et pauvre en couches de houille peu puissantes et souvent de médiocre qualité.

En Angleterre, les upper coal-measures sont peu importants, renferment peu et de mauvaises couches, et cependant ils se rattachent encore au terrain houiller moyen; dans le Lancashire, par exemple, l'étage supérieur de M. Binney contient plusieurs minces couches; l'étage moyen est plus riche que l'inférieur; de même en Staffordshire, Yorkshire, Northumberland, Durham,

Devonshire. En Amérique, l'upper coal-formation, tous les auteurs s'accordent à le dire, contient seulement quelques faibles couches de houille, encore exploitables aux États-Unis, mais stériles au Canada (Dawson); on parle de cette série comme située au-dessus de la formation houillère productive, qui est la middle coal-formation. En Allemagne, où le permien est souvent presque superposé au terrain houiller moyen, le terrain houiller supérieur est peu développé ; il est appelé terrain houiller pauvre en couches à Sarrebruck ; or tous ces dépôts houillers de couronnement sont, comme nous croyons l'avoir démontré, à la base du terrain houiller supérieur.

On verra un peu plus loin que partout en Saxe, haute Silésie, Bohême, Westphalie, Sarrebruck, Belgique, Angleterre et Amérique, les principales richesses houillères concordant avec l'abondance des Sigillaires, Stigmaria, Lepidodendrons, Calamites, se trouvent concentrées dans le terrain houiller moyen.

Les dépôts supérieurs restreints que nous avons vus un peu partout surmonter cette zone productive étant caractérisés par la prédominance plus ou moins marquée des Fougères, on a tiré la conclusion que la flore y était devenue peu apte à former des couches sérieuses de charbon.

Cette conclusion n'est pas applicable du tout aux terrains houillers français, lesquels, bien que supérieurs, renferment peut-être proportionnellement plus de houille accumulée et, en tout cas, des couches plus puissantes que la zone des Sigillaires. C'est là une exception remarquable et considérable, parce qu'elle est unique et qu'elle se passe chez nous sur une échelle énorme, qui appelle quelques explications.

Cette exception prouve d'abord que des plantes autres que les Sigillaires, Stigmaria et Lépidodendrons ont pu, contrairement à une opinion professée partout, produire de grands et nombreux entassements de charbon.

A quoi faut-il attribuer cette exception en faveur de notre pays? Est-ce à de plus puissants dépôts, ayant eu pour corollaire

une plus grande accumulation de plantes, ou bien à une végétation plus vigoureuse sous des influences exceptionnellement plus
propices?

Les deux causes ont pu agir concurremment.

Mais le résultat produit exige toujours, de la part de la végétation, une intensité d'énergie excessive.

Et effectivement, la flore houillère supérieure se présente, dans
le centre de la France, avec un déploiement de formes qui ne le
cède pas aux Sigillaires : les Cordaïtées en grands arbres devaient
se prêter, par leur écorce épaisse et leur feuillage ample et si
nombreux, à des dépôts rapides de matières à houille; les Fougères, par les tiges élancées des abondants *Eu-Pecopteris* et les
stipes gigantesques des *Odontopteris* et *Alethopteris*, donnaient lieu
à une végétation des plus actives; et il n'y a pas jusqu'aux Calamodendrées qui, par leur écorce, n'aient fourni un appoint considérable et croissant de débris végétaux vers la fin de l'époque
houillère, où presque à eux seuls ils paraissent avoir formé la
puissante couche de Decazeville, qui mesure plus de trente mètres
d'épaisseur normale.

Mais cette flore n'est pas seulement remarquable par son ampleur et son exubérance même; elle se distingue tout spécialement
par le développement complet des *Cordaites*, à peine connus, par
une grande variété de Pécoptéridées en arbres, par une grande
quantité d'*Odontopteris* au port arborescent, par une grande
profusion de Calamodendrées, par les *Dicranophyllum*, peut-être
propres au plateau central, bref par une richesse et une variété de
formes en grande partie nouvelles, que le terrain houiller moyen
n'offre pas et qui signalent la fin de la période houillère, et lui
réunissent, par leur persistance au delà, le terrain permien d'une
manière plus étroite qu'on ne le pense généralement.

Aussi la flore houillère supérieure présente-t-elle chez nous,
dans la composition botanique et la vigueur de végétation, un
cachet de si grande originalité, que j'ai été sur le point de l'inti-
tuler *flore houillère française* en tête de ce mémoire.

Sans vouloir expliquer le fait, on a dit que, dans l'est de l'Amérique comme en Angleterre, les conditions de dépôts de houille semblent avoir commencé dans les hautes latitudes, où il n'y a que du terrain carbonifère le plus ancien et où, contre la règle, il existe jusque dans le 74ᵉ une couche charbonneuse de douze pieds; on sait que le terrain houiller moyen occupe une zone plus au sud et que les terrains supérieurs du centre de la France sont encore plus méridionaux. En sorte que la formation successive des divers terrains carbonifères, dans toute leur plénitude, paraît, de prime abord, concorder avec une diminution de latitude. Mais le terrain carbonifère ancien existe dans le centre de la France avec la même flore et les mêmes caractères que sous le cercle polaire, et nous avons reconnu en Espagne, avec le terrain houiller supérieur tel qu'il se présente en France, le terrain houiller moyen avec la même combinaison de plantes que dans le Nord. L'explication reste donc à trouver.

TERRAIN PERMIEN.

Le rothliegende n'est qu'une dépendance du terrain houiller supérieur; il y a mélange des deux flores à la jonction des deux terrains, dans un étage permo-carbonifère, où l'on serait bien en peine de tracer une ligne de démarcation. M. Binney a rapporté au terrain houiller des roches considérées comme permiennes, à cause seulement de la présence des *Stigmaria* et autres indices de plantes houillères; mais les *Stigmaria* s'élèvent jusque dans le rothliegende et, comme on le verra, la présence d'une plante en voie de disparition complète n'a pas de valeur stratigraphique.

Le terrain permien est répandu en Silésie comme au N. E. de la Bohême et surtout en Russie; on le connaît dans le Harz, dans le haut Palatinat, en Saxe, en Thuringe, dans le Hanovre, dans la Hesse Électorale, dans le Wetterau, à Sarrebruck, en beaucoup de points de l'Angleterre, où il est en discordance complète avec le terrain houiller, au moins à Manchester; son existence n'était pas prouvée en 1863 en Belgique; le rothliegende existerait en

57

Espagne; il y en aurait peu dans l'Amérique du Nord, dit Lesquereux; on l'aurait reconnu dans le haut Mexique; il n'existerait pas dans l'Amérique britannique (Dawson).

En France, M. Göppert signale le terrain permien, sans le
zechstein, à Autun, à Lodève et également, mais ici, verrons-nous,
par erreur, à Littry et au Plessis; M. Schimper place Autun et
Lodève dans le membre le plus inférieur du terrain permien. On
connaît du grès à *Walchia* en Saône-et-Loire (où le terrain permien inférieur est très-développé), dans le Jura, la Haute-Saône,
l'Aveyron, l'Hérault, le Var. Nous ferons voir que le terrain de
Bert, qui a toujours été considéré comme houiller, est aussi
permien que les schistes d'Autun. Le grès des Vosges, que l'on a
rapproché des couches inférieures du grès bigarré mais qui se lie
à Sarrebruck au grès rouge, doit être inférieur au zechstein,
ainsi que, en partie, les grès cuivreux de Russie, lesquels paraissent cependant devoir être plus récents que le rothliegende
proprement dit; depuis longtemps, en effet, M. Brongniart a
montré qu'il n'existe aucun rapport spécifique entre ces terrains
et les schistes ardoisiers de Lodève; le terrain cuivreux d'Oren-
bourg a les mêmes genres que celui du Mansfeld (Eichwald).

Nous avons réuni beaucoup de documents sur le terrain permien en France, et ce serait le moment de les produire; mais ils
se rapportent au rothliegende, qui, chez nous, est en trop étroite
succession avec le terrain houiller pour être étudié indépendamment de celui-ci, que nous cherchons à classer par étages naturels dans le chapitre ii suivant.

COUP D'ŒIL GÉNÉRAL

SUR L'ORDRE ET L'INTERMITTENCE DE DÉPÔT DES FORMATIONS CARBONIFÈRES

DANS L'HÉMISPHÈRE NORD.

Le terrain devonien supérieur se forme sur une grande échelle
en Amérique, en Irlande, en Écosse et çà et là sur le continent.
Les schistes de transition cuprifères du Forez, renfermant quelques

traces, malheureusement très-vagues, de végétaux, pourraient bien le représenter dans le centre de la France.

Il est suivi d'une manière assez générale, en Amérique, en Irlande, en même temps en Écosse, par les dépôts carbonifères anciens, qui se développent tout d'abord jusqu'au delà du cercle polaire et se multiplient ensuite sur le continent, en Westphalie, dans le Harz, en Saxe, en Silésie et en Moravie, et sur une grande étendue dans l'Asie septentrionale, et avec déjà une certaine puissance de végétation en Russie, où la plus grande partie de la formation daterait de la fin de l'époque correspondante; il se montre, en France, dans la basse Loire, tout à fait supérieur, dans le Morvan [1] et au sud des Vosges, où M. Gruner retrouve le terrain de transition du Roannais, un peu moins récent; il existerait aussi dans les Cévennes [2]. Le calcaire de transition supérieur est connu dans l'Hérault, dans les Pyrénées; il est développé en Espagne. Dans les Alpes, Gueymard a reconnu la grauwacke; M. Heer a, en effet, signalé quelques plantes carbonifères très-anciennes d'outre-Rhône; on indique le calcaire carbonifère dans les Alpes autrichiennes et du schiste à *Productus* dit Präcarbon.

La formation s'arrête bientôt dans le nord et dans le centre de la Russie, tandis que les dépôts suivent leur cours durant l'ère si remarquable du terrain houiller moyen de la Russie méridionale, de la Pologne et Silésie, Bohême, Sarrebruck, Westphalie, Belgique, de l'Angleterre, jusque dans l'Amérique du Nord, et aussi en Espagne de la même manière.

Puis la sédimentation et la végétation enfouies baissent à peu près partout à la fois, lorsqu'elles ne s'arrêtent pas entièrement, en Amérique moins qu'en Angleterre, à Essen, à Sarrebruck; et c'est alors seulement que prennent naissance les couches supé-

[1] A Énost, au nord du bassin d'Autun, au milieu des porphyres, j'ai vu des roches siliceuses traversées de racines de *Stigmaria* et contenant des Macrospores et du charbon pierreux formé, comme dans le Roannais, d'écorces stratifiées subéreuses de *Lepidodendron*.

[2] Entre Chamborigaud et la Bastide, si, dans des schistes classés comme siluriens par E. Dumas et M. Parran, M. Ebray a bien trouvé des *Stigmaria* et *Sagenaria*.

57.

rieures de Wettin, et que commence en France, dans le Midi,
dans les Alpes jusqu'à Rive-de-Gier (Loire), le terrain houiller
sous-supérieur.

Il y a ensuite cessation à peu près complète partout, en Angleterre, en Silésie, etc., ou grande réduction de dépôts houillers à
Sarrebruck, en Bohême, etc., jusqu'au permien, pendant qu'en
France, dans le centre, continuent activement à se former des
bassins houillers puissants, que la plus vigoureuse végétation dotait
de nombreuses et épaisses couches de houille jusque tout à fait
à la fin de l'époque houillère supérieure.

Après quoi, reprise générale de dépôts permiens en Russie, en
Allemagne; moindre en Angleterre, en Amérique; de peu de
durée en France; nulle en Belgique comme dans le nord-ouest
de notre pays.

En un mot :

Les dépôts les plus anciens s'étalent sur une grande nappe dans
l'extrême nord et s'étendent au centre de l'Europe, où ils se continuent avec la plus luxuriante végétation, de même que dans
l'Amérique du Nord et également en Espagne, à la latitude des
États-Unis; puis, vers la fin de la période houillère, ils sont à peu
près limités au centre de la France jusqu'à l'époque du rothliegende, où ils redeviennent plus généraux.

L'immense période carbonifère n'a ainsi été productive de dépôts et en même temps de houille, en chaque pays, que durant
une fraction de temps plus ou moins longue ou restreinte. Il n'y
a pas de formation offrant la série complète, comme on l'a prétendu. L'Amérique du Nord possède la succession la plus prolongée
de dépôts carbonifères. Pour se faire une idée, par la puissance
des dépôts, de la longueur de la période carbonifère, il faudrait
donc accumuler la moyenne de tous les terrains qui se suivent et
s'enchaînent dans l'ordre chronologique. Je me figure qu'on arri-
verait à une épaisseur de plus de quinze kilomètres pour les dépôts consécutifs rapportés les uns au-dessus des autres; il faudrait
estimer ensuite le temps de dépôt d'une unité de hauteur de

roches avec la proportion ordinaire de houille; nous essayerons plus tard de faire cette évaluation aussi exactement que possible.

Là où la formation carbonifère avait lieu, elle ne s'est pas toujours continuée jusqu'au bout sans interruption.

Ainsi, dans toute la zone des riches formations houillères du Nord, entre les dernières couches de terrain houiller sous-supérieur et le rothliegende, manque presque entièrement, surtout en Belgique et en Angleterre, le terrain houiller supérieur. En Russie, où, à part le bassin du Donetz, la formation se coordonne en général à la grauwacke, il y a eu arrêt pendant le temps immense de dépôt de presque tout le terrain houiller jusqu'au permien répandu et principalement développé le long de l'Oural [1]. En Saxe, on connaît le culm, le terrain houiller supra-moyen et infra-supérieur et le permien, avec deux lacunes considérables marquées par le peu d'espèces communes et le peu d'analogie botanique entre les 1re et 2e zones et les 5e et 6e zones de végétation. En Thuringe et dans le Harz, on a le devonien supérieur et, comme dans les Vosges et la Forêt-Noire, le culm, le terrain houiller moyen ou sous-supérieur et le permien. Dans le centre et le midi de la France, à part le culm et la grauwacke supérieure en quelques points, il n'y a sur les massifs primitifs que du terrain houiller supérieur surmonté de rothliegende, sans terrain houiller moyen [2].

Je ne sais pas si je m'abuse, mais il me semble bien que la formation du terrain houiller a marché par grandes régions; nous verrons que le dépôt des étages s'est opéré par circonscriptions plus restreintes.

Il est à remarquer que les grands déplacements de la formation carbonifère coïncident avec ses divisions principales : le terrain houiller moyen continue à s'accumuler dans une zone plus restreinte que le carbonifère ancien, le terrain houiller supérieur

[1] On teinte, notamment autour de Moscou et plus au nord, du terrain houiller supérieur en sus du terrain houiller inférieur; je n'ai eu aucun moyen de m'assurer de l'existence du premier en aucun point de la Russie.

[2] Boubée avait (1839) considéré le terrain à houille du plateau central comme correspondant aux terrains de transition.

cherche à se former dans de nouvelles régions; le terrain permien occupe une position indépendante.

La cause déterminante des dépôts a dû s'exercer partout où
les systèmes houillers plus ou moins complets ont une même
composition. Il pourrait être utile de connaître les grandes zones
d'égale composition; nous dirons un mot de deux des principales.

ZONE DES TERRAINS HOUILLERS DU NORD.

Les riches formations houillères si étendues du nord de l'Europe
sont concentrées entre les 48e et 56e parallèles.

Du côté géologique, il y a entre elles une grande concordance.
Naumann a fait ressortir [1] de nombreuses analogies entre les terrains houillers de la Belgique et de la Westphalie et ceux du centre
et du sud de l'Angleterre; on a eu l'idée d'une liaison par Valenciennes des terrains houillers de l'Angleterre à celui de la Belgique;
la Westphalie présente la même série qu'en Angleterre (Murchison,
Sedgwick); il y a longtemps que Sir de la Bèche déduisait d'une
certaine identité géologique que les terrains houillers d'Angleterre avaient dû se former dans les mêmes circonstances que ceux
du continent, de la Belgique, de l'Allemagne, de la Pologne;
le fait est qu'on y trouve assez généralement partout les mêmes
coquillages à deux niveaux inférieurs.

Du côté botanique, il y a de nombreux et étroits rapports entre
la Ruhr, la Belgique, l'Angleterre et l'Amérique. Au Muséum, on
peut voir les mêmes empreintes venant d'Amérique, d'Angleterre,
d'Anzin, de Liége, d'Eschweiler, de Sarrebruck (de Duttweiler en
particulier); la flore houillère d'Angleterre manifeste, a dit Göppert, la plus grande ressemblance avec celle de Silésie.

Le terrain infra-houiller se présente à la base avec les mêmes
caractères, en Silésie, en Westphalie, en Belgique, dans le nord
et le centre de l'Angleterre, en Pensylvanie. La zone supra-
moyenne de Saxe aurait des équivalents en Silésie, Bohême,
Prusse rhénane (près d'Essen), à Sarrebruck, ainsi qu'en Belgique,

[1] *Lehrbuch der Geognosie*, vol. II, p. 541.

en Angleterre (particulièrement à Newcastle) et dans l'Amérique du Nord. Et le terrain houiller sous-supérieur de Saxe, de Wettin, de Geislautern (Sarrebruck), se présenterait en Silésie au puits Friedrich près Althain, à peine à Camerton en Angleterre, et en tout cas beaucoup plus largement développé en Amérique. Le terrain houiller supérieur proprement dit manque presque partout, sauf en quelques points, à Sarrebruck, en Bohême, en Moravie, et surtout dans le Harz et en Thuringe, où il se présente comme dans le centre de la France.

Le terrain houiller moyen, partout le plus développé et le plus riche en houille, est désigné comme formation houillère productive, en opposition avec le terrain houiller supérieur, pour les dépôts supérieurs, partout également pauvres en couches généralement inexploitables.

Partout les mêmes membres paraissent devoir exister d'après l'égalité de composition; les différences ne portent que sur les couches sous-carbonifères et sur l'intervalle qui les sépare du terrain houiller. Il y a entre les terrains houillers d'Amérique et ceux d'Europe le même parallélisme, résultant des mêmes plantes fossiles et des mêmes changements dans le même ordre, ce que M. de Verneuil a reconnu pour toute la série paléozoïque [1].

De manière que ces terrains seraient comme les parties disjointes d'une formation à peu près continue, car l'analogie et la ressemblance complète du plus grand nombre des espèces [2] supposent une facile communication et excluent, dans tous les cas, la séparation de l'Angleterre d'avec l'Amérique par un Océan, qui est un obstacle complet à l'expansion des espèces, et même par l'interposition d'un large bras de mer, qui est presque aussi infranchissable aux plantes à graines et peut-être même encore autant aux plantes qui se reproduisent par spores [3].

[1] *Bull. géol.* 1847, p. 669.
[2] Actuellement les espèces de Phanérogames communes à l'ancien et au nouveau monde sont peu nombreuses.
[3] Voir *Géographie botanique raisonnée*, par Al. De Candolle.

ZONE DES BASSINS HOUILLERS DU CENTRE ET DU MIDI DE LA FRANCE.

Le terrain carbonifère ancien existe en quelques points du centre
et du midi de la France, d'où le terrain houiller moyen est absent,
des Pyrénées jusqu'au massif entier des Alpes compris; et je ne
vois pas qu'on puisse espérer y en découvrir; de sorte que, s'il
y avait du terrain carbonifère sous la plaine du Forez, ce ne
pourrait être que celui de Roanne ou de Saint-Étienne, entre les
dépôts desquels il s'est écoulé un temps immense. Depuis le pied
des Vosges jusqu'aux Pyrénées, le terrain houiller supérieur s'est
déposé çà et là très-inégalement, mais dans des conditions sans
doute très-analogues et tout particulièrement favorables. Nous
verrons dans le chapitre II les rapports étroits par étages qui relient entre eux, dans un même système de formation, les bassins
houillers isolés du centre et du midi de la France.

La région du nord-ouest de la France, où feu M. Élie de
Beaumont a constaté les traces de la plupart de ses systèmes de
montagnes, mériterait d'attirer l'attention au point de vue qui
nous occupe, car la formation carbonifère y est représentée faiblement, mais presque par tous ses membres, sans terrain permien.

Le centre de l'Allemagne, de l'Erzgebirge jusqu'aux Vosges,
offre toute la série, par parties incomplètes et fractionnées, d'une
manière très-particulière, qui en fait une région à part.

Tels sont, à grands traits, les résultats généraux de botanique
stratigraphique auxquels je suis parvenu.

Ces résultats, fondés sur les observations faites jusqu'à présent,
pourraient avoir à subir des rectifications si les recherches futures
ne cadraient pas avec mes généralisations, reposant non-seulement
sur un grand nombre de faits, mais, ce qui vaut mieux, sur des
faits qui s'accordent si bien entre eux que je pouvais bien me
permettre d'en tirer les conclusions qui en découlent naturellement.

TABLEAU DE QUELQUES TERRAINS CARBONIFÈRES,

CLASSÉS D'APRÈS LES PLANTES FOSSILES.

SYSTÈME CARBONIFÈRE.

		Zechstein.	
TERRAIN PERMIEN...		Rothliegende supérieur.	Grès cuivreux de Russie.
			Grès des Vosges.
		Rothliegende moyen....	Ottendorf (Bohême), Bert (France).
		Rothliegende inférieur..	Autun, Schemnitz (végétaux silicifiés *).
		Terrain supra-houiller..	Couches inférieures d'Ottweiler (Saar-Rheingebiete).
			Étage des Calamodendrées du centre de la France.
			Ilfeld (Harz), Rossitz (Moravie).
	SUPÉRIEUR.	Terrain houiller supér' proprement dit......	Étage des Fougères du centre de la France.
			Manebach (Thuringe).
			Étage des Cordaïtées du centre de la France.
		Terrain houiller sous-supérieur.........	Oberhorndorf (Saxe).
			Étage des Cévennes du midi de la France.
			Végétaux silicifiés de Grand'Croix *.
			Geislautern (Sarrebruck), Pilsen (Bohême).
		Terrain houiller sus-moyen...........	Étage de Rive-de-Gier, du Briançonnais.
			Upper coal-measures des Anglais.
TERRAIN			Chomle (Bohême), Planitz (Saxe).
CARBONI-FÈRE	MOYEN....	Terrain houiller moyen proprement dit.....	Mittlere étage de Bochum (Westphalie).
			Duttweiler, près Sarrebruck.
			Swina (Bohême), Belmez (Espagne).
		Terrain infra-houiller...	Hangende-Zug de basse Silésie.
			Lower-coal measures (végétaux calcifiés d'Oldham *).
			Liegende-Zug (basse Silésie).
			Millstone-grit, Hattingen (Westphalie).
		Jüngste Grauwacke....	Berghaupten, Landshut (Silésie).
			Flötzleerer Sandstein.
	INFÉRIEUR.	Culm..............	Végétaux calcifiés de Burnt-Island *.
			Terrain de transition des Vosges, du Roannais.
			Posidonomyenschiefer du N. O. du Harz.
			Dachschiefer de Moravie.
		Calcaire carbonifère....	Falkenberg (Silésie).
			Queensland (Australie).
			Yellow sandstone de Kilkenny (Irlande).
		Étage supérieur.......	Psammite du Condroz (Belgique).
			Cypridinenschiefer de Saalfeld.
TERRAIN DÉVONIEN..		Étage moyen.........	Caithness flags d'Écosse.
			Gaspé sandstone (Canada).
		Étage inférieur.......	Spiriferensandsteine du Rhin.

58

GÉOTECHNIE.

I

RAPPORTS ENTRE LE NOMBRE ET LA PUISSANCE DES COUCHES DE HOUILLE
ET LES CARACTÈRES CHANGEANTS DE LA FLORE.

Il y a très-peu de charbon dans le terrain dévonien du Canada;
dans celui de l'Irlande, on n'a trouvé que de minces lits de houille.
On peut dire que ce terrain, reconnu par la flore, ne renferme
pas de couches exploitables, ce qui peut être attribué à la pauvreté
de la végétation.

La formation carbonifère ancienne est réputée pauvre en houille;
elle est caractérisée, dit Naumann, par la rareté des couches de
houille exploitables. C'est inutilement, paraît-il, que l'on a cherché des couches productives dans la grauwacke de Silésie. En
Amérique, les couches de houille sont rares dans le terrain carbonifère inférieur. En Saxe, dit M. Geinitz, les couches de culm
n'ont, en aucun endroit, une puissance semblable à celle du terrain houiller. Cependant, dans les couches très-anciennes des terres
arctiques, il y a des gîtes notables de charbon; au Nouveau-Bruns-
wick, il y a une couche de houille exploitée au milieu de roches
du même âge; le culm d'Écosse, de East-Lothian, par exemple,
mieux que la grauwacke supérieure de la Moravie, renferme de
nombreuses couches exploitables, sans doute à cause des Lépidodendrées dont la végétation présente déjà dans les terrains houillers
anciens une grande force, une grande vigueur; le grès à anthracite
du Roannais renferme des couches irrégulières de 1 à 2 mètres,
avec des renflements particls de plus de 5 mètres; le terrain anthracifère de la basse Loire a de nombreuses couches de 0m,50,
1 mètre et 1m,50 d'épaisseur. Toutefois, ces gisements de houille
sont loin d'avoir la suite, l'importance et le caractère de généralité
qu'ils atteignent dans le véritable terrain houiller. Le terrain carbonifère de la Russie centrale présente peu d'affleurements
houillers.

C'est dans le terrain houiller moyen que l'on s'accorde à placer, en Allemagne, en Amérique, la plus grande quantité de houille; ce qui, concordant avec l'abondance extraordinaire des Sigillariées, a fait admettre que la rareté de ces plantes entraîne des couches au moins plus minces, moins nombreuses et moins suivies. En Silésie, MM. Göppert et Beinert ont fait ressortir cette coïncidence entre les plus puissantes couches et l'abondance des Sigillaires; le premier de ces auteurs explique que les couches de la basse Silésie sont moins puissantes, parce que les Stigmaria, avec les autres débris de plantes herbacées, y ont fourni moins de matières végétales que les grandes Sigillaires en haute Silésie. La zone des Sigillaires est la plus fructueuse en Saxe (Geinitz). En Bohème, M. d'Ettingshausen, dans ses flores de Radnitz et de Stradonitz, fait remarquer que la grande puissance des couches de houille va avec l'abondance des Sigillaires, Stigmaria et Calamites et la pauvreté des Fougères. En Amérique, M. Dawson rapporte que les plantes qui y ont formé les plus épaisses couches de houille sont les Sigillaires, Lépidodendrons, Calamites, etc. M. Binney pense que les couches de houille des middle coal-measures du Lancashire doivent d'être ordinairement épaisses à la prépondérance des Sigillaires.

Partout donc on aurait constaté que la prédominance des Sigillaires avec Stigmaria principalement, des Lépidodendrons et Calamites est une condition de grande richesse de houille.

Et en même temps on a remarqué que plus les Fougères dominent, comme dans le terrain houiller supérieur, moins il y a de couches et de couches moins puissantes. A Rakonitz, peu de houille dans les couches supérieures où dominent les Fougères, les Nöggérathiées, et couches inférieures épaisses là où dominent les Sigillaires, Lépidodendrons, Calamites. En haute Silésie, l'étage supérieur, sans Lépidodendrons et avec seulement deux Sigillaires, est pauvre en houille. Les upper coal-measures, avons-nous vu, deviennent peu productifs et contiennent de la houille de moindre qualité.

58.

C'est à peine si l'on trouve quelques rares et minces couches
de houille, encore impure, dans l'étage inférieur du rothliegende
en Allemagne; on cite une couche de deux à trois pieds en Saxe,
quelques minces couches exploitables à Sarrebruck, mais maigres,
pierreuses. M. O. Feistmantel a exprimé que le rothliegende inférieur n'est pas aussi dépourvu de houille qu'on le pense, au
moins en Bohême, où il signale des couches de deux à quatre
pieds et demi; mais nous avons vu que cet étage inférieur est
houiller; quant aux couches supérieures véritablement permiennes,
elles ne sont plus *kohlenführend,* comme dit l'auteur. La flore est
trop appauvrie dans le terrain permien pour qu'on puisse s'attendre
à y découvrir du combustible en quantité notable.

En résumé, de toutes les observations faites on a conclu que
le nombre et la puissance des couches de houille dépendent de
la nature des végétaux qui les ont formées, que les Sigillaria et
Stigmaria contribuent essentiellement à la masse de la houille,
car, dit M. Göppert, partout où ces plantes sont rares ou manquent,
comme dans le terrain carbonifère inférieur, le terrain houiller
supérieur et le permien, il y a peu de couches de moindre puissance en Europe, et aussi à la fin et au commencement des terrains
carbonifères d'Amérique (Lesquereux).

C'est bien là l'expression d'un fait général.

Mais elle n'est pas applicable aux terrains houillers du centre
et du midi de la France, où les couches de houille, pour être formées de débris de Cordaïtes, de stipes et tiges de Fougères et
d'écorces de Calamodendrées, n'en sont pas moins nombreuses
et quelques-unes même plus puissantes; car on ne trouve pas dans
le Nord d'aussi puissantes couches de houille que celles que l'on
exploite à Saint-Étienne, à Commentry, à Decazeville. Nous avons
cru voir que cette exception coïncide avec une flore plus variée
et une végétation aux formes plus puissantes que dans les dépôts
contemporains des autres pays; grâce à quoi, sans doute, nous
devons d'avoir tant de richesses en combustibles dans nos terrains
houillers supérieurs. La flore s'est même maintenue, chez nous,

prodigue en matière végétale jusque dans le rothliegende moyen
de Bert, où l'on exploite plusieurs couches épaisses, qui ont fait
tenir, à tort, verrons-nous, le terrain de cet endroit pour houiller.

II

DE L'ASPECT PHYSIQUE ET DE LA NATURE CHIMIQUE DE LA HOUILLE,
DUS AUX VÉGÉTAUX CONSTITUANTS.

La houille des terrains carbonifères se distingue des autres
combustibles plus récents, avant tout, par la composition et la
structure végétale, par son origine stratifiée, par la nature charbonneuse du bois, désagrégé et dispersé dans les joints, par sa
qualité bitumineuse.

Nous allons rechercher si l'aspect physique et la nature chimique
des différentes variétés de houille sont en rapport avec les végétaux
constituants et dans quelle mesure.

A voir les empreintes de Lépidodendrons dans la houille de   Aspect physique.
Sarrebruck, on pourrait s'attendre à ce que celle formée en majeure partie de ces végétaux leur empruntât une certaine texture
feuilletée, que montre assez bien l'anthracite du Roannais.

La houille de Sigillaires présente, à Sarrebruck, un aspect
barré caractéristique, que partagent, jusque dans le grain, certains
charbons de Rive-de-Gier, principalement celui de la Gentille à
Combeplaine, lequel, en effet, se montre en majeure partie formé
de Sigillaires, Sélaginées, etc.

Le charbon de Cordaïtes, généralement très-pur dans ses grosses
lames corticales, doit à l'association de celles-ci avec les feuilles
une texture irrégulièrement veinulée et striée, qui le laisse assez
facilement reconnaître.

Le charbon de Fougères, composé de leurs stipes, rachis et
tiges, est généralement plus compacte, plus uniformément strié,
à lames moins nettement distinctes.

La russkohle devrait, au dire de M. Geinitz, sa constitution fi-

breuse, terreuse même, aux débris herbacés et ligneux de Calamariées.

Mais ces divers états physiques, que la houille tient des végétaux qui l'ont formée, ne sont bien saisissables que quand elle est
un peu schisteuse, sans pour cela être pierreuse ou crue, et
lorsque les plantes s'y distinguent encore par leurs empreintes,
tandis que, quand la masse est devenue compacte par la fusion
des parties, ces traits s'effacent et l'uniformité gagne tous les combustibles.

Aspect chimique. On prétend que la nature chimique et par suite la qualité in-
dustrielle de la houille sont liées aux diverses sortes de plantes
constitutives. Lindley et Hutton ont attribué les différentes espèces
de houille à la nature des végétaux qui entrent dans leur composition; Morris rapporte même aux Macrospores (voyez 1ʳᵉ partie,
p. 147) une certaine action sur la qualité de forge de la houille
de Low-Moor. On sait que la pechkohle, formée de Sigillaires,
est la plus importante variété de houille grasse des Allemands; on
signale la farrenkohle, ou bouille de Fougères, comme très-bi-
tumineuse, homogène et légère. En haute Silésie, l'abondance
du fusain mêlé aux Sigillaires rend la houille plus maigre, toutes
autres choses égales d'ailleurs.

Si la houille avait éprouvé un métamorphisme égal, nul doute
que sa qualité ne se ressentît de la nature des tissus végétaux. Mais
la houillification a entraîné des altérations si complètes de la sub-
stance végétale, que les minces différences dans la composition
chimique de celle-ci ont dû disparaître plus ou moins entièrement
devant celles venant des circonstances variées où s'est opérée sa
transformation en charbon minéral.

Toutefois, à égal degré moyen de houillification, la houille de
Cordaïtes, plus maigre, est bonne pour agglomérés; la houille de
Fougères, plus légère, est bitumineuse, maréchale; la houille de
Calamodendrons, plus sèche, paraît plus oxygénée, ce semble, etc.

III

SEUL MOYEN DE DÉTERMINER L'ÂGE RELATIF DES DIFFÉRENTES HOUILLES.

On a assez généralement remarqué, mais non sans exception, que, à travers une même superposition de couches et sur une même verticale, le charbon s'amaigrit et devient anthraciteux en bas et flambant en haut. Les houilles anciennes, communément plus maigres, portent les synonymes de culm, d'anthracite, etc.; les houilles récentes sont ordinairement plus grasses ou à longue flamme.

La houille, en général, paraît être parvenue plus loin dans la voie des transformations que les combustibles plus récents; mais cela souffre de grandes exceptions, certain charbon ancien de la Russie centrale étant beaucoup moins et certain lignite étant beaucoup plus avancés que la généralité des combustibles de leurs âges respectifs. Il n'y a pas de dépendance entre la qualité plus ou moins grasse d'une houille et sa position dans la série carbonifère; dans une même couche de houille, j'ai même vu le charbon, de bitumineux sur un point, devenir anthraciteux sur un autre situé à faible distance et sans accident intermédiaire. La nature du charbon n'a donc aucune importance stratigraphique, d'une manière générale.

Il n'y a que les caractères tirés des plantes qui permettent de déterminer l'âge d'une houille, grasse ou maigre, il n'importe. Nous avons suffisamment signalé ces caractères.

Pour peu qu'il soit feuilleté, le charbon du terrain houiller moyen se reconnaît aisément aux impressions de Sigillaires gravées dans tous les joints. Les houilles que l'on voit formées presque en entier de débris de Cordaïtes à la Grand'Combe, à Brassac, à Blanzy, sont à peu près du même âge que celles principalement nées des mêmes végétaux dans les couches inférieures de Saint-Étienne. L'examen attentif de la houille de Decize m'avait fixé sur l'âge du terrain houiller de ce district avant que je connusse les empreintes habituelles des roches. Le charbon de Bert renferme, avec les plantes du terrain houiller supérieur, des *Callipteris* établissant que ce combustible est permien.

On doit pouvoir distinguer facilement un combustible plus récent, à sa composition ou à sa structure végétale.

CHAPITRE II.

CLASSIFICATION PAR ÉTAGES DES TERRAINS HOUILLERS DU CENTRE DE LA FRANCE.

On sait que M. Göppert, dans deux ouvrages importants, a réussi à caractériser, par la flore, le terrain carbonifère ancien et le terrain permien; que M. Geinitz a établi des zones régionales de végétation en Allemagne, et que M. Lesquereux a tiré parti des plantes fossiles pour paralléliser les terrains houillers d'Amérique.

L'application des changements généraux est aussi sûre que relativement facile, lorsque ces changements sont envisagés à un long intervalle de temps, parce qu'alors ils peuvent être devenus complets. Mais les changements secondaires qui s'accomplissent dans une série continue de couches sont-ils assez étendus, assez indépendants du lieu pour caractériser des sous-époques ou ce que l'on pourrait appeler des étages naturels? Là est la question qui s'impose en tête de ce chapitre.

Les changements généraux portant sur les groupes autant que sur les espèces, avec des dépendances marquées, sont encore faciles à saisir et à formuler. Mais les changements secondaires doivent être fondés sur des données beaucoup plus nombreuses et diverses, parce qu'elles sont sujettes à caution et non exemptes des influences de lieu, je ne dis pas de climat; on a essayé de les fixer sur la composition de la flore. Je crois qu'en outre il faut y joindre un élément essentiel, non-seulement celui du nombre, mais encore et surtout celui des phases de la vie des espèces et des groupes, phases que mes recherches sur les lieux m'ont permis de reconnaître; sans cette considération, le mélange des plantes, des *Pecopteris* avec les Sigillaires par exemple, a porté M. O. Feistmantel à douter des zones de végétation. Cependant cet auteur, voyant que le *Nöggerathia foliosa* gît de la même manière dans une

59

assise restreinte à Radnitz comme à Kladno et en haute Silésie,
a hardiment raccordé les couches où l'on rencontre cette espèce[1].

On a vu les caractères par lesquels la flore a successivement
passé dans son ensemble au point de vue stratigraphique; il s'agit
d'abord maintenant de voir comment elle a changé dans ses divers
groupes et espèces au point de vue botanique. Ce sont bien là
deux sujets connexes et qui se complètent l'un l'autre; mais le
second demandait à être traité à part.

SECTION I.

CHANGEMENTS SYSTÉMATIQUES DES GROUPES ET ESPÈCES DE PLANTES CARBONIFÈRES.

§ 1.

CLASSE DES CALAMARIÉES.

La forme calamitoïde est la plus persistante, la plus tenace et la plus largement et généralement diffuse de toute la formation carbonifère, puisqu'elle
commence dans le terrain devonien et s'élève jusque dans le terrain permien,
en jouant, à partir seulement de la grauwacke supérieure, un rôle toujours
important, comme formes aussi bien que comme nombre, dans le terrain
houiller.

Calamites. Les espèces de Calamites sont très-durables : les *Calamites Suckowii, Cistii, cannæformis* (plus ambigu) se rencontreraient en nombre dans
tous les terrains houillers, le *cannæformis* déjà dans la grauwacke supérieure
et le *Suckowii* jusque dans le rothliegende. Cependant ces trois espèces ne me
paraissent pas rester tout le temps identiques à elles-mêmes; elles se présentent plutôt sous les modifications du *Calamites communis* (multiple) dans le
terrain houiller moyen, avec les *Cal. decoratus, Steinhaueri, undulatus,* propres
à cette division géognosique. Le *Calamites ramosus* ne dépasse guère le terrain
houiller moyen; le *Cal. gigas,* permien, n'aurait pas été rencontré dans le terrain houiller avant moi.

Les *Bornia* sont limités au terrain carbonifère ancien. On n'en a signalé
qu'une espèce, le *B. transitionis;* mais ses feuilles sont plus fines et moins développées dans le calcaire carbonifère que dans le culm; de Layon-et-Loire,
les *Bornia* que j'ai reçus ne coïncident qu'en partie avec ceux du culm du

[1] *Ueber Vork. Nögg. foliosa in Steinkoh. von Oberschl. und über die Wichtig. dess.
für Parall. der Schich. mit den von Böhmen.*

Roannais; notre *Bornia diffusa* de la grauwacke supérieure est particulier, et notre *Asterophyllites furcatus* est peut-être une autre production du groupe moins simple qu'on ne pensait.

Astérophyllites. Les *Astérophyllites*, *Calamophyllites* et *Endocalamites* parviennent à un grand développement dans le terrain houiller moyen et persistent en bas du terrain houiller supérieur, mais avec d'autres formes qui présagent d'autres affinités. Le groupe a peu de représentants, et des représentants insolites, dans le terrain carbonifère ancien. Les *Asterophyllites* du terrain infra-houiller sont généralement menus, comme les *Aster. microphylla*, *delicatulus*. Ceux du terrain houiller supérieur sont, au contraire, plus fournis de feuilles, elles-mêmes plus coriaces. Les *Asterophyllites foliosus*, *grandis*, etc. seraient préférablement moyens, ainsi que les *Asterophyllites tenuifolius*, *longifolius*; les *Asterophyllites rigidus* et *hippuroides* sont plus récents; le véritable *Asterophyllites equisetiformis* est un type supérieur. Les épis de fructification varient en même temps : *Volkmannia elongata*, *Huttonia*, dans le terrain houiller moyen; *Volk. gracilis*, *Macrostachya infundibuliformis*, dans le terrain houiller supérieur.

Aux Astérophyllites moyens sont mêlés de nombreux *Annularia*, mais seulement des *An.* astérophylloïdes, tels que les *A. radiata*, *minuta*, qui paraissent bien rentrer dans le groupe des Astérophyllites cryptogames, dont ils ne seraient que des espèces plus herbacées.

Annularia. Je ne connais pas les *A. brevifolia* et *longifolia* pour faire partie des combinaisons de plantes moyennes. Nombreux dans le terrain houiller sous-supérieur de la Saxe, mais assez rares au nord-ouest de Prague (Bohême), les *A. brevifolia* et *longifolia* n'ont tout leur développement que dans le terrain houiller supérieur; ils montent cependant à peine dans le rothliegende. L'*A. brevifolia* peut bien avoir atteint son maximum avant le *longifolia*.

Sphenophyllum. Le genre *Sphenophyllum*, à peine représenté par des formes méconnaissables dans le terrain carbonifère inférieur, rare dans le terrain infra-houiller, parvient, dans le terrain houiller moyen, à l'abondance, qu'il conserve jusque dans le terrain houiller sous-supérieur; puis, après une défaillance, le genre redevient fréquent sous les nouvelles espèces *oblongifolium* et *vere angustifolium*. Les premières espèces houillères apparues seraient le *Sph. erosum*, le *saxifragæfolium*, l'*emarginatum*; le *Schlotheimii* monterait dans le terrain houiller supérieur de la Sarre et aussi de Saint-Étienne sous la modification *truncatum*; le *Sphenophyllum majus*, encore plus récent, a des apparitions à Saint-Étienne, à Commentry; le *Sphenophyllum angustifolium* est, avec l'*oblongifolium*, propre au terrain houiller supérieur. Le *Sphenophyllum Thonii* est le dernier venu, et le groupe atteint à peine le rothliegende.

59.

CLASSE DES FILICACÉES.

La classe des Fougères, par la diversité des genres encore plus que par la quantité constante de leurs espèces respectives, a joué un rôle principal au double point de vue de la flore et de la végétation.

Sphénoptérides. Les Sphénoptérides sont une des deux formes générales par lesquelles les Fougères ont apparu dès l'origine dans le terrain devonien supérieur. Les *Sphenopteris-Davallioides, Cheilantoides,* unis aux *Trichoma-noides,* en se diversifiant et en augmentant, acquièrent déjà une certaine importance dans le culm, où ils ont un facies particulier, mais n'atteignent leur maximum que dans la grauwacke supérieure, où ils revêtent d'autres formes, également propres au terrain infra-houiller; ils s'associent ensuite à une masse d'*Aneimioides* dans le terrain houiller moyen; puis, dépareillées, ces Fougères tombent rapidement et presque complétement dans le terrain houiller supérieur, où leur succèdent quelques *Sphenopteris-Dicksonioides* particuliers. La forme générale, après une interruption presque entière, réapparaît à nouveau dans le terrain permien de la Saxe notamment, mais, avons-nous vu, sans liaison et peut-être sans parenté avec les autres anté-rieures. Il faut dire que les divers types de Sphénoptérides s'anastomosent et sont très-difficiles à délimiter; on connaît à peine leur fructification et, jus-qu'à nouvel ordre, il sera difficile, sinon impossible, de raisonner sur leurs variations avec le temps. Les *Clepsydropsis* sont confinés aux terrains carbo-nifères anciens, les *Zygopteris* traversent toute la formation, le type *Anacho-ropteris* est renfermé dans le terrain houiller.

Prepecopteris. Les *Prepecopteris,* nombreux et abondants dans le terrain houiller moyen, sont déjà variés dans le terrain infra-houiller, quoique à peine représentés dans la grauwacke supérieure; ils subsistent dans le ter-rain houiller supérieur sous des formes renouvelées.

Pécoptérides. On sait que les *Pecopteris* sont inconnus dans le terrain houiller inférieur et abondent dans le terrain houiller supérieur jusqu'au permien; mais on est loin d'être fixé sur l'apparition de ces Fougères telles que nous les entendons, c'est-à-dire avec *Asterotheca.*

Elles se montrent tout d'abord plutôt sous le type des *Pecopt. nevropteroides,* déjà dans l'étage supérieur du terrain houiller moyen, où elles paraissent débuter en faible nombre. Le fait est qu'on ne les voit pas faire partie des associations d'empreintes ordinaires du terrain houiller moyen, et lorsqu'on les signale quelque part, c'est avec un cortége de plantes relativement nou-velles, comme à Chomle, Mosstitz; dans la 2e zone de Saxe, il y aurait déjà des *Pecopt. Candolleana* et autres, mais rares. J'ai lieu de penser que les *Pecopteris* d'Anzin, de Westphalie, etc., viennent des couches supérieures de ces pays de houille, tout en admettant, à la rigueur, que l'avénement des *Pecopteris* est antérieur à ces couches, puisqu'on signale le *Pecopt. arborescens* au milieu des coal-measures, mais à l'état isolé, avec un *Caulopteris* unique, un *Psaronius* exceptionnel, et encore sous la réserve que, avec la forme pécoptéroïde, la fructification soit en *Asterotheca*, ce qui n'est pas toujours certain, car je connais même, de Saint-Étienne, des *Pecopteris* véritables portant les traces d'une capsule unique au bout de chaque nervure, et l'on sait que certains *Pecopteris* du terrain houiller du Nord ont une fructification de Schizéacées.

Quoi qu'il en soit, on peut toujours dire que les *Pecopteris*, inconnus dans les terrains carbonifères anciens, sont très-rares et en petit nombre dans le terrain houiller moyen, déjà diversifiés et abondants dans le terrain houiller sous-supérieur, et n'atteignent toute leur énorme puissance de développement que dans le terrain houiller supérieur.

Ce groupe multiple de Fougères éprouve quelques changements d'espèces : celles qui tout d'abord se multiplient le plus sont le *Pecopteris polymorpha* (commun dans les couches moyennes de Zwickau et les upper coal-measures d'Amérique), son associé ordinaire le *Pecopt. oreopteridia* (diminuant en haut, tandis que le précédent s'y maintient), les *Pecopt. abbreviata, arborescens, unita* v. *major* (à Rive-de-Gier comme à la Mure, comme à Geislautern). Les *Pecopteris* que l'on peut le mieux considérer comme supérieurs sont les *Pecopt. cyathea* et surtout *hemitelioides* et *arguta*. Les espèces les plus durables, comme le *Pecopt. Schlotheimii*, le *P. unita*, paraissent éprouver des variations de bas en haut qui dénoteraient des types d'espèces très-semblables plutôt que des espèces uniques invariables.

En proportion des frondes de *Pecopteris*, il y a à Saint-Étienne une masse de *Psaroniocaulon*, et cette abondance de Fougères arborescentes est bien dans les vues de la nature, puisque, contrairement à ce que rapporte le Dr Hooker des Fougères vivantes, dans le terrain houiller, ce sont les Fougères en arbres qui sont de beaucoup plus fécondes que celles en herbes. Les *Caulopteris* accompagnent les *Pecopteris* et sont du même âge; ils sont, en effet, partout réputés caractéristiques des couches houillères supérieures. Il est à remarquer qu'entre les terrains houillers moyen et supérieur les tiges de Fougères ont des cicatrices de *Protopteris*, ce qui est très-rare dans les terrains houillers supérieurs du centre de la France. Dans le terrain permien, les tiges tendent à devenir subarborescentes.

Le *Caulopteris insignis* du lower coal de l'Illinois est, par la structure de sa cicatrice, un *Megaphytam*. A peine connus dans la grauwacke supérieure, les

Megaphyton apparaissent dans le terrain houiller inférieur et deviennent plus nombreux dans le terrain houiller moyen. Mais on ne saurait même soupçonner quelles frondes ont portées ces plus anciennes tiges de Fougères, que l'on trouve encore à Saint-Étienne, il faut dire très-rarement.

Névroptérides. Les Névroptérides, exclusives aux formations carbonifères, ont une destinée changeante très-remarquable.

On les voit faire leur apparition, comme *Palæopteris* nombreux et autres dérivés avec *Cyclopteris* pétiolés, dans les terrains anciens, qu'ils caractérisent. Il leur succède, dans le terrain infra-houiller, les *Nevropteris* avec *Cyclopteris* sessiles, entiers, lesquels atteignent une extension considérable dans le terrain houiller moyen et ne conservent plus que quelques représentants dans le terrain houiller supérieur, où ils sont remplacés par une quantité prodigieuse d'*Odontopteris*, d'abord de la forme proprement dite avec beaucoup de *Cyclopteris* sessiles, mais dentés, et ensuite de la forme névroptéroïde, qui s'étend et se développe dans le rothliegende. En même temps, les *Alethopteris*, en changeant de types, jouent un grand rôle durant toute la formation houillère; et dans le permien, les *Callipteris* forment la dernière apparition, aussi variée que nombreuse, du groupe remarquable des Névroptérides, dont il est important de suivre les transformations.

Dès l'abord, abondants dans le devonien supérieur, les *Palæopterides* s'élèvent jusqu'au culm, baissent et tombent dans la jeune grauwacke et surexistent à peine dans le terrain houiller inférieur. Les *Nevropteris*, qui commencent à peine dans le culm, prennent un grand développement, par la diversité et la quantité, dans tous les terrains houillers moyens et abandonnent tout à fait la place aux *Odontopteris* dans le terrain houiller supérieur. Le genre *Dictyopteris*, qui apparaît dans le terrain houiller moyen par de rares pinnules isolées décurrentes, n'a tout son développement que dans le terrain houiller supérieur par les *Dict. Brongniarti* et *Schutzei*, également nombreux à Saint-Étienne, la première espèce plus ancienne et de plus longue durée que la deuxième.

Les *Odontopteris* commencent dans le terrain houiller sous-supérieur par les *Od. Reichiana*, *Alpina*; ils arrivent, dans le milieu du terrain houiller supérieur, à la plus grande profusion, par les *Od. intermedia*, *minor*, mêlés de *Brardii*, et se mélangent de plus en plus en haut d'*Od.-mixoneura*, c'est-à-dire d'*Od. Schlotheimii*, houiller, d'*Od. obtusiloba*, permien, etc.

Les *Alethopteris*, inconnus dans le culm et à peine encore existants dans le rothliegende, se montrent déjà dans le terrain infra-houiller, mais ne deviennent nombreux et abondants que dans le terrain houiller moyen, par les espèces *Dournaisii, lonchitidis, Serlii;* ils diminuent ensuite pour reprendre dans le terrain houiller supérieur, comme *Aleth. aquilina* et *Grandini*, avec de nouvelles formes très-communes, qui se rangent autour des *Aleth. ovata* et *gigas.* Le genre *Lonchopteris*, par quelques espèces voisines, ne s'introduit que très-temporairement dans le terrain houiller moyen.

J'ai reconnu que le genre *Tæniopteris* se partage entre le terrain houiller supérieur et le terrain permien.

Schizopteris. On ne saurait se faire maintenant une juste idée des changements que le groupe trop peu connu des *Schizopteris* a éprouvés. Tels que je les ai définis, les *Schizopteris*, comprenant sans doute des feuilles hétérogènes, ont apparu dans le terrain houiller moyen pour faire partie de la flore houillère supérieure, d'abord par la forme générale des *Sch. lactuca* et *rhipis*, répandue dans le terrain houiller sous-supérieur et à laquelle vient s'ajouter le *Sch. pinnata*, du terrain houiller supérieur proprement dit.

On a vu la curieuse inflorescence du *Sch. cycadina;* le *Botryopteris Forensis* permet de considérer les *Schizopteris* comme des Fougères anomales alliées aux Ophioglosses, qui paraissent avoir joué un grand rôle dans les premiers âges. Si, ce qui paraît possible, les *Psilophyton* précarbonifères, qui ont peut-être quelque alliance avec les *Palæopteris*, si les *Calathiops* du culm, si les *Trichomanites* permiens, passant à des *Schizopteris* du type *anomala*, si tous ces débris de différentes plantes se rattachent, en effet, au groupe en question, ce serait l'un des plus remarquables à côté de celui des Névroptérides, surtout dans le cas probable où il faudrait y joindre les *Doleropteris.*

CLASSE DES SÉLAGINÉES.

Les Sélaginées, déjà variées, mais grêles et de formes insolites dans le terrain devonien supérieur, atteignent leur maximum, au moins par rapport aux autres plantes, dans la grauwacke supérieure ou plutôt dans le terrain infra-houiller qui touche au terrain carbonifère ancien; et un maximum qui est indiqué autant par la variété des espèces et des genres, y compris les *Ulodendron, Bothrodendron* et déjà *Halonia*, que par la quantité des individus. On sait depuis longtemps que la proportion des Lépidodendrées est d'autant plus grande que l'on descend plus bas dans la série carbonifère. Ces plantes sont subordonnées dans le terrain houiller moyen, où elles revêtent en grande partie la forme de *Lepidofloyos* et plus tard celle de *Pseudosigillaria*, par laquelle les Lépidodendrées s'élèvent de préférence dans le terrain houiller supérieur, qu'elles dépassent à peine en parvenant dans le terrain permien par de rares empreintes chétives. redevenues plus ou moins difficilement reconnaissables.

Le genre *Lepidodendron* n'est arrivé précis de forme et n'a atteint son développement que dans le culm, où abonde le type plutôt que l'espèce *Lep. Veltheimianum*, où se présentent déjà les *Ulodendron*, plus avancés dans le millstone-grit et le terrain infra-houiller; ici augmentent les *Lep. obovatum, aculeatum*, les *Halonia*, puis les *Lepid. rimosum, Sternbergii, elegans*, dans les couches houillères moyennes, avec des *Lepidofloyos* principalement du type *laricinus, Lepidophyllum majus*; quelques *Lycopodites*. La forme *Knorria*, que M. Schimper dit presque exclusive aux terrains carbonifères anciens, est cependant assez ordinaire, mais de forme moins classique dans le terrain houiller moyen; et toujours comme empreintes accessoires, elle se rencontre encore de temps à autre dans le terrain houiller supérieur.

Les Macrospores, qui se présentent déjà dans le carbonifère ancien, existent en quantité prodigieuse dans le terrain houiller moyen et se rencontrent encore en nombre variable dans le terrain houiller supérieur.

ORDRE DES SIGILLARINÉES.

Il est bien remarquable que la masse et la variété des Sigillaires et encore, mais moins, celle des *Syringodendron*, appartiennent aux couches moyennes; et c'est un fait non moins digne d'attention que leur rareté plus bas et plus haut dans le terrain houiller. M. Göppert faisait remarquer, lors de la publication de son *Abhandlung der Steinkohlen*, que les Sigillaires, qui existent dans toute la formation, sont en moindre nombre en bas, en grande abondance dans les couches riches en houille et de nouveau en petit nombre dans les couches élevées d'Allemagne, que nous avons vues peu supérieures et desquelles on connaissait seulement les *Sigillaria elegans* et *Sillimanni*.

Les Sigillaires caractéristiques apparaissent comme une grande rareté dans la grauwacke supérieure; elles sont toujours en petit nombre dans les couches infra-houillères, et, après le plus extraordinaire épanouissement de forme et de quantité dans le terrain houiller moyen, elles ne persistent guère d'abord dans le terrain houiller sous-supérieur que par les espèces dernières venues, *Sigill. Sillimanni, elliptica, elegans*, et par les *Syringodendron* avec les espèces nouvelles *Sigill. Brardii, spinulosa* et surtout *Lepidodendrifolia*; et c'est à peine si celles-ci montent dans le permien.

Les *Stigmaria*, à peine existants dans le devonien supérieur, abondent dans la grauwacke et constituent par la masse un des traits principaux des couches les plus inférieures du terrain houiller proprement dit, et encore du terrain houiller moyen, où ils sont déjà relégués au deuxième plan; ils deviennent peu communs et même rares dans le terrain houiller supérieur. où il y a peut-être de plus fréquents *Stigmariopsis*, que nous avons reconnus comme racines de *Syringodendron*.

PHANÉROGAMES DICOTYLÉDONES GYMNOSPERMES.

La rareté des graines parmi les *Lepidodendron* est frappante; elles sont loin d'abonder, il faut le reconnaître, proportionnellement aux *Sigillaria*, dans le terrain houiller moyen, où cependant les *Trigonocarpus* sont communs, avec des graines samaroïdes, et peu de *Cardiocarpus* véritables. Les graines ne sont jamais plus variées et plus nombreuses que dans le terrain houiller supérieur, où les bois dicotylédones deviennent en même temps communs et abondants. Il semble dès lors que les plantes phanérogames dicotylédones gymnospermes soient plus spécialement propres au terrain houiller supérieur. Dans la plupart des monographies, en effet, on n'aligne presque que des Équisétacées, Filicacées, Sélaginées, Sigillarinées, peu de *Nöggerathia* et quelques fruits.

Carpolithes. Les Carpolithes sont rares et peu variés dans le terrain carbonifère ancien. Ils sont plus ou moins nombreux et divers dans le terrain houiller moyen, abondent dans la 5ᵉ zone de Saxe, mais moins qu'à Saint-Étienne, où ils révèlent la présence de plusieurs grands groupes dicotylédones représentés chacun par un beaucoup plus grand nombre de genres qu'on ne pouvait le penser; il y a encore assez de Carpolithes dans le terrain permien, mais en moindre proportion et moins variés.

Les *Trigonocarpus* trouvés dans le terrain infra-houiller d'Angleterre se présentent aussi nombreux que variés dans le terrain houiller moyen; ils diminuent, changent de forme, sont plus petits dans le terrain houiller supérieur; il y en a très-peu dans le terrain permien.

Les *Rhabdocarpus*, plus ou moins volumineux dans le terrain houiller supra-moyen, sont généralement plus variés et plus nombreux dans le terrain houiller sous-supérieur et supérieur.

Les *Polypterocarpus*, inédits et si curieux, sont disséminés dans le terrain houiller supérieur et y abondent par places.

Les *Cardiocarpus* ou graines de *Cordaites* sont les semences les plus généralement répandues.

Les Samares et autres petites graines existeraient déjà dans le terrain carbonifère ancien. Dans le terrain houiller moyen, les Carpolithes sont généralement petits, cordiformes, plus ou moins samaroïdes et pédonculés, comme s'ils eussent partagé l'inflorescence du *Cardiocarpus Binneyanus;* en outre, grands Samares de forme très-remarquable. Les vrais *Samaropsis* ne se montrent bien que dans le terrain houiller supérieur jusqu'au permien.

60

Pœciloxylon. J'ai désigné par *Pœciloxylon* les diverses structures dicotylédones non attribuées, autres que les *Dadoxylon*, *Calamodendron*, *Arthropitus*, dominant de beaucoup par la masse ; elles ne sont pas rares, se laissent
plutôt comparer à celle des Sigillaires dans le terrain houiller moyen et en
même temps à celle des Cycadées dans le terrain houiller supérieur.

Nöggérathiées. On n'a trouvé de véritables *Nöggerathia* que dans le terrain
houiller moyen et surtout supra-moyen, où se présentent aussi quelques
Psygmophyllum. Les *Dilogopteris*, qui prendraient à partir des couches élevées
du terrain houiller moyen, mais avec une nervation plus fine, qui les a fait
décrire comme *Nöggerathia*, sont principalement supérieurs.

GROUPE DES CORDAÏTÉES.

Comme, sous le nom de *Nöggerathia*, on confond les *Aulacopteris*, qui,
étant des stipes de Névroptéridées, ont pu prendre une part notable à la
formation des couches moyennes aussi bien que supérieures, on n'a point
encore, à part quelques signalements assez peu précis, de données sur la
distribution géologique des Cordaïtes, que l'on ne connaissait d'ailleurs pour
ainsi dire pas, quoique ces plantes aient joué un grand rôle vers la fin du
terrain houiller moyen et principalement dans le terrain houiller supérieur.

Les Cordaïtes, déjà répandus dans la jeune grauwacke, se perpétuent
jusque dans le terrain permien, en changeant de forme et de nervation
plus que cela ne paraîtrait : dans les couches moyennes, les feuilles, plus
étroites, souvent tronquées et fissurées, sont parcourues de nervures fines
et denses ; dans notre étage, qui porte justement leur nom, les feuilles, plus
amples, plus obtuses, ont une nervation généralement plus lâche, et dans
les couches plus élevées, ces dernières feuilles persistent en partie, avec des
Dory-Cordaites à feuilles lancéolées aiguës et avec des *Poa-Cordaites* à étroites
feuilles linéaires très-longues ; et c'est sous ces derniers aspects que la famille
paraît aller s'éteindre dans le permien.

Le bois fossile *Dadoxylon*, d'après la dépendance que nous lui avons reconnue, doit partager le sort des Cordaïtes, et effectivement on en trouve
depuis le devonien supérieur, dans tous les terrains houillers, jusqu'au rothliegende, où il ne doit être réputé des plus abondants que parce qu'il a été
mieux conservé. Sous forme de fusain, il y en aurait déjà en masse dans le
terrain houiller moyen ou plutôt dans les couches supérieures de ce terrain
en Silésie et à Sarrebruck ; mais ce n'est pas un fait bien hors de doute,
comme nous l'avons vu. Il faut s'attendre à ce qu'il atteigne son maximum
au moment même où, avec les *Artisia*, *Cardiocarpus*, etc., on le voit, dans
le terrain houiller supérieur, former, conjointement avec les feuilles et

écorces des mêmes végétaux, la majeure partie des débris de plantes dans
la houille aussi bien que dans les roches schisteuses. Des changements de
valeur se remarqueraient dans la structure anatomique du bois de Cordaïtées : à part l'*Aporoxylon* devonien et le *Protopitus* du culm, les *Pissadendron*, d'après les citations de Witham, seraient exclusivement du mountain-
limestone en Angleterre et, d'après Dawson, du carbonifère ancien et
moyen en Amérique; mais ils sont mélangés de *Dadoxylon*, qui, augmentant
de plus en plus en haut, serait le seul bois courant de Conifères dans le carbonifère supérieur et le permien en Amérique, avec des *Pityo-Dadoxylon* à
Saint-Étienne. Le *Dadoxylon Brandlingii*, découvert dans les couches supérieures du terrain houiller d'Angleterre, est un type commun du terrain
houiller supérieur non rare dans le röthliegende avec le *Dad. Schrollianum*.
Je tiens de M. B. Renault que les bois de Conifère d'Autun ont généralement une petite moelle, non plus diaphragmatique, contrairement à la masse
de ceux du terrain houiller supérieur français, à large moelle artisiiforme.
Ce bois subit de la sorte un nouveau changement à la fin de la période
carbonifère.

Les *Cordaicarpus*, ou graines que je rapporte aux Cordaites, se trouvent
dans le calcaire carbonifère jusque dans le terrain permien; mais ils n'ont
le nombre, le volume et la variété que dans l'étage des Cordaïtes; ils éprouvent, dans le bassin de la Loire, des changements notables, qui nous donnent
la mesure de ceux que doivent en même temps éprouver les autres organes.
Or, c'est à remarquer, la texture si différente des Cordaïtes moyens concorde
avec la présence de plus petites graines, cardiocarpes, pédonculées et détachées des inflorescences connues sous le nom général d'*Antholithes Pitcairniæ*;
ce qui nous engage à distinguer les *Cordaites* correspondants, précurseurs
des *Dory-Cordaites*, comme *Eo-Cordaites*. Les Eu-Cordaïtées se rattacheraient
aux Taxinées, les Eo et Dory-Cordaïtées forment un groupe disparu. En
supposant que ces plantes fussent alliées d'assez près aux Conifères et en
constituassent une tribu ou plutôt deux tribus parallèles qui en seraient le
plus bel ornement, cette classe, plutôt que cette famille, aurait tenu une place
importante dans les forêts carbonifères, principalement à l'époque du terrain houiller supérieur dans le centre de la France, où, régnant en souve-
raines, elles se révèlent dans un étage comme ayant formé la masse de la
végétation la plus élégante de forme et de port qu'on puisse imaginer.

Dicranophyllum. Les Dicranophyllites, de peu de durée, apparaissent dans
le terrain houiller supérieur et sont remplacés dans le permien.

Walchia. Le terrain houiller supérieur admet des *Walchia*, qui abondent
dans le nouveau grès rouge, et dans lesquels M. Dawson et autres voient, par

60

erreur, le feuillage des *Dadoxylon* en général. Les *Walchia* et *Cordaites* du rothliegende font place aux *Ulmannia* dans le zechstein ; après quoi, par les genres *Voltzia* et *Albertia*, les Conifères fossiles contractent, déjà dans le grès bigarré, des alliances de fructification en même temps que de forme de plus en plus étroites avec les genres vivants.

FAMILLE DES CALAMODENDRÉES.

Il en est des bois fossiles de *Calamodendron* comme des débris peu évidents ou mal conservés dans les circonstances ordinaires de gisement : on les a crus, par la plus grande erreur, propres au rothliegende.

Il y a des *Arthropitus* à partir des lower coal-measures d'Angleterre ; ils sont nombreux et mêlés de quelques *Calamodendron* dans les quartz de Grand'Croix, et si, comme on l'a prétendu, le fusain de la russkohle correspond aux *Calamites*, ce bois charbonnisé est commun en Allemagne dans le terrain houiller sous-supérieur. Dawson le cite comme une structure ordinaire du fusain des couches de Sydney, mais à pores réticulés au lieu d'être barrés, précisément comme à Grand'Croix. Ce n'est, dans tous les cas, que dans le terrain houiller supérieur que les *Calamodendron* arrivent, dans le centre de la France, à toute la quantité possible.

Le *Calamites cruciatus*, que j'ai surpris en contact avec du bois de *Calamodendron*, trouvé à Manebach, à Oberhohndorf et, paraît-il, en Silésie, en Westphalie, serait une empreinte des couches houillères supérieures, laquelle, en tout cas, existe en quantité à Saint-Étienne.

On avait cité des *Calamites* debout, enracinés, à nœuds irréguliers, dans les plus profondes couches du terrain houiller, mais sans en reconnaître la nature et la dépendance, que j'ai éclaircies à Saint-Étienne, où ces bases de tiges nombreuses et charbonneuses ont parfois conservé quelques débris de bois de Calamodendrées à l'intérieur.

J'ai déjà dit que les *Asterophyllites* ordinaires de Saint-Étienne sont plus feuillus, coriaces et ligneux, comme si c'étaient des rameaux tombés d'arbres solides, qui ne peuvent être que des Calamodendrées.

Des chatons délicats et des graines polyptères paraissent bien en avoir assuré la conservation.

§ 2.

CHANGEMENTS SPÉCIAUX PLUS PARTICULIÈREMENT SUIVIS DANS L'ÉPAISSEUR
DU BASSIN HOUILLER DE LA LOIRE.

Pour tirer un parti plus sûr des généralités qui précèdent, j'ai besoin d'ajouter les observations plus détaillées, que j'ai faites à Saint-Étienne, de changements spéciaux mieux suivis, qui me conduiront à pouvoir exprimer quelques-unes des règles auxquelles les plantes ont obéi dans leurs transformations successives, en même temps qu'ils me révéleront un élément essentiel de la caractéristique des étages.

Les *Calamites* sont en partie les mêmes à Rive-de-Gier qu'à Saint-Étienne; tels sont les *Cal. Suckowii* et *Cistii*; le *Calamites ramosus* seul ne se trouve qu'à Rive-de-Gier; le *Calamites cannæformis* véritable n'existe en quantité qu'à Saint-Étienne. Les *Asterophyllites* diffèrent sensiblement de Rive-de-Gier à Saint-Étienne; l'*Ast. equisetiformis* n'est commun et fréquent qu'en haut, bien qu'il existe en bas du système stéphanois. Partout il y a des *Annularia*, mais ces plantes sont plus répandues et plus abondantes à Saint-Étienne qu'à Rive-de-Gier; l'*Annularia minuta*, exceptionnel à Rive-de-Gier, l'est encore plus à Saint-Étienne. Les *Sphenophyllum* sont bien différents à Rive-de-Gier, où domine le *Sphen. Schlotheimii*, de ceux de Saint-Étienne, où l'on ne trouve presque exclusivement que les *Sphen. oblongifolium* et *angustifolium*, avec *Sph. majus* de temps à autre et, par extraordinaire, quelques *Sphen. truncatum* modifiés.

Changements des groupes.

A Rive-de-Gier, encore quelques *Sphenopteris*, absents ou en si évidente disparition à Saint-Étienne que quelques rares espèces ne s'y sont rencontrées qu'une seule fois; à supposer même que l'on en trouvât davantage, comme dans quelques autres bassins du centre de la France, leur présence discontinue et leur faible nombre n'en resteraient pas moins l'indice d'une chute irrémédiable. Divers *Prepecopteris* à Rive-de-Gier, rares et en partie nouveaux à Saint-Étienne. *Pecopteris* communs à Rive-de-Gier, des plus variés et abondants à Saint-Étienne, en majeure partie de la forme *Cyatheoides* et mêlés à des *Caulopteris* du type *macrodiscus*; les *Tubiculites*, rares en bas, forment en haut une bonne partie du fusain de la houille. Les *Alethopteris*, si abondants à Saint-Étienne, sont rares et différents à Rive-de-Gier, où, par contre, il y a beaucoup de *Nevropteris*, mais presque seulement le *flexuosa*; ces Fougères sont égarées, disjointes, à Saint-Étienne, où, dans les étages supérieurs, on les verrait revenir, mais en se rattachant aux *Odontopteris-mixoneura*, auxquels s'allie le *Nevropteris Dufresnoyi* du permien; ces *Odontopteris* particuliers, rares dans le milieu du système stéphanois, deviennent communs et parfois abondants en haut, mais avec intermittence; tandis que les véritables *Odontopteris*, qui commencent à peine à Rive-de-Gier par le *Reichiana*, prennent principalement dans cette forme-type un développement extraordinaire au milieu des couches de Saint-Étienne, avec l'*Od. Brardii* et l'espèce *minor*, qui domine en haut jusqu'à être exclusive à Avaize et par laquelle la série se termine, pendant que l'autre doit augmenter au delà.

Quelques *Lepidodendron* et rares *Lepidofloyos* à Rive-de-Gier, avec des

Pseudosigillaria, par lesquels la classe des Sélaginées se montre avant tout à Saint-Étienne.

Véritables Sigillaires, en quantité dans la houille, à Rive-de-Gier, relativement très-rares à Saint-Étienne, où, à part les *Syringodendron*, la famille n'est plus soutenue en propre que par les nouveaux *Sigill. lepidodendrifolia, Grasiana, spinulosa, Brardii*, mais sans importance dans la masse de la végétation ; si ces plantes abondent encore à deux niveaux, c'est sans continuité horizontale et verticale, étant ainsi en pleine voie de décadence de plus en plus marquée dans les couches supérieures ; et on ne peut pas attribuer la rareté de *Stigmaria* au défaut fréquent d'underclay, car il n'y en a pas davantage lorsque cette roche argileuse existe à la sole des couches.

Les *Schizopteris* sont peut-être plus nombreux à Rive-de-Gier qu'à Saint-Étienne, où apparaissent d'autres formes. Les *Doleropteris* ne sont nulle part plus développés que dans le milieu du système stéphanois.

Les *Cordaites*, par leurs divers débris, sont au nombre des plantes les plus répandues. Leurs feuilles ne sont jamais plus amples et obtuses qu'au niveau des couches de la Chazotte, où ces plantes dominent ; plus bas et à Rive-de-Gier, elles diminuent et diffèrent, et plus haut, où d'autres changements s'introduisent dans leur forme et nervation, elles sont subordonnées aux Fougères, tout en faisant masse par-ci par-là. Les *Cordaites borassifolius, cuneatus* sont des parties basses ; les *Cordaites angulosostriatus, principalis*, préférablement de niveaux plus élevés avec *Cordaites levigatus* ; des *Dory-Cordaites* et des *Poa-Cordaites*, que l'on ne trouve guère fréquents qu'avec les Fougères à partir des 9ᵉ à 12ᵉ couches, et abondants qu'à partir de la 8ᵉ. Le *Cordaixylon* forme la masse du fusain de la houille en bas de Saint-Étienne ; il est subordonné en haut, où il ne paraît plus généralement tout à fait le même qu'en bas. Les écorces paraissent changer aussi notablement ; il est à remarquer que l'*Artisia tantilla* s'offre plutôt dans les parties supérieures et le *distans* dans les couches inférieures. Les graines éprouvent des modifications plus accentuées : en haut, à part les *Carpolithes lenticularis* et *disciformis*, elles se rattachent aux *C. reniformis*, sans pour ainsi dire plus de ces *Cardiocarpus major, emarginatus, Gutbieri* et autres qui, divers et variés, se rencontrent en quantité incomparablement plus grande en bas et se laissent déjà découvrir à Rive-de-Gier avec des espèces plus petites.

Les bois d'*Arthropitus* sont les débris par lesquels les Calamodendrées se présentent d'abord de préférence dans les galets de la Pérounière ; avec quelques fragments de bois de *Calamodendron*, qui, du milieu en haut de Saint-Étienne, arrive à former la plus grande partie du fusain de quelques couches. Dans les forêts fossiles, la proportion des *Biotocalamites* augmente aussi en haut sur celle des *Calamites*. Le *Calamites cruciatus*, presque absent à Rive-de-Gier, est déjà fréquent à la Chazotte et se développe considérablement plus haut. *Samaropsis subacutus* à Rive-de-Gier, *Forensis* et surtout *granulatus* et *fluitans* à Saint-Étienne.

Il y a des espèces partout et toujours identiques à elles-mêmes, comme l'*Annularia longifolia*, le *Calamites Suckowii*, etc. Il en est d'autres qui présentent quelques variations, concordant parfois avec l'origine et la fin de l'espèce, comme si elles tenaient à sa nature même. Le *Pecopteris arguta*, opulent et fréquent à Saint-Étienne, est toujours maigre et rare plus bas, sous la forme *elegans*; il redeviendrait chétif plus haut; l'*Alethopteris Grandini* est plus nombreux et vigoureux au milieu de Saint-Étienne qu'à Saint-Chamond, par exemple; il commence à peine à Rive-de-Gier et finit à Avaize avec des formes plus grêles, sans cesser d'être identiques. D'autres espèces, bien qu'assez fixes, paraissent éprouver une légère variation au commencement et à la fin et dans le cours même de leur existence : le *Pecopt. unita* affecte préférablement à Rive-de-Gier la forme *major*, à Saint-Étienne celle *emarginata* et en haut celle *longifolia*; le *Pecopteris hemitelioides*, douteux à Rive-de-Gier, se présente d'abord et de préférence en bas et au milieu de Saint-Étienne, avec pinnules plus larges et plus courtes; le *Pecopteris Pluckeneti*, si commun à Saint-Étienne, n'est pas tout à fait le même à Rive-de-Gier. L'*Alethopteris gigas* est de formes si différentes de bas en haut et partout, qu'il réunit sans doute plusieurs *subspecies*. Le *Pecopt. subnervosa* paraît avoir éprouvé un changement sensible et constant dans les couches supérieures.

Il était non moins instructif de voir comment varie le nombre des individus de chaque espèce, de son apparition à sa disparition. L'*Odontopteris Reichiana*, qui commence à peine à Lorette par quelques rares feuilles à petites pinnules, augmente progressivement jusqu'à l'étage moyen de Saint-Étienne, où l'espèce atteint son maximum à la fois de force et de quantité; il se mélange en haut à l'*Od. minor*, qui ne tarde pas à le supplanter. L'*Od. Brardii*, rare dans les couches profondes de Saint-Étienne, est commun à partir des 9e à 12e jusqu'à la 7e, puis redevient rare plus haut. L'*Odontopteris Schlotheimii*, déjà nombreux au toit de la 8e, est plus durable à l'horizon de la couche des Rochettes; il ne se trouve déjà plus à la cime du bassin. L'*Od. obtusiloba*, rare et intermittent en bas de l'étage des Fougères, ne devient caractéristique, sans être fréquent, qu'en haut. Les *Pecopt. hemitelioides, arguta*, etc., ne sont jamais plus nombreux et en même temps plus plantureux que dans le milieu du système stéphanois. Le *Sphenophyllum oblongifolium*, moins caractéristique dans les couches inférieures de Saint-Étienne, devient aussi opulent que nombreux dans l'étage moyen de M. L. Gruner, et baisse dans la série d'Avaize.

Changement
des espèces :
1° De forme :

2° De nombre.

§ 3.

PHASES DE LA VIE DES GROUPES ET DES ESPÈCES DE PLANTES CARBONIFÈRES.

Après l'exposé des changements éprouvés par la flore dans ses groupes et ses espèces; après l'étude plus suivie des changements de détails des espèces de plantes fossiles à travers l'épaisseur du bassin de la Loire, puis-je formuler quelques lois touchant l'histoire de la vie des groupes et des espèces?

En ce qui concerne les groupes, il faudrait les avoir bien établis et subdivisés; pour les espèces, les avoir rigoureusement déterminées. On est loin d'en être arrivé là. Cependant les changements se dessinent avec assez d'uniformité pour que je croie le moment venu d'en dégager les principales règles, en procédant par l'examen successif des espèces isolées, des espèces affines, des groupes ascendants.

1° ÉVOLUTION DE L'ESPÈCE ISOLÉE.

On peut encore suivre la vie des individus dans le présent, mais celle des espèces ne peut l'être que par des observations infinies dans une tranche suffisamment épaisse de couches, où elles ont laissé les traces de toute leur existence, du commencement à la fin.

Une espèce donnée se trouve tantôt rarement et en petit nombre et d'une manière intermittente, tantôt abondamment et d'une manière suivie.

À vouloir généraliser les observations que j'ai faites, chaque espèce préluderait par quelques rares individus plus faibles, puis déploierait, avec des alternatives de diminution et d'augmentation, l'ampleur des formes en même temps que le maximum de puissance prolifique dont elle est capable, suivant le rôle qu'elle doit jouer dans la végétation; après quoi, sur le point d'avoir fait son temps, elle diminuerait, s'appauvrirait, perdrait son importance et ne continuerait plus à vivre que comme une plante tolérée le temps variable qu'elle mettra à s'éteindre tout à fait, soit d'elle-même, soit par l'action des causes extérieures [1].

Avénement des espèces.

On verrait apparaître les espèces isolément (sous l'empire des mêmes besoins, et non en grand nombre, comme se l'était imaginé Agassiz) dans différents pays, comme si, contre la doctrine qui veut que l'espèce soit originaire d'un seul lieu, plusieurs individus eussent surgi à la fois et en même temps et en divers lieux pour en assurer l'existence.

[1] Dans le calcaire carbonifère de Belgique. M. Dupont a remarqué plus facilement, parce que les fossiles sont en place, pour chaque espèce de coquille, de pareilles phases d'avénement et d'extinction avec un maximum de développement à un niveau déterminé constant (*Bull. géol.* 1863, p. 851).

Le maximum des espèces est marqué par la richesse des formes et la fécondité des individus, la ténacité de l'occupation; les espèces non abondantes
sont, par analogie, dans toute leur virilité lorsque leur gisement n'est jamais
plus nombreux et plus continu.

Apogée.

La vieillesse, qui est la contre-partie de la jeunesse, est également faible.
Mais, tandis qu'à son début l'espèce doit croître en force et en vigueur, à son
déclin elle n'aurait pas même besoin d'être dominée par de nouveaux arri-
vants pour disparaître, après avoir rempli sa destinée, par un effet naturel
d'affaiblissement, qui la fait se fractionner comme les espèces vivantes qui
errent à leur déclin et ne vivent plus en société; car les espèces envahis-
santes ne les chasseraient et extermineraient qu'individuellement, partiellement, et leur disparition ne serait pas complète et sans retour.

Déclin.

L'extinction peut être retardée à la faveur de circonstances particulières,
et, bien que inévitable, elle a quelque chose de fortuit que n'a pas leur apparition, calculée, nécessaire et parfaitement prévue.

Extinction.

La durée des espèces est très-variable et non proportionnelle, comme on
dit, à leur abaissement dans la végétation; on ne voit pas bien non plus
qu'elle soit en raison directe de leur extension géographique, suivant la règle
de d'Archiac concernant les coquillages. Elle est très-inégale pour les espèces
d'un même genre, car, tandis que le *Calamites Suckowii* est nombreux et
abondant dans tous les terrains houillers, le *Calamites ramosus* est presque
limité partout au milieu de la formation. Il y a des espèces, comme le
Nevropteris Loshii, qui montent du culm au permien; d'autres, comme le
Pecopteris polymorpha par sa fécondité, et l'*Alethopteris Grandini* par sa ro-
buste constitution, qui se montrent en grand nombre dans toutes les couches
du terrain houiller supérieur; et il n'en manque pas dont l'existence plus
restreinte paraît bornée à une sous-époque. La plupart cependant des espèces
ont une durée assez longue, mais, bien qu'on ne puisse pas plus assigner une
date à l'origine qu'à la fin des espèces, ce seraient les plus rares qui traver-
seraient plus d'une époque, de manière que l'on ne saurait plus dire, quant
aux plantes, dans les vues de John Phillips, que la longévité des espèces était
plus grande dans les premiers âges que, par exemple, pendant la période
tertiaire, où, d'après les estimations de M. de Saporta, les espèces ont changé
complétement pendant le quart de temps de cette période.

Longévité.

Car les espèces dites générales à tout le terrain houiller, comme les *Calamites Suckowii, cannæformis, Cistii*, le *Syringodendron alternans*, etc., n'ont
pas des formes constantes tout le temps; je les croirais même des types d'espèces consécutives plutôt que des espèces irréductibles : ainsi, dans le terrain
houiller moyen, le *Calamites cannæformis* a des côtes fibreuses plus plates,
le *Cal. Suckowii* ressemble davantage au *Cal. ramosus*; le *Syringodendron al-*

Types spécifiques.

ternans a de plus grosses cicatrices vers la fin qu'au début de son existence. Le *Cordaites borassifolius* moyen me paraît spécifiquement différer de la même forme supérieure; le *Sphenopteris artemisiæfolia* supra-houiller s'est différencié de celui d'Angleterre; nos *Nevropteris Loshii* se rapprochent des *Odontopteris mixoneura*. Il peut donc se faire que ces espèces linnéennes dussent être morcelées en sous-espèces succédanées, au grand avantage de la botanique stratigraphique.

2° ÉVOLUTION DES ESPÈCES AFFINES.

Les espèces de plantes fossiles ne se présentent pas sans ordre, mais, de même que les espèces de plantes vivantes voisines, congénères, associées parce qu'elles ont même port, mêmes habitudes, les plus semblables se rencontrent en même temps, et cela d'une manière assez générale pour paraître répondre à une loi de développement botanique. C'est pourquoi il est si difficile de classer les espèces sur les lieux, de distinguer, par exemple, à Rive-de-Gier les *Sphenophyllum*, à Saint-Étienne les *Pecopteris-Cyatheoides*, les *Callipteridium*, qui se ressemblent, sans, pour cela, être identiques; nous avons vu que les *Pecopteris arborescens*, *pulchra*, *fertilis*, se fondant les uns dans les autres, diffèrent même assez par la fructification. Je croirais que certaines espèces polymorphes, comme les *Lepidodendron Weltheimianum*, *Syringodendron alternans*, *Caulopteris macrodiscus*, *Calamites cruciatus*, *Pecopteris Pluckeneti*, etc., forment autant de poignées d'espèces apparues en même temps et ayant partagé le même sort.

3° ÉVOLUTION DES GENRES ET GROUPES ASCENDANTS.

On avait entrevu, parce que cela est plus frappant, que les genres naturels ont passé par des périodes de croissance, de maximum et de décadence.

Leur durée est très-variable; on a dit qu'elle était plus élevée que celle des espèces; cela demande explication. Si, avec Alph. de Candolle, on entend par genre un groupe d'espèces voisines ou même assez variées, nombreuses et contemporaines, comme les *Sphenopteris-Aneimioides*, sa durée n'est pas plus grande que celle de l'une quelconque des espèces, et on comprendrait même que la durée individuelle de celles-ci dépassât celle collective moyenne de la section; tandis que le genre, plus étendu, comprenant des séries d'espèces apparues successivement, a une existence plus longue. Mais comme la durée des espèces est très-inégale, il s'en trouve dont la vie est aussi prolongée que celle d'aucun genre.

Le rôle des groupes de divers ordres est très-variable, comme, du reste, celui des espèces, et il semble que les plus uniformes sont les plus passagers, tandis que les plus durables, comme celui des Fougères par exemple, sont sujets à plus de changements et à des changements plus considérables. Ce serait toujours une erreur de croire, comme on l'a supposé, que, dans leur ensemble, les groupes ont une durée d'autant plus grande qu'ils sont d'ordre plus élevé; la famille des Sigillaires ne persiste pas plus que les genres *Sphe-nophyllum*, *Alethopteris*, etc.

Quoi qu'il en soit, les groupes supérieurs auraient partagé les trois phases qui marquent l'existence de l'espèce et du genre.

C'est, en effet, un point à noter que, lorsqu'un groupe conquiert le point culminant de toutes ses forces vives réunies, il est plus riche de forme, plus abondant de nombre, contrairement à cette loi de Pictet, que les groupes sont progressivement plus compliqués par les types et le nombre de leurs espèces; la famille des Sigillaires arrive à la prépondérance par la plupart des genres unis au plus grand nombre des espèces; après quoi, elle ne joue plus qu'un rôle secondaire et de plus en plus nul par la continuation de quelques types et la création d'une seule poignée d'espèces; les Sélaginées aussi, après avoir régné plus anciennement par la diversité et la quantité à la fois, le disputent un certain temps aux Sigillaires, qui ont bientôt le des-sus, pour tomber elles-mêmes, en haut du terrain houiller, à l'état de plantes de plus en plus rares. D'un autre côté et d'une manière presque aussi pro-noncée, les Fougères, les Cordaïtées, les Calamodendrées, restent longtemps subalternes avant d'arriver à dominer ensemble ou les unes après les autres.

Lors donc que, par exemple, on voit les *Nevropteris* représentés seulement, à Saint-Étienne, par quelques rares espèces, sans introduction de formes nou-velles, on peut dire que c'est là le signe d'une chute complète du groupe touchant à sa fin.

Un groupe est en progrès lorsqu'il se manifeste par la multiplicité crois-sante des espèces et des genres.

Et c'est un fait assez curieux, concernant au moins quelques groupes, qu'ils apparaissent avec des formes grêles, chétives, sinon insolites, et disparaissent de la même manière [1].

---

[1] Y a-t-il eu transformation successive des espèces les unes dans les autres, sui-vant l'hypothèse séduisante de Darwin, ou intervention constante de la force créatrice, suivant Bronn ?

Le fait est qu'on ne voit pas les espèces se modifier à la longue dans le sens des espèces voisines et plus récentes.

Certaines espèces isolées varient bien, ce semble, quelquefois, mais dans un cercle qu'elles ne franchissent pas; et, au lieu de se préparer, à leur déclin, à en-gendrer d'autres espèces, on les voit plutôt s'affaiblir et disparaître. Ainsi les varia-tions du *Pecopteris unita* et d'autres espèces ne sont pas plus grandes que celles que

§ 4.

Avant d'appliquer les changements secondaires modifiés par des influences diverses, il n'est pas sans opportunité de rechercher les effets de celles-ci en tant qu'ils ont eu pour résultat de faire différer sensiblement la flore, à la

l'on voit se produire de nos jours, dans un temps infiniment moindre, sous l'action de causes provocatrices plus puissantes; et les changements succédanés des *Pecopteris subnervosa*, *Sphenophyllum truncatum*, continuent l'existence de ces espèces, dont elles sont les dernières manifestations, sans viser à d'autres types.

En des lieux très-différents, les espèces de formes identiques passent à la fois par les mêmes phases, avec un ensemble et une simultanéité excluant, pour cause, la sélection, qui, par sa nature, n'aurait pu s'exercer que très-inégalement d'un lieu à un autre, et dont par cela même les effets auraient varié beaucoup d'un lieu à un autre.

Sous un climat que nous avons vu uniforme dans l'espace et constant dans le temps, et dans des circonstances topographiques égales, les influences extérieures qui, de nos jours, n'agissent que sur les caractères les moins importants, sur les organes en rapport avec le milieu, mais sans le pouvoir de les modifier, ne sauraient même rendre compte des changements spécifiques de la flore, quelque durée que l'on accordât aux actions extérieures agissant dans le même sens.

Les espèces en série ne paraissent pas davantage dériver les unes des autres par les anneaux d'une lignée continue; l'*Odontopteris minor*, si proche du *Reichiana*, se présente avec ses caractères propres, mêlé à celui-ci avant de le remplacer d'une manière si complète à la fois partout, que l'on ne peut concevoir que ce soit par l'action évidemment variable du transformisme sur les individus séparément.

Nous avons vu, il est vrai, le *Pecopteris Schlotheimii* présenter de bas en haut des formes constamment différentes, mais nous avons vérifié que ces formes constituent des espèces voisines, exactement séparées par M. Brongniart avant que certains auteurs les aient réunies. Cependant il y a des espèces, comme le *Sphenophyllum angustifolium*, le *Pecopteris hemitelioides*, capables de deux états distincts trop fixes pour ne pas former deux sous-espèces dont l'origine commune est possible; mais, et cela est à remarquer, les écarts d'un type spécifique ne détruisent pas ses différences avec les autres.

Si l'on était porté à admettre, à la rigueur, avec quelques botanistes, que les espèces affines, semblables entre elles comme les courbes géométriques de même genre, sont issues d'une même souche commune, ce ne serait pas encore sans réserve, car dans le passé, à leur phase d'avénement, on les voit disjointes, progressant côte à côte avec tous leurs caractères distinctifs. Il ne reste vraiment que le mélange des espèce même date, d'une région, d'un pays à un autre, en laissant pour le dernier chapitre l'analyse des causes locales qui, pour n'avoir agi que temporairement et partiellement, n'ont fait que faire osciller davantage la végétation.

Il est certain que, du commencement à la fin, les espèces n'ont éprouvé aucune interruption dans leur existence; mais leur présence et leur abondance dans un même lieu ont pu être soumises à de sérieuses alternatives de fortune.

Les plantes, en effet, ont trop de rapports multiples avec le monde vivant et inerte pour qu'elles n'aient pas dévié de leur développement normal plus ou moins, suivant les cas, dans une mesure qu'il importe de connaître.

Comme il est fort à croire que les conditions de milieu étaient égales partout où se formait le terrain houiller, la végétation devait en même temps être partout d'autant plus semblable à elle-même que, suivant d'Archiac, la succession des êtres paraît avoir marché d'ensemble d'une manière continue indépendamment des circonstances biologiques et des causes locales, et,

voisines et consécutives, comme les *Pecopteris cyatheoides*, qui pourrait être invoqué à l'appui du darwinisme, seulement après s'être assuré de leur transformation les unes dans les autres.

Les types tranchés conservent leur distance : si les *Alethopteris Grandini* et *aquilina* sont contigus, ils n'admettent pas de modification dans le sens de l'*Alethopteris lonchitidis;* si le *Dictyopteris Brongniarti* tire son origine d'une autre espèce, les formes transitionnelles indiquent que ce ne peut être que du *Dictyopt. nevropteroides*, mais aucun intermédiaire n'en relie le type commun à celui indépendant du *Dict. Schutzei.*

Les groupes ont la même histoire que les espèces : au lieu de se subdiviser à la fin, ils s'épuisent, au contraire, et on peut remarquer que les plus voisins ne sont pas plus réunis entre eux par des formes intermédiaires que les genres de courbes d'une même fonction mathématique; ils se développent parallèlement sans le moindre contact d'une déviation collatérale; tels sont les *Odontopteris-mixoneura* vis-à-vis des *Od. xenopteroides.* On comprendrait jusqu'à un certain point que les *Alethopteris* pussent devenir des *Odontopteris* en passant par les *Callipteris;* mais ceux-ci sont les derniers venus, la série naturelle des genres ne se présentant pas dans l'ordre chronologique qu'ils auraient s'ils fussent issus les uns des autres; et lorsqu'ils se suivent, comme les deux séries d'*Alethopteris*, de *Sphenophyllum*, c'est sans aucun lien généalogique.

On peut objecter, non sans raison, de tirer d'éléments aussi imparfaits que les empreintes fossiles des conséquences de l'importance de celles qui nous occupent; mais, d'un côté, tous les faits sont en faveur de la création indépendante, et, de l'autre, ils sont non moins contraires à la transmutation.

La théorie de la progression, qui est apparemment vraie dans l'ensemble, ne se confirme pas dans les détails, puisque nous avons vu les types houillers même plus parfaits que leurs analogues vivants.

ajoute M. de Saporta, aussi des conditions climatériques[1], la végétation n'ayant de rapports avec le monde physique que ceux que l'harmonie exige entre faits concomitants. En effet, nous avons vu combien les espèces et les groupes sont identiques ou équivalents à la même époque dans les pays les plus éloignés, sous un même climat, tandis qu'aujourd'hui les genres naturels sont géographiquement limités à certaines régions soumises à des conditions météorologiques spéciales.

Mais cela n'empêche pas que, comme à présent, des espèces, rares sans doute, pouvaient être plus ou moins propres à certaines régions, comme l'*Odontopteris Brardii*, qui en 1848, a dit M. Bunbury, restait inconnu en Amérique, en Angleterre et en Allemagne, et dont l'aire se limitait à la France centrale, avant qu'on eût constaté sa présence à Rossitz (Moravie), avec les *Odontopteris minor*[2] et *Schlotheimii*. Certains types paraissent également cantonnés.

Mais on doit convenir que l'on est loin de connaître l'extension des espèces fossiles et leur distribution géographique, et que, sur ce point, on ne peut rien affirmer quant à présent; tous les jours on découvre les mêmes espèces dans les pays les plus éloignés, et on peut croire que, si elles ne se trouvent pas partout, elles se suppléent par des équivalents très-semblables, de manière que les types principaux et tous les genres ont dû vivre en même temps dans tout l'hémisphère Nord, des tropiques jusqu'au delà du cercle polaire.

INFLUENCES TOPOGRAPHIQUES.

A cause de l'uniformité des circonstances de lieu, la flore, dans ses caractères moyens, ne devait guère éprouver que des variations de détail, d'autant plus que la station, qui est la cause principale de la distribution géographique, était, de sa nature, des plus favorables à l'extension des plantes herbacées et aussi, sans doute, des plantes arborescentes. Toujours est-il que, dans ces conditions, elle ne devait pas éprouver de ces grands changements qu'entraînent aujourd'hui les moindres différences locales, dans le nombre des individus et la composition spécifique.

La variété multiple des plantes en basse Silésie et leur uniformité simple en haute Silésie, où règnent exclusivement les Sigillaires, avec peu de *Nevropteris* éparpillés et relativement peu de Fougères, peuvent bien provenir des circonstances locales, mais celles-ci n'ont pas eu pour effet de modifier la flore au fond.

---

[1] Puisque la flore tertiaire présente l'association de plantes tempérées et boréales avec des plantes tropicales.

[2] Antérieurement signalé à Zorge (Harz) comme *Od. Schutzei*, Rœm.

Une flore peut changer beaucoup en divers points d'un même niveau géologique, mais les termes rentrent dans une unité dont les parties sont tantôt plus ou moins rapprochées, tantôt classées et séparées; mais jamais, que je sache, les formes ordinaires de deux époques ne sont combinées ensemble dans la proportion qui caractérise ces époques séparément.

Je crois que les différences contemporaines portent peu sur l'association des formes et des groupes et le maximum de quelques-uns, d'autant plus qu'un climat généralement chaud et humide réduit considérablement aujourd'hui les influences locales, qui sont loin, en tout cas, d'avoir été de taille à produire, comme M. d'Ettingshausen l'a supposé, les différences complètes de flore que l'on observe en Bohême entre un bassin et un autre, dans l'abondance ici, dans la rareté là, des mêmes principales plantes qui constituent la flore. M. Lesquereux, voyant que la distribution des plantes fossiles est la même dans les divers États d'Amérique, est d'avis que les différences de flore ne sont pas dues aux circonstances locales.

INFLUENCES RÉCIPROQUES DES PLANTES LES UNES SUR LES AUTRES.

Par une propriété de concurrence commune à tous les êtres organisés, ils réagissent les uns contre les autres d'une manière beaucoup plus effective qu'il ne paraît de prime abord, en se livrant à une lutte d'occupation, que nous analyserons plus loin et qui a pu produire des perturbations notables dans le développement naturel des espèces, mais jamais, ce semble, jusqu'à dérouter l'observateur.

Les espèces se développent toujours les unes aux dépens des autres. Celles qui ne pouvaient vivre en société ont pu être chassées d'un lieu ou n'y avoir que des apparitions intermittentes. C'est surtout pendant leur jeunesse ou plutôt leur vieillesse que les espèces ont des gisements discontinus : les apparitions anticipées temporaires constituent les *colonies* de M. Barande; le *Walchia pinniformis* en offre un exemple très-remarquable à Landuzière. Les végétaux déchus peuvent avoir des *retours* momentanés, comme le *Lepidodendron dichotomum* à Rossitz (Moravie), les Sélaginées à Commentry, le *Stigmaria ficoides* dans la houille de Bert (centre de la France). En plein maximum, les plantes peuvent même avoir des interruptions, témoin l'*Odontopteris Schlotheimii*, qui, dans l'âge mûr de toute sa force d'occupation et de stabilité, saute, presque sans apparition intermédiaire, de la 8ᵉ à la couche des Rochettes (Saint-Étienne). Les espèces peu nombreuses sont très-dispersées. Les espèces sociales, comme les Calamariées, présentent moins d'interruptions.

Ces inégalités de va-et-vient des espèces, soit avant, soit après ou même pendant leur apogée, n'ont rien de surprenant lorsqu'on songe à combien de causes d'action les végétaux, plus mobiles qu'on ne le pense vulgairement, étaient exposés.

Nous avons vu la flore éprouver, dans tous ses membres, sans récurrence, des changements lents, progressifs, mais devenant complets à la longue, dans les genres comme dans les espèces, de forme et de nombre, de manière que les groupes et la proportion relative des types sont soumis à des modifications si nombreuses que, malgré les péripéties qui accidentent leur existence, ces modifications doivent pouvoir servir à préciser des dates dans les époques, durant l'immense période carbonifère.

Mais la distinction des étages correspondant à ces dates exige des éléments d'autant plus nombreux qu'ils sont moins différents et plus sujets à varier.

Caractères tirés des espèces.

Il nous faut d'abord discuter la valeur de ces éléments avant de les faire intervenir dans la caractéristique des étages.

Comme on ne connaît pas plus l'avénement que l'extinction des espèces ou, en d'autres termes, leur extension verticale, et comme on ne peut garder l'espoir d'y arriver, à cause de leur gisement rare et discontinu aux deux extrémités de leur existence, les seuls points de repère plus ou moins précis qu'elles peuvent offrir dans la succession des temps correspondent à leur développement maximum, à cette concentration de la vie des plantes qui fait qu'elles ont une présence plus sûre, plus continue, plus abondante, plus facile alors à constater au niveau dont elles sont les plantes caractéristiques (*Leitpflanzen*). Le *Walchia pinniformis*, bien qu'existant dans le terrain houiller supérieur, est néanmoins caractéristique du rothliegende par le grand développement numérique qu'il y atteint partout, à ce point que le peu d'importance de cette espèce en Amérique permettrait presque de conjecturer que le rothliegende y est incomplet. L'opulence, la fréquence et l'abondance, surtout si celle-ci est continue, doivent constituer ensemble un caractère de valeur[1], car cela tient au moment où l'espèce remplissait son rôle suivant les lois du développement botanique; ce caractère peut servir à déterminer un cours de temps d'autant plus restreint que l'espèce est des moins durables. En dehors de ces cas, la présence d'une espèce dans sa phase d'avénement offre une meilleure indication qu'à celle de son déclin, à cause qu'elle s'éteint inégalement.

La part que les plantes sociales prennent à la végétation de deux localités étant parfois très-inégale, même dans des conditions topographiques analogues, il en résulte encore que la considération de la quantité des espèces a moins de valeur que celle de leur fréquence et continuité, lesquelles paraissent plus certaines quand l'espèce est en pleine force; car, quoique l'*Annularia longifolia*, par exemple, soit soumis, à Saint-Étienne, à des alternatives répétées d'augmentation et de diminution, sa présence ne paraît souffrir aucune interruption.

Il faut s'attendre, en outre, mais moins que dans le monde vivant, à ce que certaines espèces très-localisées n'aient, en dehors de quelques lieux, qu'une existence précaire, sans suite, lorsque surtout leur rôle est secondaire dans la flore; il peut ainsi se faire que des étages correspondants aient des espèces sinon différentes, du moins très-inégalement nombreuses.

En conséquence, les caractères tirés d'une espèce isolément augmentent suivant que sa présence est accidentelle, fréquente, continue et en même temps abondante; mais étant très-sensibles aux causes locales, il faut avoir égard à l'ensemble des espèces et à leur groupement sous-générique, qui affranchit d'une mauvaise détermination.

Les espèces affines qui sont contemporaines paraissent, en outre, avoir d'autant plus de valeur que leur agglomération est plus indifférente à ces causes locales et parait avoir une exten-

[1] M. Stur, en Bohême, s'est fondé sur l'abondance particulière d'une espèce à un horizon pour le distinguer d'un autre.

sion verticale mieux circonscrite et d'ailleurs plus facile à connaître que celle des espèces considérées à part.

Aussi le rapport qui existe entre une zone naturelle et la suivante ne réside plus guère que dans les genres, comme, après un plus long intervalle, il ne réside que dans les groupes supérieurs.

Caractères
tirés des groupes. Dans l'application des groupes, il ne faudrait pas seulement avoir égard au nombre des espèces, parce que les Fougères sont presque toujours très-variées.

Il ne faudrait pas non plus n'avoir d'attention que pour la prépondérance du nombre, abstraction faite de la diversité, car à Saint-Étienne il y a des groupes en décroissance qui, étant essentiellement sociaux, peuvent avoir des retours de fortune et s'emparer, comme les Sigillaires, mais pour un temps très-court, du sol de végétation. Le caractère de la quantité des individus, sans celui du nombre relatif des espèces, que M. Geinitz a admis comme pouvant caractériser une flore [1], peut ainsi se trouver en défaut : de ses zones de végétation, en effet, la 2ᵉ, celle des Sigillaires, et la 5ᵉ, celle des Fougères, où la masse des individus est assez en rapport avec le nombre des espèces, seraient seules naturelles.

Et encore le double caractère de la variété et du nombre réunis ne semble même pas pouvoir suffire, sans tenir un juste compte des autres plantes, lorsqu'il s'agit surtout de groupes, comme ceux des Cordaïtées, des Calamodendrées, dont la spécification est très-difficile, la diversité moins grande et le règne moins exclusif.

Quant aux groupes en pleine disparition, comme les Sphénoptérides à Saint-Étienne, ils n'offrent plus aucune ressource pour la classification stratigraphique.

[1] *Geol. Darst. der Steink. in Sachsen*, p. 23 et 83.

§ 5.

DE LA CARACTÉRISTIQUE DES ÉTAGES, SOUS-ÉTAGES ET SYSTÈMES D'ÉTAGES.

Les espèces changent suivant des combinaisons compliquées, qui se résument en termes moins nombreux par la considération des sections et des genres, lesquels termes peuvent encore se généraliser par la considération des groupes supérieurs ; et ces changements graduels ont lieu sous l'empire de l'évolution botanique, suivant une loi, puisque les parties qui concordent sont par cela même dépendantes.

Cependant ces changements peuvent éprouver, dans leurs parties, des perturbations diverses, sous certaines influences, mais moins que l'analogie ne le suggérerait.

On a vu que, malgré cela, ils sont assez complets à la longue et assez généraux pour fournir des caractères faciles à appliquer à la distinction des époques dans la période carbonifère.

Mais pour déterminer des dates précises dans ces époques, pour reconnaître les étapes de la flore correspondant aux étages naturels, qui, pour le géologue, constituent les unités stratigraphiques, il faut savoir distinguer les variations locales des changements que la nature s'est prescrit de suivre avec la marche du temps.

Nous avons analysé l'action des influences diverses et estimé leur limite possible.

Nous croyons que la caractéristique de l'étage consiste dans l'ensemble des groupes d'ordres inférieurs et des espèces de plus courte durée ou en plein développement, considérés comme formes et comme nombre, c'est-à-dire au double point de vue de la flore et de la végétation ; et cela concurremment avec les caractères négatifs, qui ne sont pas moins utiles à faire entrer en ligne de compte, les flores consécutives et mélangées d'une même époque se distinguant aussi bien par les plantes qui disparaissent ou qui entrent en scène que par celles en plein maximum ; toutefois

Caractéristique de l'étage.

celles-ci, se concentrant d'ordinaire autour de certains types de plantes, semblent désignées par leur prépotence même pour caractériser la flore et dépeindre la végétation, mais de concert avec les autres espèces végétales. Il faut aussi avoir égard au facies changeant que les mêmes végétaux présentent d'un étage à un autre, les *Alethopteris, Pecopteris,* ayant les mêmes variétés qui ne se démentent pas dans les dépôts à peu près contemporains de Rive-de-Gier, de Carmeaux, de Bességes, de Sardaigne, etc.

Ces caractères paraissent si concordants dans l'ensemble, que les présomptions que j'avais conçues sur l'âge et la correspondance de quelques bassins d'après un petit nombre d'empreintes, à la vérité assez diverses, se sont toujours pour ainsi dire confirmées à la suite d'observations plus complètes; je les crois même assez dépendants pour conclure, jusqu'à un certain point, d'une partie importante au tout et classer par étages les dépôts houillers dont on ne connaîtrait la flore qu'assez imparfaitement.

Caractéristique d'un système d'étages.

Quant au système composé de plusieurs étages, il se caractérise par des liaisons de genres et d'espèces de plus longue durée; tel est le système stéphanois, dont les étages sont réunis par des types toujours nombreux, également répandus et qui ont eu une part notable dans la végétation, savoir : comme groupes, par les *Caulopteris, Odontopteris, Alethopteris, Dictyopteris, Poa-Cordaites,* etc. qui lui impriment une certaine unité par leur concentration au milieu, et, comme espèces, par les *Alethopteris Grandini, ovata, Odontopteris Reichiana, Dictyopteris Brongniarti* et *Schutzei, Pecopteris arguta, Calamites cruciatus, Sphenophyllum oblongifolium,* etc.

Les étages sont les dernières subdivisions naturelles du terrain houiller. Tels que nous les entendons, ils correspondent assez aux zones de végétation de M. Geinitz, lesquelles, dit l'auteur, ont rendu quelques services pratiques en Saxe; mais il les a peut-être fondées sur des bases trop étroites pour être appliquées à distance.

§ 6.

ESSAI DE FONDATION DES ÉTAGES HOUILLERS SUPÉRIEURS DE LA FRANCE.

Nous nous proposons maintenant de distinguer et de classer par étages les terrains houillers du centre et du midi de la France.

Pour cela il nous aurait fallu suivre de bas en haut, dans les principaux bassins houillers, les changements de la flore, pour les vérifier, les compléter les uns par les autres, avant de les faire servir à caractériser des étages de classification générale; quoique je ne sois pas en mesure de présenter un travail aussi complet, je crois cependant avoir rempli en grande partie ce double programme.

Je prendrai mon point de départ dans le bassin houiller de Saint-Étienne, où la flore a eu son cours plus entier, sinon plus complet; j'y compléterai et intercalerai les étages qui, mal représentés ou absents ici, sont existants sur le massif primitif central de la France.

La plupart de ces étages paraissent naturels, c'est-à-dire généraux. Tantôt ils se caractérisent par des termes plus ou moins nombreux, qu'on ne peut guère réduire à quelques-uns gouvernant les autres en les entraînant; tantôt ils s'affirment plus simplement par la masse de certaines plantes caractéristiques. Mais peut-on croire que celles-ci ont eu partout à la fois la prépondérance? Quoiqu'on ne puisse pas l'affirmer d'une manière positive, il m'a paru que les étages caractérisés en même temps par l'ensemble des autres plantes peuvent tout au plus empiéter les uns sur les autres; ils n'en marquent pas moins des repères et seront suffisamment établis, je pense, pour paralléliser les bassins du centre de la France, sinon pour les raccorder, les identifier d'une manière absolue.

Il ne faut pas perdre de vue que cet essai est en rapport avec le degré de connaissance acquise de la flore du terrain houiller supérieur et avec les notes de voyage recueillies; lorsqu'on connaîtra plus complétement cette flore, après qu'on l'aura étudiée plus spécialement dans chaque bassin, il sera possible alors et seulement sur des bases plus générales, de fonder un système d'étages plus naturels, mieux définis, plus nettement délimités. En attendant, la concordance des plantes et les mêmes changements dans le même ordre que j'ai assez généralement remarqués me donnent la confiance que les résultats de mes recherches sont aujourd'hui relativement assez précis pour être publiés. On ne trouve, en effet, que dans les dépôts de même position géologique les mêmes débris végétaux associés de la même manière en nombre et proportion, comme à Saint-Bérain et dans les strates supérieures de Blanzy et de Saint-Étienne; et ce qui est de nature à me convaincre de l'exactitude des résultats obtenus, c'est le retour dans les couches de même âge des mêmes espèces discontinues, de *Lepidofloyos, Halonia,* à Saint-Bérain, à Commentry, à Decazeville, à Saint-Étienne (couches supérieures), et une seule apparition du *Nöggerathia cannophylloides* à Carmeaux, à Ronchamp, à Saint-Étienne (couches inférieures).

Voici, dans l'ordre ascendant, l'exposé des étages, au nombre de sept, dans lesquels se placent et se répartissent assez bien les dépôts houillers supérieurs de la France, et tout particulièrement ceux du massif central; comme ils sont pris en grande partie à Saint-Étienne et tirés de quelques autres bassins houillers du centre et du midi de la France, dont les florules sont énumérées plus loin, pour éviter les redites, nous nous bornerons aux traits principaux, quitte à renvoyer aux développements qui suivent et qui précèdent.

ÉTAGE DE RIVE-DE-GIER.

Entre la flore houillère moyenne et la flore houillère supérieure, il existe des termes intermédiaires oscillant de l'une à l'autre.

Nous avons entrevu l'un de ces termes à la cime du terrain houiller moyen.

Il paraît y en avoir un autre plus récent, à la base du terrain

houiller supérieur français, à Rive-de-Gier (Loire), dans le Briançonnais, etc.

Il est caractérisé par beaucoup de *Stigmaria*, plutôt *ficoides* que
minor; encore de nombreux *Sigillaria tessellata*, *elegans*, *cyclostigma*:
avec déjà des *Sigill. Brardii* et *spinulosa*; encore des *Lepidodendron
elegans*, *Sternbergii*, *Lepidofloyos laricinus*; avec des *Pseudosigillaria*
communs, des *Nevropteris* également communs, mais presque réduits au *flexuosa*; des *Sphenophyllum* moyens, presque limités aux
Schlotheimii, *saxifragæfolium*; cependant des *Calamites ramosus* en
nombre, mais assez d'*Annularia longifolia* et *brevifolia*; beaucoup de
Pecopteris véritables, soit *Nevropteroides*, *polymorpha*, *pteroides*, etc.,
soit *Cyatheoides*, *arborescens*, *nodosa*, *pulchra*; *Prepecopteris dentata*, *Pecopteris Pluckeneti*; des *Pecopteris unita* v. *major*, *Pecopt.
erosa*; des *Dictyopteris nevropteroides*; apparition des *Odontopteris*, etc. En somme, abondance de Fougères et de Fougères principalement supérieures, augmentation des Cordaïtées, avec une
quantité variable de plantes moyennes, les plantes supérieures
dominant toutefois et ouvrant une nouvelle ère.

ÉTAGE DES CÉVENNES.

En Allemagne et dans le Nord en général, nous avons vu que
les plantes fossiles des couches supérieures, plus anciennes en
forme et en proportion que celles du terrain stéphanois, caractérisent un système sous-supérieur, que l'on retrouve dans le midi
de la France et particulièrement dans les Cévennes, où, de même
qu'à l'étranger, les plantes moyennes sont encore plus ou moins
représentées, mais de plus en plus subordonnées à la masse des
autres, qui sont supérieures.

Cet étage aurait le maximum des *Pecopteris-Nevropteroides*, *polymorpha*, *emarginata*, *Bucklandi*, *pteroides*, etc.; des *Pecopt. villosa*,
oreopteridia; des *Pecopt. abbreviata*, *Lamuriana*, *Miltoni*; avec des
Pecopteris-Cyatheoides, *arborescens*, *pulchra*, *Schlotheimii*, *Candolleana*, sans *P. hemitelioides*, si communs plus haut; des *Caulopteris
peltigera*, *Cistii*, *macrodiscus*; des *Pecopteris-Dicksonioides*, *cristata*,

*chœrophylloides; des Pecopteris Pluckeneli; des Nevropteris flexuosa,
gigantea, terminalis, auriculata; des Dictyopteris Brongniarti* et déjà
Schutzei; des Odontopteris Reichiana; des Alethopteris ovata v. *major,
aquilina*, etc., mais sans la masse et la forme des *Odontopteris,
Alethopteris, Pecopteris*, qui abondent dans les couches de Saint-
Étienne. Grande quantité de *Calamites Cistii, cannœformis, Suckowii, approximatus*, et beaucoup d'*Asterophyllites hippuroides, rigidus; Equisetites infundibuliformis*; assez d'*Annularia longifolia* et
brevifolia; Sphenophyllum Schlotheimii et *truncatum*. Les Sélaginées
de l'étage inférieur persistent. Les *Sigillaria* continuent plutôt
sous les formes *alternans, cyclostigma*; beaucoup de *Stigmaria
ficoïdes, Cordaites principalis*; déjà *Walchia pinniformis*, etc.

Les Fougères peuvent dominer, comme à Carmeaux, à Neffiès,
à Alais, à Bességes; mais par les Calamites, les Sigillaires, les
Sphenopteris, les *Sphenophyllum* et l'ensemble des autres plantes,
on voit qu'un étage doit séparer les couches de ces districts de
mine de celles de Saint-Étienne, où les Fougères ont aussi la
prépondérance, mais sous des formes généralement assez différentes. D'ailleurs la flore du système sous-supérieur paraît souffrir des écarts tels, où je l'ai étudiée, que la zone des Calamariées ou Annulariées de M. Geinitz lui serait subordonnée plutôt
qu'indépendante, comme si, entre l'ancien ordre de choses et le
nouveau, cette flore, indécise, eût prévalu tantôt par les unes,
tantôt par les autres plantes, à toutes lesquelles il faut alors avoir
égard.

ÉTAGE DES CORDAÏTÉES.

Les Cordaïtées, aux hautes tiges rameuses, au feuillage dense,
large et spacieux, dominent tout à fait à la base du terrain houiller
stéphanois, comme à la Grand'Combe, en Auvergne, à Blanzy,
par la quantité unie à la variété de leurs divers débris formant
la plus grande partie de la houille et encombrant les schistes. Mais
leur prépondérance n'est pas constamment si complète et l'ensemble
de leurs formes n'est pas si tranché, que ces plantes puissent,

à elles seules, suffisamment caractériser cet étage sans l'aide des autres éléments de la flore et de la végétation.

Cet étage, répandu en France plus que l'étage intermédiaire, l'est moins que l'étage des Fougères. Lorsque celui-ci se continue par en bas, on le voit assez généralement passer partout de la même manière au même ensemble de plantes. L'étage en question présente, au reste, une unité de flore assez distincte pour laisser croire qu'il est assez général. Toutefois, avant de se prononcer, faut-il attendre que les Cordaïtées, maintenant connues, soient mieux constatées dans les autres pays.

Nous avons déjà parlé des Cordaïtes et de l'étage qu'ils caractérisent, notamment par *Cord. tenuistriatus, angulosostriatus, lingulatus, principalis, borassifolius, foliolatus, quadratus*, et par d'autres types plus variés qu'on ne pourrait croire, d'après ce que j'ai fait connaître de ces végétaux. Les plantes des couches inférieures de Saint-Étienne en marquent la fin; celles de la Grand'-Combe, d'Auvergne, de Blanzy, en complètent les caractères, avec les curieux *Dicranophyllites*, par leur fréquence.

Au nombre des autres traits distinctifs d'importance variable, on pourrait citer : beaucoup de *Pecopteris polymorpha*, des *Pecopt. oreopteridia* plus nombreux que plus haut; déjà assez de *Pecopt. Schlotheimii*, d'*Alethopteris Grandini* avec *Callipteridium ovatum* et *densifolium*, d'*Odontopteris Reichiana* de plus en plus rares en bas, avec quelques *Od. Brardii*; de nombreux *Psaroniocaulon*; assez de *Calamites cruciatus* augmentant en haut; peu de *Sigillaria* et de *Stigmaria*, comme si l'abondance des Cordaïtes leur eût été contraire; divers *Pecopteris-Cyatheoides* nombreux et variés de temps en temps, etc.

Cet étage présente en haut la plupart des plantes du terrain houiller supérieur proprement dit, quelquefois en grand nombre, de manière à avoir moins de rapport avec l'étage précédent de terrain houiller sous-supérieur qu'avec l'étage suivant.

ÉTAGE FRANÇAIS DES FILICACÉES.

La flore des couches moyennes de Saint-Étienne est foncière-
ment ptérologique par la quantité des Fougères, les unes arborescentes, les autres aux stipes gigantesques, et par le grand nombre
des espèces et des genres; outre les frondes, quantité extraordinaire de *Psaroniocaulon*, *Psaronius*, *Tubiculites*, *Stipitopteris* et
Aulacopteris dépassant tous les autres débris de plantes et formant
la plus grande partie de la houille, tandis que, dans le terrain
houiller moyen, si les Fougères ont presque constamment une
place notable dans la flore, elles n'ont pas d'importance quantitative dans la végétation. Dans la zone des Fougères de M. Geinitz, ces plantes n'ont pas évidemment la prépondérance de la
masse, et cette zone, renfermant beaucoup de plantes inférieures,
se distingue de notre étage des Filicacées, contenant une grande
variété de plantes supérieures, en l'absence des autres destituées,
par un développement extraordinaire des *Odontopteris*, le maximum
des *Callipteridium*, des *Pecopteris-Cyatheoides* riches en espèces
nombreuses et abondants en individus, par les *Calamodendron*, par
les *Poa-Cordaites*, par les *Dory-Cordaites*, par les *Doleropteris*, etc.
Les *Pecopteris-Nevropteroides*, nombreux et variés plus bas, ne
sont plus guère représentés que par le *Pecopteris polymorpha*,
commun et abondant, quelques *Pecopteris pteroides*, etc.

Espèces à l'apogée au milieu et un peu plus haut, presque par-
tout répandues : *Pecopteris hemitelioides prior*, *Cyathea*; *Alethopteris
Grandini*, *ovata*, *gigas*; *Odontopteris Reichiana* en masse et *Brardii*. Espèces communes : *Pecopteris arguta*, *alethopteroides*, *euneura*;
Tœniopteris jejunata. Espèces fréquentes et souvent abondantes :
Pecopteris subnervosa, *Pluckeneti*; *Dictyopteris Brongniarti* et *Schutzei*;
Annularia brevifolia et *longifolia*; *Sphenophyllum oblongifolium* et
angustifolium; *Asterophyllites densifolius*; *Calamites cruciatus*. Espèces
caractéristiques : *Schizopteris pinnata*, etc.

ÉTAGE SUPRA-HOUILLER DES CALAMODENDRÉES.

La masse des *Calamodendron*, jointe aux Fougères en arbres, imprime, de concert avec d'autres plantes, qui, dans quelques cas, peuvent avoir le dessus, un caractère nouveau à la flore des couches supérieures du terrain houiller, déjà à Avaize (Saint-Étienne), mieux à Saint-Bérain, et à Decazeville principalement; les *Cordaites* ont perdu beaucoup de terrain, les *Odontopteris* et *Alethopteris* ne sont plus en pleine puissance continue du nombre et de l'ampleur des formes, les *Annularia* et les *Sphenophyllum* ont diminué sensiblement; la plupart des groupes antérieurs ont baissé.

Mais par les plantes qui la caractérisaient, par les *Calamodendron* et les Fougères en arbres, la flore a conservé une force de végétation suffisante pour avoir pu produire, en France du moins, jusqu'au sommet du terrain houiller, des accumulations considérables de houille.

En fait d'*Odontopteris xenopteroides*, presque plus que des *Od. minor* (communs); *Pecopteris subnervosa succedanea*, encore *Pecopteris Plackeneti*, *Goniopteris unita*, *Callipteridium mirabile*; *Pecopteris hemitelioides*, *leptopteroides*, déjà *Odontopteris obtusa*, mais pas de plantes exclusivement permiennes. La houille est principalement formée de *Psaroniocaulon* avec racines et pétioles de Fougères, et d'écorces de *Calamodendron*.

ÉTAGE AMBIGU PERMO-CARBONIFÈRE.

Un passage du terrain houiller supérieur au rothliegende proprement dit a été signalé par M. Meek dans le Nebraska et par M. Dawson au Canada, sous le nom de *permo-carbonifère*, que j'applique en France à un étage souvent schisto-bitumineux, dont la flore est un mélange de celle prolongée du terrain houiller le plus supérieur, avec quelques plantes plus ou moins caractéristiques, mais subordonnées, du rothliegende; ce mélange est pour

63.

le moins aussi complet que dans les dépôts permiens les plus
inférieurs de la Sarre décrits comme kohlenrothliegende par le
docteur Weiss. La même transition existe sans doute aussi en
Bohême, car les plantes du rothliegende de ce pays connues par
F. Unger lui ont fait dire qu'elles portent plus en elles-mêmes
les caractères de la flore houillère que ceux de la flore permienne.

Déjà *Walchia pinniformis*, *filiciformis* et *hypnoides*; des *Odontopteris-mixoneura*, principalement l'*obtusibola*, avec *Nevropteris-
odontopteroides Dufresnoyi*, *Tæniopteris abnormis*, *Calamites gigas*;
des *Callipteris* douteux, *conferta*, etc.

Le tout mêlé à un très-grand nombre d'espèces houillères supérieures du centre de la France, de manière que la florule de
l'étage qui nous occupe participe encore beaucoup trop de celle
du terrain houiller pour pouvoir en être isolée comme indépendante.

Nous devons faire remarquer que l'étage dont il s'agit est arti-
ficiel; mais, tel qu'il est défini, il peut servir à déterminer les
rapports généraux stratigraphiques de couches carbonifères récentes, que des éléments incomplets réunis à la hâte ne suffisent
pas toujours à placer soit tout à fait au sommet du terrain houiller, soit tout à fait à la base du rothliegende.

ÉTAGE PERMIEN DU ROTHLIEGENDE.

Avec encore beaucoup de plantes houillères supérieures : *Pecopteris*, *Psaronius*, *Calamodendron*, la flore de cet étage se distingue
par un ensemble assez complet de plantes permiennes, principalement par une grande variété de *Callipteris* unis à de nombreux
Walchia, par d'autres apparitions rapidement opérées qui l'affran-
chissent de toute subordination au terrain houiller. Le terrain dit
houiller de Bert nous offrira un exemple remarquable de cet étage,
que nous pouvons nous dispenser de définir (voir page 518).

SECTION II.

ÉNUMÉRATION DES ESPÈCES FOSSILES; SYNCHRONISME, PARALLÉLISME, ORDRE DE
SUPERPOSITION DES BASSINS HOUILLERS ISOLÉS DU CENTRE ET DU MIDI DE LA
FRANCE.

Nous nous proposons de classer, les uns par rapport aux autres,
et par étages, les divers bassins houillers situés au pourtour et
dispersés à la surface du massif primitif central de la France; nous
les suivrons par groupes dans l'ordre suivant :

Groupe du Forez et du Lyonnais, c'est-à-dire des bassins de la
Loire, de Sainte-Foy-l'Argentière (Rhône).

Groupe de l'Auvergne, des bassins de Brassac, de Langeac, etc.

Groupe du Morvan, des bassins de Blanzy ou de Saône-et-Loire,
d'Autun, etc., auxquels se coordonnent ou se rattachent les bassins de la Chapelle-sous-Dun, de Bert.

Groupe du Centre, des bassins alignés N. 15°E., S. 15°O., de
Buxière-la-Grue, de la Queune, de Saint-Éloi, de Champagnac
jusqu'à Mauriac; avec le bassin de Decize (Nièvre), le bassin dé-
doublé de Commentry et de Doyet (Allier), et les bassins d'Ahun
et de Bosmoreau dans la Creuse.

Groupe du Sud-Ouest, de la série du Limousin, de l'affleurement de Saint-Perdoux (Lot), du bassin de Decazeville, etc.

Groupe du Midi, des bassins de Carmeaux, de Graissessac, des
Corbières, des Pyrénées.

Groupe des Cévennes, des bassins du Gard, du Vivarais.

Nous examinerons ensuite séparément la formation carbonifère
des Alpes, puis les dépôts houillers du Var, celui de Ronchamp
(Haute-Saône), ceux de Saint-Pierre-la-Cour (Mayenne), de Kergogne (Finistère), et ceux de Littry (Calvados) et du Plessis
(Manche).

Nous résumerons à la fin les résultats de cette étude comparée.

BASSIN HOUILLER DE LA LOIRE.

Nous avons déterminé l'âge relatif du bassin houiller de la Loire, 2ᵉ partie, chapitre ɪ, p. 435 à 446.

Nous venons de distinguer les étages qu'il nous a suggérés, concurremment avec les autres bassins français.

Son étude détaillée fera l'objet du chapitre ɪɪɪ.

Qu'il nous suffise pour le moment de dire en quelques mots de combien d'étages il se compose.

Les couches de Rive-de-Gier nous paraissent bien devoir se trouver à la base du terrain houiller supérieur, où elles caractérisent un étage.

La quantité des *Calamites*, *Asterophyllites*, la variété des *Pecopteris-Nevropteroides*, la nature des *Sphenophyllum* et des autres plantes annoncent, dans les couches moins profondes de Montrond notamment, la présence de l'étage sous-supérieur des Cévennes, peu développé ou peu riche en houille dans le bassin de la Loire.

L'étage des Cordaïtées, qui ne commence guère qu'avec les couches dites de Saint-Chamond, est richement représenté par les couches inférieures de Saint-Étienne, les 13ᵉ, 14ᵉ, 15ᵉ, 16ᵉ, etc. La partie supérieure du conglomérat par les Dadoxylons communs, par les débris corticaux de Cordaïtes abondants et presque exclusifs dans les grès, doit se relier à cet étage, dont la limite inférieure est difficile à tracer.

L'étage des Fougères est représenté au complet par les couches moyennes et en partie supérieures de Saint-Étienne.

L'étage des Calamodendrons s'accuse et s'affirme en haut du système productif, toutefois assez timidement.

L'étage permo-carbonifère s'annonce dans les couches stériles de couronnement de la formation.

BASSIN DE SAINTE-FOY-L'ARGENTIÈRE.

Le bassin de Sainte-Foy-l'Argentière, dont l'extrémité occidentale pénètre dans le département de la Loire, se trouve situé dans la vallée de la Brévenne, au milieu des montagnes du Lyonnais. Les empreintes y sont rares et mal conservées.

NOTES DE VOYAGE. Dans les schistes, fréquents *Psaroniocaulon* (que l'on voit se rapporter en général au *Ptychopteris macrodiscus*) et *Stipitopteris;* des *Psaroniocaulon* également dans les grès du puits de l'Argentière; *Pecopteris polymorpha, Alethopteris ovata, Calamodendrofloyos, Cordaites,* etc. Les formes végétales que l'on peut distinguer dans la houille consistent en *Aulacopteris* fréquents et nombreux, avec *Medullosa carbonaria;* en *Psaroniocaulon* communs et *Tubiculites.* Dans les terres cultivées au-dessus du terrain houiller, on trouve des *Dadoxylon,* les fibres de l'un d'eux avec une rangée de ponctuations contiguës, les fibres d'un autre avec deux rangées de ponctuations contiguës alternes et avec des rayons médullaires généralement doubles.

Au Palais Saint-Pierre, à Lyon, schiste portant des empreintes d'*Annularia longifolia,* de *Sphenophyllum oblongifolium,* de *Pecopteris arguta,* de *Samaropsis Forensis.*

OBSERVATION. Cette énumération de plantes est évidemment très-incomplète; de l'ensemble on peut tout au plus conjecturer que le petit bassin houiller de Sainte-Foy-l'Argentière est au niveau des couches élevées de Saint-Étienne.

Je suis encore moins fixé sur la position de deux autres lambeaux houillers, dont je ne connais que les empreintes peu nettes suivantes, conservées au Palais Saint-Pierre, à Lyon :

De l'Arbresle, dans l'alignement de Sainte-Foy : *Sphenopteris cristata, Pecopteris oreopteridia, Sphenophyllum oblongifolium;*

Et de Sainte-Paule, plus au nord, près Oingt, une sorte de *Pecopteris hemitelioides,* qui, s'il était plus précis, suffirait à démontrer d'une manière probable qu'en cette localité, tout près du terrain anthracifère si ancien, existe un dépôt houiller supérieur des plus récents.

TERRAINS HOUILLERS DE L'AUVERGNE.

Vers le milieu du plateau central se trouvent les bassins houillers de Brassac et de Langeac, avec les parties intermédiaires de la Mothe et de Lavaudieu.

BASSIN DE BRASSAC.

Le bassin de Brassac se compose d'un étage inférieur et d'un système supérieur de couches nombreuses.

Étage inférieur de la Combelle.

NOTES DE VOYAGE. Quantité de *Cordaites*, dont *Cord. cuneatus, foliolatus, borassifolius*, avec les autres débris des mêmes plantes : *Cladiscus, Artisia transversa, angulosa; Cordaifloyos; Cardiocarpus*, principalement *emarginatus, fragosus, eximius; Dicranophyllum gallicum*. Pas de *Stigmaria* ni non plus guère de *Sigillaria*. Nombreuses Calamites, dont *Cal. Cistii, cruciatus; Asterophyllites densifolius; Annularia longifolia* et *brevifolia, Bruckmannia tuberculata* (commun); *Sphenophyllum truncatum*. Peu de Fougères en général et, en tout cas, pas d'*Odontopteris*, peu d'*Alethopteris*, dont *Aleth. densifolia* et *A. pecopteroides* de Ronchamp; par contre, nombreux *Nevropteris*, dont *N. Arvernieusis*, analogue au *N. Sternbergii* de Gutbier, avec *Cyclopteris* dépendants et *Aulacopteris* appartenants; *Pecopteris arborescens* et *Prepecopteris* de Rive-de-Gier; *Psaroniocaulon sulcatum; Stipitopteris* notables. Plusieurs espèces de *Lepidodendron*, dont une sorte de *Lep. dilatatum* de Sauveur, *Lepidodendron rimosum;* un *Lepidofloyos* plutôt *lepidophyllifolius* que *laricinus*.

OBSERVATION. Cette flore, qui tient de celle de Rive-de-Gier, participe au moins autant de celle des couches inférieures de Saint-Étienne, de manière à la croire intermédiaire; elle rattache toujours les couches de la Combelle à l'étage des Cordaïtes. Ces couches, dites anthracifères, ont été considérées comme houillères par feu M. Baudin [1], et rapportées par M. Dorlhac [2] au millstone-grit, dont elles sont bien loin.

Des couches de Charbonnier correspondant à celles de la Combelle, d'après ces deux auteurs, j'ai reçu de M. Bubet du schiste rempli de radicules de *Calamites*, avec des *Sphenophyllum saxifragæfolium, Hymenophyllites sub-Zobeli*, des *Pecopteris polymorpha* et *oreopteridia*.

De Fraissange, j'ai vu au Muséum un *Dicranophyllum gallicum*.

[1] *Bassin houiller de Brassac*, 1851.
[2] *Étude sur les filons barytiques et plombifères des environs de Brioude.*

SYSTÈME DES COUCHES SUPÉRIEURES DE BRASSAC.

1° *Bouxhors.* — NOTES DE VOYAGE. Surtout des Cordaïtes; ce sont les seules empreintes visibles dans la houille, qui paraît formée des feuilles, des écorces et du fusain de ces plantes; *Cardiocarpus emarginatus; Poa-Cordaites.* En fait de Fougères, principalement *Pecopt. Schlotheimii* et nombreux *Pecopt. unita; Pecopt. polymorpha;* quelques *Aleth. Grandini; Aleth. ovata; Dicty. Brongniarti. Calamites Suckowii, Cistii. Annularia longifolia* remplissant un schiste avec des *Bruck. tuberculata.* Peu de *Sphenophyllum;* ni *Sigillaria,* ni *Lepidodendron.*

2° *Les Barthes.* — Au Muséum : *Cordaites borassifolius; Cardiocarpus punctatus, vere reniformis; Sphenophyllum oblongifolium, fimbriatum.*

3° *La Taupe.* — NOTES DE VOYAGE. *Alethopteris callipteroides.* Au Muséum : *Cordaites borassifolius; Artisia tantilla; Nevropteris subobtusa.*

4° *Grosmenil.* — NOTES DE VOYAGE. *Odontopteris Reichiana;* sorte de *Sphenophyllum truncatum; Asterophyllites densifolius; Dicranophyllum gallicum.* Au Muséum : *Artisia transversa; Pecopt. Biotii, Alethopt. densifolia.*

Au Muséum, sans distinction de provenances : nombreux *Annularia brevifolia, Pecopt. arborescens* (couches inférieures), *Pecopt. dentata, Biotii; Pecopt. cristata, chærophylloides; Alethopt. densifolia.*

OBSERVATION. Les flores des diverses couches ne paraissent pas différer sensiblement; elles ne s'éloignent pas beaucoup de celle de la Combelle. Je puis parfaitement les mettre en parallèle avec les plantes ordinaires des couches inférieures de Saint-Étienne. De manière que le système des couches de Brassac se rattacherait encore à l'étage des Cordaïtées, qu'il couronnerait en montant peut-être un peu dans l'étage des Filicacées.

RECHERCHES DE LA MOTHE, PRÈS BRIOUDE.

Les empreintes que l'on aperçoit dans les grès, schistes et houille sont généralement des Cordaïtes partout, dont *C. borassifolius, patulus, principalis, Cardiocarpus ovatus,* quelques *Rhabdocarpus subtunicatus;* des vestiges de *Dicranophyllum;* des *Pecopteris Schlotheimii; Alethopteris ovata* varié; *Annularia brevifolia.*

Ces empreintes sont celles du système des couches de Brassac, et aussi du faisceau de Marsanges (Langeac).

NOTES DE VOYAGE. Seulement quelques débris de *Cordaites* dans les déblais de recherches. Dans les grès silicifiés : *Cordaites, Medullosa, Dictyopteris,* nombreux *Dadoxylon,* etc.

OBSERVATION. Les roches siliceuses de Lavaudieu sont peut-être du même âge que celles du bassin de la Loire.

1° *Marsanges.* — NOTES DE VOYAGE. Dans tous les schistes charbonneux et la houille, presque rien que des empreintes très-communes et très-abondantes de *Cordaites* et autres débris végétaux qui s'ensuivent, de manière à admettre que le charbon en est pour ainsi dire tout formé; dans les schistes : *Cladiscus selenostigma, ellipticus; Cardiocarpus emarginatus; Poa-Cordaites; Dicranophyllum gallicum;* nombreux *Aleth. Grandini,* tirant plus ou moins sur l'*Aquilina; Aleth. ovata major;* des *Pecopt. Candolleana,* quelques *Odontopteris Reichiana; Bruckmannia tuberculata,* etc.

OBSERVATION. C'est un ensemble de plantes qui rattacherait les couches de Marsanges aux couches de Brassac en même temps qu'aux couches inférieures du système stéphanois.

2° *Chalède.* — NOTES DE VOYAGE. Les rares empreintes que l'on trouve sont des Cordaites, dont *C. subcocoinus; Carpolithes ovoideus* de Corda.

3° *Meulières de Langeac.* — NOTES DE VOYAGE. *Psaroniocaulon; Dictyopteris nevropteroides; Polypterocarpus caudatus; Dicranophyllum.* Collection de M. Aymard, au Puy, beaucoup de graines : nombreux *Trigonocarpus Nöggerathii, prismaticus;* sorte de *Trigonocarpus morchellæformis,* Stern., *Mentzelianus* de Geinitz plutôt que de Göppert et Berger; *Trigonocarpus triangularis, cylindricus,* Br., *ovatus,* Br., *sulcatus,* Presl.; sorte de *Trigonocarpus Dawesii,* Lind.; sorte de *Codonospermum anomalum. Cardiocarpus* de toutes sortes, *cordiformis, major, reniformis, vellavus, avellanus, ovoideus,* à peine *Cardiocarpus Cordai* et peut-être pas de *C. lenticularis. Calamites cannæformis, approximatus; Equisetites infundibuliformis. Pecopteris dentata; Dictyopteris nevropteroides; Odontopteris Reichiana; Cyclopteris orbicularis.* Sorte de *Lepidofloyos laricinus; Knorria.* Sorte de *Sigillaria cyclostigma. Artisia angulosa, transversa,* etc.

Au Muséum, sans indication d'endroits : *Pecopteris* de Rive-de-Gier plutôt que de Saint-Étienne, soit *Pecopt. arborescens, dentata; Dictyopteris nevro-pteroides.* Moyennes et petites tiges de *Calamites cannæformis* (commun), nombreux *Cardiocarpus major, Card. ovatus, acutus,* etc.

Du nombre des espèces énumérées par M. Geinitz (*Ueber organische Reste aus der Steink. von Langeac, Jahrbuch,* 1870), je signalerai en outre : 1° des grès meulières, *Calamites Cistii; Cardiocarpus Cordai;* 2° de la Chalède, *Calamites Suckowii;* 3° de Marsanges, *Cardiocarpus emarginatus; Pecopteris arborescens, dentata, polymorpha; Annularia longifolia.*

OBSERVATION. Il paraît bien que les couches de la Chalède et les grès meulières sont inférieurs aux couches de Marsanges; mais les unes comme les autres, peut-être intermédiaires entre l'étage local de la Combelle et le système local de Brassac, rentrent également dans la zone des Cordaïtes, dont ils marqueraient le milieu.

Du manque de Sigillaires notamment, M. Geinitz a cru pouvoir induire que le terrain houiller de Langeac appartient à l'étage supérieur de la formation houillère productive et correspond au bassin de Plauen, près Dresde, en Saxe.

RÉSUMÉ DES OBSERVATIONS.

De tout ce qui précède il me paraît résulter que les terrains houillers d'Auvergne se rapportent entièrement à l'étage des Cordaïtées, qu'ils dépassent peut-être un peu en dessus à Bouxhors et qu'ils devancent en dessous à la Combelle, la flore s'accordant mieux en bas avec celle de Rive-de-Gier et en haut avec celle des couches inférieures de Saint-Étienne.

TERRAINS HOUILLERS ADOSSÉS AU MORVAN, DE LA BOURGOGNE, DE SAÔNE-ET-LOIRE.

Au pied du Morvan reposent plusieurs bassins houillers.

De la bande carbonifère de Sincey (Côte-d'Or) sur la lisière septentrionale de ce massif primitif, je n'ai connaissance d'aucune empreinte végétale.

Mais j'ai réuni beaucoup de notes sur les importants gîtes de Blanzy, de Montchanin et de Saint-Bérain, le long du canal du Centre, sur le Creuzot et principalement sur le bassin d'Autun.

MINES DE BLANZY.

Notes de voyage, 1867. La majeure partie de la houille se montre bien formée de *Cordaites* [1], avec fusain de *Dadoxylon*, de *Tubiculites*, etc.

Notes de voyage, 1872. 1° Grande couche inférieure, division de Lucy. Dans la barre blanche du milieu de la couche, principalement des *Cordaites*, dont *C. angulosostriatus*; nombreux *Artisia*, dont l'*approximata*; nombreux *Antholithes gemmifer*, *Anth. glomeratus*, peu d'*Anth. baccifer*. Dans les schistes et le charbon schisteux, *Cordaites* dominants avec nombreux *Cardiocarpus plarimus*, *Artisia*, *Cladiscus*; des *Artisia approximata*, *transversa*, *angulosa*; beaucoup de bois charbonné de *Cordaites*. En somme les *Cordaites* à sommet obtus tronqué forment le fond de la flore; un *Poa-Cordaites*; *Syringodendron alternans*, quelques *Psaroniocaulon*, *Pecopteris Schlotheinii*, *euneura*, assez de *Sphenophyllum oblongifolium*. Dans le schiste bitumineux supérieur : *Odontopteris Reichiana* à pinnules amples; *Schizopteris rhipis*; *Cordaites borassifolius*, *palmaeformis*; *Walchia pinniformis*, etc.

2° Grande couche supérieure. Dans la sole et le nerf de la couche, principalement *Cordaifloyos* avec *Artisia*. Dans le toit de la couche, *Calamites* droites et couchées sans Astérophyllites, dont *Cal. Suckowii* et *Cistii*, avec *Annularia longifolia* et indices d'*Annul. minuta*; *Odontopteris Reichiana* de petit format; *Pecopteris polymorpha*, *subnervosa*; *Sphenophyllum oblongifolium*.

3° Couches de couronnement, aux emprunts Maugrand et Saint-François. Considérablement de Calamariées et de Calamodendrées, soit *Cal. cannaeformis*, *major*, *approximatus*, *pachyderma*; *Calamodendrea rhizobola*, *cortea*; *Calamophyllites subcommunis* et *Asterophyllites*; *Arthropitus gallicus*; nombreux *Pecopteris arguta* dans un banc; *Pecopt. Pluckeneti*, *Cordaites* et *Cordaifloyos* comme en haut de Saint-Étienne; *Cardiocarpus Gutbieri*; *Syringodendron amygdalaeformis*; *Psaronius carbonifer*. Schistes charbonneux avec des *Odontopteris* menus et des *Pecopteris unita*.

Au Muséum : *Calamites cannaeformis*, *Cistii*; *Calamites cruciatus encarpatus*. *Annularia longifolia*. *Pecopteris polymorpha*, *ovata*, *Pluckeneti*. *Alethopteris Grandini* ordinaire. *Odontopteris minor* (de 70 à 80 mètres au puits Ravez) avec la variété *lanceolata*. *Odontopteris lingulata*; *Nevropteris cordata*, *speciosa*, Br. *Lepidodendron Sternbergii* tirant sur l'*elegans*. *Pachytesta gigantea*.

D'après feu M. Manès (*Statistique géol. et min. du département de Saône-et-*

---

[1] Ce doit être le cas des stries végétales signalées par M. Burat dans les plans de la houille (*Mémoire sur le gisement de la houille dans le bassin de Saône-et-Loire*).

Loire, 1847, p. 119), j'ajouterai l'*Odontopteris Schlotheimii*, le *Sigillaria Brardii*, etc.

On a signalé en outre l'*Odontopteris Brardii*.

OBSERVATIONS. La grande couche inférieure et encore, mais moins, la grande couche supérieure du Montceau correspondraient aux couches inférieures de Saint-Étienne, et seraient situées en haut de l'étage des Cordaitées; on voit effectivement, d'après mes notes, que les Cordaïtes dominent, avec peu de Fougères.

Les couches de couronnement dites *de Montmaillot* se laisseraient mettre en rapport avec les couches supérieures de l'étage moyen stéphanois.

L'étage des Filicacées manquerait alors!

MINES DE MONTCHANIN-LONGPENDU.

NOTES DE VOYAGE. Dans les schistes charbonneux très-abondants de triage, presque rien que *Cordaites*, *Cordaiphlœum* et fusain de *Dadoxylon*, avec fréquents *Artisia transversa*, *Cladiscus*, *Cardiocarpus plurimus* et *Guthieri*; *Antholithes circumdatus*; le *Cordaites lingulatus* paraît devoir être nombreux comme au Montceau. Peu de Fougères; quelques *Pecopteris oreopteridia*; *Pecopt. euneura*; *Pecopt. subnervosa*; *Alethopteris Grandini* (rare); *Psaroniocaulon. Calamites cruciatus. Dicranophyllum.* Au Muséum : *Sphenopteris chœrophylloides.*

OBSERVATION. L'analogie de flore rattache Longpendu aux couches inférieures du Montceau d'une manière assez évidente.

La position relative des couches reconnues à Blanzy même, soit par rapport au Montceau soit par rapport à Montchanin, n'est pas déterminée d'une manière satisfaisante; je regrette de n'avoir pas été à même de résoudre cette question.

MINE DE SAINT-BÉRAIN-SUR-DHEUNE.

NOTES DE VOYAGE, 1867. Au puits Saint-Léger, *Lepidofloyos strobiliformis* et *Tubiculites* dans la houille; mises de charbon formées de stipes de Fougères. *Aulacopteris* commun; il y en a dans la houille. Aux puits Jumeaux, beaucoup de bois sidérifiés de *Calamodendron*.

Au Muséum : *Calamites approximatus. Annularia longifolia* et *brevifolia. Odontopteris minor* (rappelant ceux du toit de la couche des Litles), sans *Reichiana; Odontopteris Brardii; Od. obtusa; Od. Schlotheimii* (comme aux Platières); *Od. subrotundifolia* (comme au Clapier). *Dictyopteris Schutzei. Goniopteris unita longifolia* et *arguta* affaibli. *Pecopteris Schlotheimii* et *alethopteroides* (comme aux environs de Saint-Étienne); *Pecopt. polymorpha* en nombreux exemplaires. *Alethopteris Grandini, densifolia, ovata. Schizopteris pinnata. Doleropteris pseudopeltata. Sigillaria spinulosa; Syringodendron alternans. Codonospermum anomalum. Rhabdocarpus subtunicatus.* Assez de *Carpolithes disciformis. Calamites cruciatus. Calamodendron striatum,* etc.

Feu M. Manès donne une liste d'espèces, la plupart certainement mal déterminées, que mes notes, assez nombreuses, me permettent de laisser de côté.

Observation. De l'ensemble des espèces que j'ai observées moi-même, je ne puis guère douter que les couches dont elles proviennent ne soient très-supérieures et ne se rattachent plus ou moins manifestement à l'étage des Calamodendrées, ainsi que peut-être également les couches de couronnement du Montceau; il y a des associations si analogues à celles des couches supérieures à la 3ᵉ de Saint-Étienne, que les dépôts pourraient bien être synchroniques. Je n'ai aucune note sur les schistes bitumineux existants à Saint-Bérain.

MINE DU CREUZOT.

Le peu de documents que j'ai sur le Creuzot ne me permet guère de dire à quel étage appartient ce relèvement du terrain houiller, que M. Ledoux relègue en dehors des couches exploitées à Montchanin et au Montceau; il est possible que la mine du Creuzot corresponde à celle d'Épinac.

Notes de voyage, prises aux bureaux de la Compagnie. Nombreux *Pecopteris Schlotheimii; Alethopteris Grandini. Stigmaria ficoides. Pseudosigillaria. Myelocalamites approximatus. Walchia pinniformis.*

Au Muséum : *Pecopteris cyathea, Candolleana, alethopteroides; Pecopt. subnervosa; Alethopteris Grandini; Dictyopteris Schutzei.*

SCHISTES DE CHARMOY.

Les schistes de Charmoy appartiennent, dans le bassin de Saône-et-Loire, aux couches les plus élevées, lesquelles sont superposées, liées au terrain houiller et décrites, comme formant une assise supérieure de celui-ci, par M. Manigler, qui a fait, à l'École des mineurs, un envoi de plantes où je remarque :

De nombreux *Walchia pinniformis; Walchia hypnoides, imbricata, lineari-folia*, avec des *Conites* (tels que ceux que M. Göppert a figurés à tort comme *Lepidostrobus*), et de toutes petites graines, des *Carpolithes variabilis, suborbicularis;* deux *Rhabdocarpus subtunicatus*. Débris de *Callipteris conferta*, de *Nevropteris Dufresnoyi. Cordaites platynervis; Poa-Cordaites*, etc.

Le caractère permien de la flore est pour le moins aussi accusé ici que dans les schistes bitumineux des environs d'Autun, en général.

BASSIN CARBONIFÈRE D'AUTUN.

Le bassin carbonifère d'Autun comprend les couches inférieures d'Épinac, relevées sur les roches anciennes, et le système des schistes bitumineux d'Autun; on distingue le groupe des couches intermédiaires de Sully, du Grand-Moloy, situées bien au-dessus des couches d'Épinac et à peu de distance en dessous des schistes bitumineux inférieurs.

ÉTAGE INFÉRIEUR D'ÉPINAC.

Notes de voyage, 1872. Houille avec beaucoup de fusain de *Cordaites*. Dans le terrassement de Fontaine-Bonnard, *Cordaites, Antholithes gemmifer, Rhabdocarpus subtunicatus*. A la carrière du Haut-de-la-Vigne, lit à *Annularia longifolia*, un autre à *Alethopteris Grandini* particulier. Au puits Micheneau : *Calamites Suckowii, Equisetites infundibuliformis*, nombreux *Annularia longifolia* et *brevifolia*, des *Sphenophyllam dentatum, Asterophyllites rigidus;* Fougères plutôt ripagériennes que stéphanoises, quelques *Psaroniocaulon sulcatum; Pecopteris oreopteridia, dentata* plutôt que *Biotii; Dictyopteris nevropteroides; Lepidofloyos*. Au puits Hottinger, dans les roches de fonçage, beaucoup de *ardaites*, assez de *Cordaiphlœum , Cladiscus; Cardiocarpus ovatus*, sorte de

Poa-Cordaites premier-né; *Calamodendrofloyos*; *Calamites Cistii* nombreux, *Suckowii*; des *Asterophyllites hippuroides*; *Sphenophyllum dentatum* et *truncatum* de Rive-de-Gier; *Annularia longifolia*, abondant *Ann. brevifolia*; assez de *Pecopteris polymorpha*; *Alethopteris nevropteroides* petit format; *Nevropteris* avec *Cyclopteris* turbinés; *Dicranophyllum gallicum*. Au Muséum, *Alethopteris Grandini* maigre.

Notes de voyage, 1873. Au Mont-Pelé, à la partie supérieure de l'étage d'Épinac? nombreux *Cordaites* principalement *borassifolius*, *Cladiscus selenoides*, *decurrens*, *Cardiocarpus ovatus*; *Dicranophyllum gallicum*; *Pachytesta gigantea*; *Doleropteris*, *Schizostachys*, *Schizopteris lactuca*; assez d'*Annularia longifolia*, quelques *brevifolia*; fréquents *Asterophyllites densifolius*; gaîne d'*Equisetites* comme à Ronchamp; sorte de *Sphenophyllum oblongifolium*; nombreux *Alethopteris aquilina* plutôt que *Grandini*, avec grands *Aulacopteris planistriata* et *Medullosa carbonaria* dépendant; *Alethopteris ovata major*; quelques *Odontopteris Reichiana* des couches inférieures; *Pecopteris oreopteridia*, arborescens véritable; *Pecopt. Pluckeneti* inférieur; *Sphenopteris Gravenhorstii*; *Tubiculites*, etc.

Observations. Autant que je puis conclure d'après ces notes, je considère les couches d'Épinac comme intermédiaires entre l'étage ripagérien et le système des couches de Saint-Étienne.

Je ne sais pas au juste de quels endroits, aux environs de Sully, viennent les empreintes suivantes, qui appartiennent aux couches houillères supérieures :

Au Muséum : *Odontopteris sub-Brardii*, *Cladiscus selenoides* avec *Cordaites borassifolius*; *Poa-Cordaites zamitoides*; *Rhabdocarpus subtunicatus*; *Pecopteris Candolleana*; *Sphenophyllum oblongifolium*. Au petit séminaire d'Autun : *Pecopt. hemitelioides*; *Alethopteris ovata*; *Aphlebia pateræformis*.

COUCHES DU GRAND-MOLOY.

Ces couches, correspondant à celles de Sully (M. Aymard), appartiennent probablement à l'étage des Calamodendrées.

La houille, qui paraît formée de beaucoup d'écorces épaisses calamitoïdes, renferme également beaucoup de fusain de *Calamodendron*; elle est surmontée d'un faux toit plein de *Calamites cruciatus* de toutes sortes, avec *Annularia brevifolia* nombreux, *Sphenophyllum angustifolium* et *elongatum*, *Nevropteris petiolata*, *Alethopteris post-Grandini*.

SYSTÈME DES SCHISTES BITUMINEUX D'AUTUN.

On n'est pas fixé, je crois, sur l'ordre de superposition des schistes bitumineux exploités aux environs d'Autun. On compte cependant au nombre des plus inférieurs ceux de Saint-Léger-du-Bois, des Cheignots, de Lally, de la Varenne, d'Igornay, et on considère ceux de Cordesse, du Ruet, comme moyens, et ceux de Muse, de Millery, comme supérieurs.

Chambois. Au musée d'Autun : *Odontopteris obtusa, Alethopteris Grandini, Odontopteris minor.* Au Muséum de Paris : *Alethopteris densifolia,* nombreux *Carpolithes disciformis* mêlés à des *Poa-Cordaites, des Dictyopteris Brongniarti.* A l'École des mines de Paris : *Dictyopteris Schutzei.* Et cela avec nombreux *Walchia pinniformis, filiciformis, Wal. hypnoides, des Neuropteris Dufresnoyi; Annularia brevifolia et longifolia.* J'y ai trouvé, dans les grès inférieurs aux couches de houille : *Codonospermum anomalum, Cardiocarpus vulgaris, Psaroniocaulon, Tubiculites,* et, ce semble, *Odontopteris minor, Aulacopteris conveniens, Callipteridium densifolium, Dictyopteris Brongniarti, Poa-Cardaites* (sans plantes permiennes); et, dans une carrière, plusieurs *Walchia pinniformis;* et au puits du Bois-Saint-Romain, *Walchia pinniformis* fréquents, *Poa-Cardaites.*

Saint-Léger-du-Bois. Au Muséum : *Annularia brevifolia* et *Alethopteris densifolia.* Au petit séminaire d'Autun : *Syringodendron amygdalæforme.* D'après feu M. Manès, *Alethopteris Grandini, Pecopteris Cyathea, Sigillaria elegans.*

Aux Cheignots. Nombreux *Cordaites.* (Notes de voyage.)

A *Lally,* dans le banc du milieu de la couche oléifère. *Calamites Suckowii, gigas* (trois tiges debout au mur de ladite couche, M. Pochon), *oculatus; Equisetites infundibuliformis; Sphenophyllum latifolium* (rappelant le *truncatum,* mais bien différent, de la nature du *Sph. Thonii,* que quelques plus grandes feuilles courbes représenteraient); *Tæniopteris multinervis, Dictyopteris Brongniarti, Pecopteris Candólleana, subelegans* (fréquent), *sub-Beyrichi; Nöggerathia? zamitoides* à folioles caduques, courbes, tronquées obliquement; *Cardiocarpus vulgaris;* nombreux *Walchia pinniformis* [1].

[1] Un exemplaire fixe enfin sur le mode de reproduction de ces végétaux, que M. Geinitz place parmi les Sélaginées; il porte des fleurs mâles et femelles, comme

65

A la Varenne.— NOTES DE VOYAGE. *Bruckmannia tuberculata*, *Sigillaria spinulosa* v. *Æduensis*, *Cordaites*, *Walchia*, etc.

Igornay. Au Muséum : *Pecopteris Pluckeneti*; sorte d'*Alethopteris Grandini*; *Sigillaria Brardii* v. *Menardi*. *Equisetites infundibuliformis*, beaucoup d'*Estheria*. Au petit séminaire : *Syringodendron alternans*.

A Ravelon. *Walchia pinniformis* mas, *Rhabdocarpus Astrocaryoides*.

Au Ruet. *Sigillaria* à côtes accentuées avec petites cicatrices elliptiques espacées (M. de Champeaux).

Cordesse. *Trigonocarpus Nöggerathii* (M. B. Renault).

Muse. Cité par M. Brongniart : *Pecopteris Cyathea*; cité par feu M. Manès : *Pecopt. abbreviata.* Au Muséum : *Pecopt. Schlotheimii*; *Cardiocarpus intermedius*.

Millery. Au Muséum : *Alethopteris gigas*, *Nevropteris Dufresnoyi*, *Dictyopteris Schutzei*, *Tæniopteris multinervis*; *Cordaites principalis*, *borassifolius* et autres

l'indique sommairement le croquis ci-dessous, au bout des rameaux modifiés, les fleurs mâles en haut et les fleurs femelles en bas, les premières apparaissant comme de petits bourgeons à l'aisselle de feuilles réduites, les secondes sous forme de

graines nettes analogues aux *Carpolithes avellanus*, mais plus petites et agglomérées au milieu d'écailles protectrices; il est possible que les petites graines que je cite comme *Carpolithes variabilis* les représentent mûres et détachées. D'après cette empreinte importante, les *Walchia* n'ont aucun rapport avec les *Volzia*.

assez fréquents. *Cardiocarpus rotundatus*, nombreux *Carpolithes variabilis*. Assez
de *Walchia*, dont *Wal. filiciformis; Sphenophyllum* tirant sur l'*oblongifolium;
Annularia carinata;* beaucoup d'*Asterophyllites*, dont *Ast. subviticulosus;* et d'après
le catalogue : *Pecopteris hemitelioides, Cyathea, affinis; Annularia longifolia.* Au
petit séminaire : *Asterophyllites equisetiformis; Pecopteris Candolleana,* deux ou
trois sortes de *Callipteris, conferta, obliqua,* peut-être *prælongata.* D'après feu
M. Manès : *Pecopteris arguta, aspidioides; Odontopteris Schlotheimii; Asterophyllites rigidus, longifolius, tenuifolius.* On a cité en outre un *Sphenophyllum
quadrifidum,* etc. J'ai trouvé au-dessus de la veine de boghead beaucoup de
Callipteris, principalement *obliqua, Carioni, subauriculata* (des couches supérieures du rothliegende), *Piceites Naumanni, Carpolithes Ottonis* et peut-être le
Nevropteris postcarbonica de Gümbel.

Sans distinction de localités. Au Muséum : *Asterophyllites* plus ou moins analogues à ceux du terrain houiller supérieur. *Equisetites infundibuliformis, Sphenophyllum suboblongifolium.* Des *Callipteris* dont *Callipteris Carioni,* plusieurs
Odontopteris obtusa. Alethopteris Grandini altéré; *Pecopteris Candolleana; Cardiocarpus intermedius. Rhabdocarpus subtunicatus.* Au musée d'Autun : des
Annularia carinata; Asterophyllites rigidus, equisetiformis, Volkmannia gracilis
et autres; assez de *Tæniopteris,* dont *T. multinervis* et *fallax minor; Callipteris
gigantea* et autres. Divers *Pecopteris,* dont *Pecopt. densifolia; Sigillaria Brardii.*
Plusieurs *Piceites Naumanni.* Nombreux *Carpolithes variabilis* [1]; et dans des
roches de provenance douteuse : *Odontopteris minor, Alethopteris Grandini* et
gigas, Sigillaria hexagona. Au petit séminaire : *Pecopteris Schlotheimii* fructi-
fère, comme Schlotheim l'a figuré; nombreux *Carpolithes submembranaceus,
Carp. triangularis.* D'après Mgr Landriot : *Cardiocarpus major.* D'après
M. Schimper : *Callipteris conferta, Walchia imbricata,* Sch. Et d'après des
citations diverses : *Walchia Schlotheimii, Sphenopteris artemisiæfolia, elegans*
(sujet à caution), *latifolia* (voir); *Asterophyllites radiata; Nevropteris heterophylla* et autres avec *Cyclopteris orbicularis, obliqua, flabellata,* ce qui aurait
lieu d'étonner si je ne pouvais croire que ces *Nevropteris* et *Cyclopteris* se
rangent près des *Nevropteris-odontopteroides* ou des *Odontopteris-mixoneura.*

OBSERVATIONS. La plupart des espèces sont houillères; mais
elles sont mêlées à des formes permiennes, déjà nombreuses, à
Chambois, en *Walchia,* et exclusives, à Millery, en *Callipteris.* Les
plantes houillères, bien qu'en décroissance marquée, dépassent

---

[1] De la forme générale du *Carpol. ovoideus,* mais différent et comprenant diverses espèces que l'on ne saurait le plus souvent distinguer.

beaucoup en nombre, en variété et en importance celles que dans
les autres pays on voit s'élever dans le rothliegende. D'une manière générale on peut dire que la flore des schistes bitumineux
d'Autun a un caractère double, qui révèle, à Chambois (où l'on
a cru voir le point culminant de la formation schisteuse), un
étage de transition permo-carbonifère, et que les *Walchia* et surtout les *Callipteris* par leur nombre et leur variété marquent d'un
cachet de plus en plus permien, surtout à Millery, où peut bien
exister le rothliegende supérieur, mais non point encore le zechstein, comme on le pense. Nous avons lieu de croire qu'outre
l'étage permo-carbonifère, l'étage du rothliegende moyen est en
partie représenté par les schistes d'Autun. Mais le système de ces
schistes bitumineux, parmi lesquels on a cru reconnaître, déjà à
Muse, un représentant du zechstein, et que les auteurs de la
Carte géologique ont rattaché au terrain houiller, dont il consti-
tuerait la partie supérieure [1], ce système présente l'exemple remarquable d'une formation permienne liée intimement au terrain
houiller supérieur.

La manière dont les végétaux silicifiés se présentent aux environs d'Autun indique un remaniement. A quelle époque ont-ils
vécu, comparativement à ceux de Grand'Croix? L'ensemble des
restes fait penser à une date de silicification plus récente, vers la
fin des dépôts houillers, si ce n'est au commencement du terrain
permien, car un certain nombre de structures sont les mêmes que
dans le rothliegende de la Saxe et de la Bohême; toutefois beaucoup d'autres sont houillères.

Au nombre de ces structures, on peut citer de très-nombreux *Psaronius*,
dont *Ps. giganteus, Augustodinensis*; beaucoup d'*Arthropitus*, peu de *Calamodendron*, fréquents *Medullosa*; *Myelopitus stellata*, le célèbre *Sigillaria elegans*, assez de *Dictyoxylon* et de *Sigillaria xylina*, le *Sigill. spinulosa*; *Bechera*;
Schizostachys; riches magmas de fins *Pecopteris* à *Asterotheca, Pecopt. polymorpha* en fructification; nombreux pétioles de Fougères herbacées; *Zygopteris,
Selenopteris, Anachoropteris pulchra*, etc.

[1] *Explication de la carte géologique de France*, t. I, p. 678.

RÉSUMÉ DES OBSERVATIONS.

La flore de Blanzy et de Longpendu, quoique incomplète, est très-analogue à celle des couches inférieures de Saint-Étienne; elle est plus entièrement composée de Cordaïtes; elle n'en paraît pas moins marquer le dessus de l'étage des Cordaïtées.

L'étage des Fougères manquerait tout le long de la lisière sud du bassin de Blanzy. Cependant les couches les plus élevées de cet étage s'annonceraient à la partie supérieure du terrain houiller du Montceau. A Saint-Bérain, se dessine mieux qu'au Montceau l'étage des Calamodendrées, suivi ou accompagné de schistes bitumineux.

Les couches d'Épinac, dans l'Autunois, paraissent un peu inférieures au terrain productif de Blanzy; celles du Grand-Moloy sont supra-houillères : une grande lacune existe entre ces deux groupes de couches. Les schistes bitumineux se sont généralement déposés à l'aurore de l'époque permienne, plus ou moins en même temps que ceux de Toulon-sur-Arroux et peut-être en grande partie avant ceux de Charmoy.

L'étage des Fougères manquerait ainsi dans toute la contrée, comme si elle eût participé partout aux mêmes conditions de dépôts carbonifères.

MINE DE LA CHAPELLE-SOUS-DUN, EN BRIONNAIS.

Le petit bassin houiller de la Chapelle-sous-Dun, de 250 à 300 mètres d'épaisseur, conservé dans un pli abrupt de porphyre, a été décrit par M. Drouot. (*Notices sur les gîtes de houille de Forges et de la Chapelle-sous-Dun*, 1857, p. 205.)

· NOTES DE VOYAGE. Les plus communes empreintes des schistes sont des *Alethopteris aquilina* avec *A. Grandini*, *Aulacopteris* en conséquence et fusain filandreux; *Aleth. ovata major*. Assez nombreux *Pecopteris Schlotheimii*, des *Pecopt. polymorpha*, *unita*, etc.; quelques *Psaroniocaulon*. *Dictyopteris Brongniarti*. Peut-être *Oligocarpia Gutbieri* et *Pecopteris abbreviata*. *Calamites Suckowii*, *Cistii*; sorte de *Cal. cruciatus*. Des *Annularia longifolia* et *Bruckmannia*.

Assez de *Sphenophyllum oblongifolium fimbriatum.* Macrospores fréquentes. Sorte de *Lepidofloyos fusiforme; Lepid. minutus; Knorria Selloni;* sorte de *Sigillaria striata. Stigm. ficoides* et *stigmariopsis. Schizopteris lactuca. Doleropteris.*

Dans la houille d'aspect schisteux, moins bien stratifiée que d'ordinaire, empreintes communes de Sigillaires, dont *Sigill. tessellata* et peut-être *cyclostigma; Stigmaria ficoides.* Assez de *Cordaifloyos* en lambeaux avec beaucoup de fusain de *Dadoxylon* surtout, de *Medullosa* et de *Tubiculites.* Quelques *Aulacopteris* et *Cordaites.* Macrospores non rares.

CONCLUSION. Les formes en majeure partie plutôt anciennes du terrain houiller supérieur, l'absence des *Odontopteris,* la rareté des *Calamodendron,* tout s'accorde assez bien pour placer les mines de la Chapelle un peu plus bas que le milieu du terrain houiller supérieur.

MINE DE BERT, PAR LA PALISSE (ALLIER).

La mine de Bert a été considérée par tous les géologues comme appartenant au terrain houiller, tandis que l'ensemble des impressions végétales démontre, à n'en pas douter, qu'elle se trouve dans le terrain permien. Voici la coupe qu'on m'a donnée : au plateau de Bert, sous 50 mètres environ de grès et de schistes bitumineux, petite couche; à 9 mètres plus bas, couche importante en trois parties (celle du toit, de 1^m,50, séparée par 1^m,20 de schiste de la partie intermédiaire principale de 3^m,30, qu'un autre entre-deux de 1 mètre isole de celle du mur de 1^m,30); à 100 mètres plus bas, couche des Mandins, de 1^m,80 à 2 mètres; à 100 mètres encore plus bas, couche inférieure des Bouillots, de 1 mètre à 1^m,20; et à plusieurs centaines de mètres en dessous, autre petite couche, au village de Bert même.

NOTES DE VOYAGE. Quantité et grande variété de *Callipteris conferta* répandus à profusion, principalement dans les schistes du plateau et contribuant à former et formant même exclusivement des veines notables de la couche supérieure; et *subspecies lanceolata* de Berschweiler, *obliqua-tenuis, obovata* de Lebach (rothliegende moyen de Sarrebruck). Encore *Callipteris conferta* au puits du Pavillon et au village de Bert même. Sorte de *Callipt. prælongata* et autres *Callipteris* à grandes folioles composées comme celles des *Call. Neesii* et *Stipitata* Göpp. *Sphenopteris* rappelant le *tridactylites* mais avec des pinnules de décurrence sur le rachis; *Nevropteris pteroides*, Göpp. (à rapprocher du *Callipteridium*); *Nevropteris Dufresnoyi* et *Stiehleriana*, avec *Cyclopteris* concordants; sorte de *Nevropt. imbricata*; *Dictyopteris Schutzei* dans les schistes supérieurs du plateau; plusieurs *Tæniopteris fallax*, *Tæniopt. multinervis* (que caractérise surtout une large côte moyenne plate striée); *Pecopteris Schlotheimii* menu, rare dans le schiste du plateau, nombreux avec des *Stipitopteris* et *Psaroniacaulon*, avec un *Cauloptereis* aux Mandins. *Tubiculites* dans le charbon et les roches de la couche supérieure du plateau, avec des *Psaronius*, des mises schisteuses de *Stipitopteris* et de *Pecopteris* à *Asterotheca*, des joints empreints d'*Aulacopteris* pointillées (de *Callipteris* sans doute); *Psaronius carbonifer* au village de Bert même; *Pecopteris densifolia* comme à Commentry. En dessous du plateau : *Pecopt. hemitelioides*, *Candolleana*, *polymorpha*. Calamites non rares au plateau, peut-être *Cal. leioderma*; *Cal. gigas* au puits du Pavillon; *Asterophyllites remotus; Annularia longifolia* et *carinata?* sortes de *Bruckmannia tuberculata* et de *Bechera; Sphenophyllum Thonii* au village de Bert même; autres espèces douteuses de *Sphenophyllum oblongifolium* et *angustifolium;* des Calamites *cruciatus elongatus* au mur de la couche supérieure du plateau, *Cal. cruciatus* dans les couches moyennes. *Sigillaria Brardii*, sorte de *Catenaria decora* au mur de la couche supérieure; *Sigillaria spinulosa* dans le charbon de cette couche, avec *Syringodendron;* sorte de grand *Sigillariostrobus* très-charbonneux. *Cordaites* assez peu abondants, cependant *Cordaifloyos* commun; des *Cordaites* au mur de la couche supérieure; *Cordaites palmæformis, platynervia; Poa-Cordaites. Walchia* fréquents mais non abondants; *Walch. pinniformis* dans les schistes du plateau et assez aux Mandins; *Walchia linearifolia* (bien caractérisé). Au plateau : *Carpolithes variabilis* nombreux et fréquents; *Carpolithes triangularis; Carpolithes pedicellatus* et autres petits tous permiens; *Cardiocarpus Ottonis, rotundatus* aux Mandins; sorte de *Samaropsis fluitans*, autre *Samaropsis* rappelant le *dubia*, etc.; *Tripterocarpus*. Dans la houille des Mandins comme dans celle du plateau, forte proportion de fusain de *Calamodendron* et de *Cordaites*, empreintes de *Calamites*, de *Psaroniocaulon* et de *Cordaifloyos*. Dans la houille des Bouillots *Stigmaria ficoides*, sorte de *Sigill. Brardii*, assez de *Calamodendroxylon* et plus de *Cordaixylon*.

En général partout et beaucoup d'écailles de poissons, quelques ailes d'insectes et d'innombrables *Estheria tenella?* (gisant avec les *Leaia* à la limite supérieure du terrain houiller de Sarrebruck, et en beaucoup de points du rothliegende).

Conclusion. Le terrain, dit houiller, de Bert, considéré par feu M. Manès comme devant être le prolongement de celui de Blanzy, est certainement permien, non-seulement en haut, au plateau, mais au milieu aux Mandins et aux Bouillots et encore à la base, les mêmes plantes réunissant les diverses assises dans la même unité. La flore du plateau est même plus franchement permienne que celle d'Autun; sa richesse en houille ne laisse que plus d'espoir d'en trouver dans les schistes bitumineux de Saône-et-Loire dont tôt ou tard on reprendra l'exploration. Cette flore correspondrait assez bien à celle du rothliegende moyen de Lebach, près Sarrebruck, ou à celle du rothliegende d'Ottendorf en Bohême. La houille est bien généralement formée des mêmes sortes de débris que celle du terrain houiller le plus supérieur, mais concurremment avec des *Callipteris*, lesquels présentent un grand développement de variétés et de nombre dans les schistes qui renferment assez de plantes houillères, mais avec des végétaux exclusivement permiens. (Voir les discussions sur l'indépendance du terrain permien, p. 402.)

TERRAINS HOUILLERS DU CENTRE.

Ce n'est pas ici le lieu de décrire les bassins houillers dispersés du Centre; nous allons prendre successivement à partie ceux dont nous avons étudié la flore, dans l'ordre le plus convenable aux rapprochements successifs et aux conclusions finales.

TERRAIN HOUILLER DE DECIZE, À LA MACHINE, DANS LE NIVERNAIS.

Les notes suivantes sur le terrain houiller de Decize ont rapport au double faisceau moyen des Blards et des couches Benoît.

Dans la houille : nombreuses empreintes de *Stipitopteris*, de *Psaroniocaulon* et encore plus de *Psaronius radices* (ressortant bien sur la tranche); fréquents *Calamodendrofloyos*, dont *Cal. cruciatus elongatus*; assez peu de *Cordaifloyos*; assez de fusain de *Calamodendron* et de *Cordaixylon*; *Tubiculites* commun et assez de *Medullosa*; nombreux *Aulacopteris* et *Cordaites*, que l'on ne saurait toujours bien distinguer les uns des autres; cependant surtout des *Aula-*

copteris; non rares *Carpolithes lenticularis,* des *Carpolithes disciformis;* à peine traces de Sigillaires et de *Stigmaria.*

Dans les roches associées et encaissantes et dans les schistes de travers-bancs, flore à l'unisson avec celle de la houille : beaucoup de *Pecopteris,* principalement *cyathea, Schlotheimii, hemitelioides;* quelques *Pecopt. unita, oreopteridia, cuneura* et apparemment aussi *Marattiœtheca;* rares *Pecopt. arguta;* beaucoup de *Psaroniocaulon,* des *Psaronius carbonifer, dimorphus,* des *Caulopteris macrodiscus, Caul. peltigera, patria; Pecopteris Biotii; Pecopt. subnervosa succedanea* (fréquent et par places nombreux); la Fougère la plus commune est l'*Aleth. Grandini* opulent, avec *Aulacopteris* en quantité proportionnelle; dans un schiste de travers-bancs rien que *Odontopt. minor* avec *Cyclopteris,* dont l'*explicata;* assez de *Dictyopteris Schutzei* par places, rares *Dictyopt. Brongniarti;* peut-être *Tœniopteris jejanata; Calamites cannœformis, major;* nombreux *Annularia brevifolia,* et assez de *Brackmannia tuberculata* (gages de beaucoup d'*Ann. longifolia);* des *Sphenophyllum oblongifolium; Dilogopteris orbicularis, Schizopteris pinnata, Androstachys frondosus;* fréquents *Poa-Cordaites* et aussi fréquents *Carpolithes disciformis.* Assez rares *Cordaites,* dont *C. œqui-densinervis, Anthocarpus botryoides;* des *Carpolithes lenticularis;* assez de *Calamodendrofloyos cruciatus* de diverses sortes; des *Codonospermum anomalum; Polypterocarpus subclavatus.*

Au bureau de dessin : *Sigillaria spinulosa, Brardii, alternans; Endocalamites varians* et *varie approximatus; Alethopteris gigas; Pecopteris polymorpha;* un *Odontopteris obtusiloba* sur une roche de provenance suspecte.

CONCLUSION. Le terrain houiller de Decize, qui n'affleure que sur très-peu d'étendue et grâce encore à un accident de soulèvement entre deux failles inverses, a été rattaché : par les auteurs de la Carte géologique à la ligne des terrains houillers de la Queune, de la haute Dordogne et du Cantal; par feu M. Manès, à Blanzy; et par feu M. Boulanger, aux bassins de l'Allier. Par sa composition végétale, la houille est celle des couches supérieures de Saint-Étienne; il en est de même des empreintes des schistes et de leurs associations, à ce point que les couches moyennes de Decize pourraient bien correspondre au groupe de la 3ᵉ à Saint-Étienne, tout en se rattachant à la série d'Avaize. Peut-être, mais je n'ai pas les éléments pour en juger, y a-t-il dans·le faisceau supérieur des Meules un représentant de l'étage des Calamoden-

66

drées, et dans le faisceau inférieur un équivalent des couches moyennes du terrain stéphanois.

BASSIN HOUILLER DE COMMENTRY (ALLIER).

En 1866, j'avais visité les mines de Commentry et, bien qu'encore peu familiarisé avec les plantes houillères, j'avais remarqué beaucoup de *Psaroniocaulon*, des *Calamites cruciatus*, de petites tiges de *Cordaites* à écorce très-épaisse, des *Equisetites infundibuliformis*, des *Asterophyllites hippuroides*, *Halonia tuberculata*? *Myelocalamites approximatus*, etc.

Au Muséum : *Pecopteris hemitelioides*, *Cordaites Cordai*, Brongn.

J'ai dû revoir ces mines, après un intervalle de six années environ; j'y ai fait les observations plus précises et assez complètes suivantes :

Dans les roches de la grande couche : quantité de *Bruckmannia* avec nombreux *Ann. longifolia* et *brevifolia*; assez de *Sphenophyllum oblongifolium*; commun *Equisetites infundibuliformis*; schistes pleins de *Pecopteris* à *Asterotheca*, dont *Schlotheimii*, *hemitelioides* abondant; masse de *Psaronii radices* et de *Psaroniocaulon*; *Pecopteris oreopteridia*, *densifolia* (avec bifurcation plus ouverte des nervures); partout des *Ptychopteris* ordinaires; *Caulopteris minuscula*; *Pecopt. Pluckeneti*; grande quantité d'*Aulacopteris* avec *Aleth. Grandini* opulent, des *Aleth. ovata* et *gigas* voisins; *Odontopteris genuina* dans le banc des Roscaux avec *Nevropt. cordata*; *Odontopteris Reichiana*; *Lepidofloyos minutus*, *Lepidophyllum submajus*; *Aphlebia pateræformis*; quelques *Cordaites palmæformis*, *Cladiscus distans*; assez de *Cardiocarpus intermedius*, *Carpolithes lenticularis*; *Dicranophyllum gallicum*; toutes sortes de *Calamites cruciatus*.

Dans la houille de la grande couche, à la tranchée du parc principalement : *Psaroniocaulon*, pétioles et racines de *Pecopteris*, dominant avec les *Calamodendrofloyos* et les *Cordaifloyos* (la plupart de ces derniers assez étroits, très-charbonneux et ressortant bien); *Aulacopteris* et assez de *Cordaites* par veines, *Artisia*, *Cladiscus*; fusain de *Calamodendron* et de *Cordaites*; peu de *Tubiculites*.

Couche à 100 mètres au-dessus de la grande couche; elle se présente en lentilles dans un «grès noir» rempli de parcelles de fusain de *Cordaites*, de *Medullosa*, de *Calamodendron*, et de débris menus de *Calamites*, d'*Aulacopteris*, de *Psaroniocaulon* surtout, avec *Cordaifloyos* et *Cladiscus*.

Couche des Pourrats à 100 mètres encore au-dessus : de plus en plus de *Ca-*

lamodendron (bois et écorce) dans la houille comme dans les schistes associés; dans ceux-ci abondants *Calamites cannæformis*, *Suckowii*, et surtout *Cal. cruciatus* de toutes sortes, un seul *Calamophyllites* et rares *Asterophyllites densifolius*; un lit plein de *Sphenophyllum majus*; beaucoup de *Sporangites*; *Ptychopteris macrodiscus* et *incertabilis*; *Cordaites intermedius* ou *Poa-Cordaites*; *Cardiocarpus congruens*; *Odontopteris Reichiana* et sans doute *minor* aussi, avec *Cyclopteris trichomanoides*; quelques *Pecopt. polymorpha* et *unita*; *Pecopt. Biotii*; assez de *Lepidophyllum submajus*; de longs et gros *Lepidostrobus* avec des *Lepidofloyos minutus*; *Lepidodendron tessellarioides*, *Knorria Selloni*, *Stigmaria ficoides*.

Couche du Marais à 400 mètres environ au-dessous de la grande couche : assez de *Calamites Cistii*, peu de *Cal. cruciatus*; *Sphenophyllum oblongifolium*; assez d'*Ann. brevifolia* et *longifolia* avec *Bruckmannia*; *Equis. infundibuliformis*; *Asterophyllites densifolius*; nombreux *Aleth. ovata* et *gigas*; des *Pecopt. polymorpha*, *Candolleana*; assez peu de *Psaroniocaulon*; *Pecopt. arguta*, *Biotii*; assez d'*Odontopt. Reichiana*; *Dictyopt. Schutzei*; *Schizopteris pinnata*; les empreintes les plus communes sont des *Cordaites densinervis*, avec *Cardiocarpus*; *Samaropsis subacutus*.

CONCLUSION. Les Fougères dominent à la grande couche avec accroissement des Calamodendrons au-dessus. Une grande somme d'analogies importantes existent entre la couche moyenne unie aux couches supérieures de Commentry et celle de Decazeville, le faisceau moyen de Decize et les couches supérieures de Saint-Étienne, de manière à ne pas douter de leur parallélisme réciproque. La couche inférieure, avec beaucoup des mêmes plantes, mais dans d'autres proportions, se relierait aux couches moyennes et peut-être déjà assez inférieures du système stéphanois.

AFFLEUREMENT HOUILLER DE BUXIÈRE-LA-GRUE, EN BOURBONNAIS.

A Buxière-la-Grue affleure une bande de terrain houiller avec une couche de charbon de 2 mètres d'épaisseur, recouverte de schistes bitumineux.

NOTES DE VOYAGE. Aux Plamores dans le charbon : communément des *Psaroniocaulon* reconnaissables aux lignes pyriteuses des tubes radiculaires; assez fréquentes écorces de *Cordaites* et aussi de *Calamodendron*; avec nombreux

66.

Stigmaria ficoides en place comme dans le boghead; des racines et des pétioles nombreux de Fougères; des *Aulacopteris*; du fusain, abondant par veines, de *Cordaixylon* et, de plus, *Calamodendron*, à en juger à la loupe. Dans les roches schisteuses: *Equisetites infundibuliformis*, assez souvent des *Psaroniocaulon*, des écorces de *Cordaites* et de *Calamodendron*, *Cordaites* et *Cardiocarpus* divers, dont *intermedius*, *reniformis*; plusieurs *Dictyopt. Brongniarti*, *Pecopt. polymorpha*, etc.

Aux Justices: puissants *Aulacopteris*, *Calamites approximatus* dans une intercalation schisteuse de la houille; *Walchia pinniformis*; *Dadoxylon* se révélant au microscope analogue au *Rhodeanum*.

A Saint-Hilaire, *Tubiculites* dans la houille. Et à environ 30 mètres au-dessus de la couche: *Calamites Cistii*, *interruptus*; *Odontopteris Schlotheimii* et *Aulacopteris discerpta* (comme au-dessus de la couche des Littes, Saint-Étienne); *Pecopteris polymorpha*.

CONCLUSION. 'On ne voit pas de plantes caractéristiques du terrain permien, auquel M. Virlet a rapporté les schistes bitumineux et la houille de Buxière-la-Grue; M. Delahaye, qui a signalé les Calamites comme communes, a fait des schistes de Buxière le pendant de ceux de Muse, près Autun. Les plantes connues de la houille et des schistes du district en question s'accordent avec celles de l'étage supra-houiller des Calamodendrées, et je crois que l'on peut considérer l'affleurement en question, que l'on a supposé terminant la succession des dépôts houillers de l'Allier, comme situé au sommet du terrain houiller; il est un peu plus récent, en effet, que les dépôts de Commentry.

Il y a au-dessus de cet affleurement houiller un banc de quartz se montrant au jour sur plus de 30 kilomètres d'étendue, au nord de Buxière, à Ygrande, au sud de Saint-Hilaire, et d'après M. Decitre, à Noyant, à l'étang de Messarges, à 50 mètres au-dessus du terrain houiller, à Souvigny; près Autry-Issards, au moulin Boucheron; près Bourbon-l'Archambault, à Jeu et à la carrière du Bois-des-Fossés.

Au-dessus de ce banc, et parallèles au terrain houiller, se trouvent: 1° des schistes et calcaires bitumineux avec les mêmes écailles de poissons qu'en dessous; 2° un banc de charbon terroule avec du fusain dans lequel j'ai reconnu au microscope la structure du *Calamodendron congenium*. Encore plus haut, à Régnière, il y a des Conifères paléozoïques analogues à celles de Buxière.

Le banc de quartz est donc carbonifère.

Il renferme à Saint-Hilaire, au champ d'Ura et au champ Plongeon, beaucoup de débris de plantes, des racines et pétioles de Fougères, des *Psaronius giganteus* et des *Phthoropteris* en place, offrant ainsi l'exemple unique d'une forêt carbonifère silicifiée; débris analogues de plantes à la Bajodière et à Barachie.

Il serait curieux de savoir si c'est de l'âge de ce dépôt siliceux que datent les végétaux silicifiés d'Autun.

Enfin, près de Bourbon-l'Archambault, bien au-dessus du groupe de Buxière, affleure une argile à *Callipteris conferta*, d'après un spécimen que m'a envoyé M. Léveillé; cette argile permienne, par cela seul, relie le terrain qui nous occupe à ceux de Saône-et-Loire.

MINE DE MONTET-AUX-MOINES, PRÈS MOULINS (ALLIER).

La mine de Montet-aux-Moines est ouverte sur la couche inférieure du bassin de la Queune, dont je ne connais pas les couches centrales et supérieures de Noyant.

Dans l'assise schisteuse qui surmonte la couche, les empreintes les plus communes sont les feuilles de *Dicranophyllum striatum* avec *Cordaites palmaformis*, quelques *Poa-Cordaites*, *Aleth. subgigas*, *Cordaites coouinus*, diverses graines. Dans les roches des 26 premiers mètres de fonçage du puits de la Providence : assez nombreux *Pecopteris polymorpha*, *Pecopt. ovata*, *Dictyopt. Schutzei*, rares *Aleth. Grandini*, *Codonospermum*. Au puits des Gouttes : *Calamites Suckowii*, quelques *Odontopt. Reichiana*, *Annul. longifolia* et *Bruck.*, sorte de *Pecopteris hemitelioides*, divers fruits anguleux. Au bureau : *Pecopt. arborescens*. Les écorces de *Cordaites* paraissent communes.

CONCLUSION. Si on peut tirer une conclusion de ces notes trop peu nombreuses, c'est en faveur de la supposition que la couche inférieure du bassin de la Queune se rattache à la partie supérieure de l'étage des Cordaïtées.

À Saint-Éloi, il n'y a qu'une puissante couche en trois parties, fort tourmentée et dont le charbon, glissé, ployé et tordu, laisse difficilement voir les plantes dont il est formé; ces plantes paraissent, à la tranchée de Morny, être de nombreux *Cordaifloyos* de toutes les dimensions, très-charbonneux, avec seulement des *Cordaites* et *Cardiocarpus* visibles dans la houille moins froissée; quelques *Psaroniocaulon*, rares *Calamites*; le fusain abonde : il appartient aux *Cordaites* en général; il y en a de *Calamodendron* par places. Dans les roches avoisinantes et associées, presque exclusivement des *Cordaifloyos*; quelques *Calamodendrofloyos* dont *Cal. cruciatus*; *Psaronius* couchés dans les dessolardes et même debout dans les nerfs de la couche; *Annularia longifolia* et *Bruck.*; assez de *Pecopteris*, plus généralement inférieurs, quelques-uns de Rive-de-Gier; *Goniopt. elegans*; *Pecopt. Pluckeneti* tirant sur le *Sphenopteris irregularis*; *Dictyopt. Brongniarti* et *nevropteroides* (au moins d'après la dimension); *Lepidophyllum majus*; *Doleropteris orbicularis*. Dans une certaine épaisseur de schistes du toit et aussi dans les roches associées à la houille, beaucoup de feuilles de *Dicranophyllum striatum* identiques à celles du Montet et combinées, de la même manière, à des pinnules d'*Alethopteris subgigas*, à des feuilles de *Dory-Cordaites*, de *Poa-Cordaites*, avec quelques *Samaropsis Forensis*, des *Cordaites borassifolius*, des *Cardiocarpus eximius*, *oblongus*, peut-être *emarginatus* et *Cordai*, *minimus* et autres. Fréquents *Blattina* de diverses sortes.

CONCLUSION. Le terrain de houille de Saint-Éloi paraît bien appartenir à l'étage des Cordaïtes. L'accord des plantes avec celles du Montet est tout à fait en faveur de l'identité de ces deux gîtes de houille primitivement formés en continuation l'un de l'autre dans un même bassin géologique.

La mine de Champagnac est vers la limite, au sud, de l'alignement houiller de Decize à Mauriac.

Envoi de M. Fayol. Dans un schiste grossier noir : abondant *Pecopteris polymorpha* et nombreux *Annul. longifolia*. Dans un schiste fin gris : nombreux *Alethopteris ovata major* et *elongata*; *Aleth. densifolia*. Des *Odontopteris intermedia* et *minor*, *Cyclopteris trichomanoides*; *Bruck. tuberculata*; *Annul. brevifolia*; *Asterophyllites hippuroides*; *Pecopteris Pluckeneti*; *Artisia angulosa*.

Conclusion. Ces notes trop insuffisantes permettraient tout au plus de conjecturer que les couches d'où proviennent les empreintes énumérées correspondent aux couches moyennes du terrain stéphanois.

A Mauriac, *Alethopteris densifolia.*

BASSIN D'AHUN (CREUSE).

Une collection d'empreintes du bassin d'Ahun, réunies par M. Robert, classées par M. Brongniart, ont été publiées et annotées (*Bulletin de la Société géologique*, 2ᵉ série, t. XXV, p. 391) par M. Gruner, qui compare la flore avec celle de la première zone de végétation de la Saxe. Cette comparaison paraît possible; mais pour reconnaître un étage par les plantes fossiles, il faut tenir compte de l'ensemble de la flore, ce dont on ne peut guère juger que sur les lieux mêmes.

BASSIN HOUILLER DE BOURGANEUF.

Envois de M. Papel, avec indication, pour les principales espèces, de leur rareté, fréquence et abondance. Les échantillons viennent du puits Marthe. Beaucoup d'*Annularia brevifolia* diffus, assez d'*Annularia longifolia*, avec *Bruckmannia* fréquents, principalement *sessilis. Calamites Cistii. Calamites approximatus* et nombreux moules calamitoïdes. *Calamites subgigas. Sphenophyllum truncatum? Sphenopteris chærophylloides.* Nombreux *Pecopteris Biotii, Pecopt. dentata* (des capsules de *Senftenbergia* recouvrent la surface d'une Fougère analogue, sinon identique). Nombreux *Pecopteris Schlotheimii* et *polymorpha, Pecopt. Bucklandi, Pecopt. hemitelioides, Pecopt. unita. Stipitopteris æqualis* et *delineata. Caulopteris sub-Philippsii;* des *Caulopteris macrodiscus* communs et variés, avec assez nombreux *Psaroniocaulon sulcatum. Tubiculites.* Beaucoup de *Callipteridium*, principalement *mirabile*, avec la forme *triangularis. Aulacopteris vulgaris, Aul. conveniens* nombreux et charbonneux. *Schizopteris lactuca, Schiz. pinnata. Lepidodendron Aspidiarioides, Lepidofloyos laricinus,* des *Lepidophyllum majus, Halonia tuberculata, Syringodendron distans. Cordaites lævis. Poa-Cordaites linearis. Dicranophyllum gallicum.* Peut-être une nouvelle espèce de *Codonospermum.* Un remarquable *Tripterocarpus.* Des *Calamodendron cruciatum* de toutes les sortes, notées les unes et les autres comme très-nombreuses à divers niveaux. Écorces d'autres *Calamodendron.* Écorces de *Cordaites.*

Je ne puis guère m'éloigner de l'idée que le terrain houiller de Bourganeuf correspond à celui de Commentry et appartient en partie à l'étage des Calamodendrées.

RÉSUMÉ DES CONCLUSIONS.

Entre les terrains houillers de la Bourgogne et ceux du Centre se trouve le bassin de Bert, que, contre toute attente, j'ai incontestablement reconnu comme devant appartenir au terrain permien d'une manière même plus évidente que les schistes bitumineux d'Autun; ce terrain, que l'on a toujours tenu pour houiller, me paraît représenter le rothliegende moyen.

Une comparaison attentive m'a fait entrevoir, ce qui peut être important à connaître au point de vue des recherches entreprises par la compagnie de Châtillon-et-Commentry, des rapports de formation commune entre les bassins de Decize, Commentry et Bourganeuf, appartenant en partie à l'étage des Calamodendrées.

Dans l'alignement de Mauriac, on exploite à Montet-aux-Moines et à Saint-Éloi, peut-être la même couche, qui est notablement plus ancienne, puisqu'elle paraît se rapporter à l'étage des Cordaïtées.

Entre le dépôt de cette couche et la formation en archipel des terrains houillers de Commentry, Fins et Decize, se seraient formées, plus ou moins en même temps que la couche du Marais, située à la base des bassins de Commentry, la couche de Villefranche et une partie du bassin de Champagnac (Cantal). Je ne suis pas en mesure de dire les rapports stratigraphiques existant entre les couches de Noyant, situées à 150 mètres environ au-dessous de celle de Buxière, et les couches de Commentry.

TERRAINS HOUILLERS DU SUD-OUEST, DU LIMOUSIN, DU ROUERGUE.

Comme terrains houillers du Sud-Ouest, je vais envisager successivement ceux des montagnes primitives du Limousin, celui de Saint-Perdoux dans le Lot et le bassin de Decazeville.

Le terrain houiller d'Argentat, près de Tulle (Corrèze), est placé comme un jalon, entre Mauriac, à l'extrémité méridionale de l'alignement houiller que nous avons poursuivi, et le groupe de Cublac. Les empreintes d'Argentat que j'ai vues au Muséum sont de nature à faire mettre le terrain de cet endroit en parallèle avec celui de Champagnac, dans le Cantal.

GROUPE DE CUBLAC, DANS LA DORDOGNE.

A Lardin. D'après M. Brongniart : *Odontopteris Brardii, minor; Pecopteris oreopteridia.* Au Muséum : quantité de *Carpolithes disciformis; Stigmaria ficoides,* etc.

A Terrasson. D'après M. Brongniart : *Odontopteris crenulata, obtusa; Pecopteris aspidioides; Sigillaria Brardii.* D'après le comte de Sternberg : *Nevropteris serrata.* Au Muséum : *Annularia spicata; Sphenophyllum oblongifolium; Sigillaria spinulosa.*

A Cublac. Envois, par M. Duny, d'échantillons provenant du voisinage de la couche exploitée : quelques *Annularia longifolia, Bruckmannia,* sorte d'*Annularia intermedia; Sphenophyllum oblongifolium* et *angustifolium; Pecopteris Biotii; Pecopt. polymorpha* et *Candolleana;* schiste plein de *Pecopt. hemitelioides* très-généralement fructifères, à *Asterotheca* plus cohérents que je ne l'ai indiqué (p. 70), avec *Pecopt. cyathea; Stipitopteris æqualis; Dictyopteris Brongniarti; Odontopteris Brardii* et *lanceolata; Alethopteris gigas; Schizopteris lactuca; Flegmingites* isolés et sur bractées; *Sigillaria catenulata; Sigillaria Brardii; Catenaria decora;* nouvelle Sigillaire à rapprocher du *S. Ottonis; Sigillariophyllum* très-larges; *Cordaites palmæformis* et *lævis; Carpolithes socialis, ovoideus; Walchia pinniformis.*

Ces petits dépôts houillers doivent correspondre aux couches supérieures de Saint-Étienne et se trouver vers le sommet du terrain houiller.

La présence du *Carpolithes variabilis* à Mazubrier y dénoterait-elle une assise beaucoup plus élevée?

A 180 mètres au-dessus de la couche exploitée à Cublac, existe une autre petite couche située immédiatement en dessous du grès bigarré, et entre les deux couches il y a des grès et schistes houillers et du grès rouge. M. Duny, qui me fait savoir que l'exploitation de Mazubrier est connue sous le nom du Lardin, pense qu'elle a été ouverte dans la couche supérieure de Cublac, laquelle appartiendrait encore au terrain houiller.

NOTES DE VOYAGE. Dans les schistes, dans la houille, partout des Sigillaires indéterminables; *Syringodendron cyclostigma* et *Lepidodendron rimosum*, comme à Rive-de-Gier; *Knorria, Lepidophyllum glossopteroides; des Stigmaria ficoides minor*, sorte d'*Equisetites Geinitzii*; larges *Calamites* rappelant le *Cal. ramosus; Asterophyllites rigidus; Annularia longifolia* et *Bruckmannia tuberculata;* nombreux *Sphenophyllum Schlotheimii* et *truncatum;* peu de Fougères et des Fougères de Rive-de-Gier plutôt que de Saint-Étienne : *Pecopt. dentata, erosa* caractéristique, *Pluckeneti;* sorte de *Caulopteris macrodiscus;* assez peu de *Cordaites, Artisia; Cardiocarpus.*

D'après ces observations trop rapidement faites sur les lieux en 1871, il m'est difficile de ne pas reconnaître à Saint-Perdoux les couches les plus profondes du terrain houiller supérieur, ce qui a lieu d'étonner dans une région où les dépôts houillers sont généralement très-supérieurs.

Le bassin de Decazeville et d'Aubin est doublement intéressant par la puissante couche de Bourran et par le caractère récent des végétaux qui ont pris une part principale à sa formation.

NOTES DE VOYAGE. Découverte de la Vaÿsse. Le charbon se laisse voir principalement formé de tiges calamitoïdes avec fusain de *Calamodendron*, de *Tubiculites* et de *Fasciculites*, peu de *Dadoxylon* : non-seulement le minerai charbonneux et le charbon schisteux, mais encore la houille pure, se montrent assez distinctement composés d'empreintes de Calamariées, se rattachant la plupart au *Calamites cruciatus*, mais avec des écorces s'épaississant beaucoup et dont nous avons discuté la dépendance avec le bois de *Calamodendron* (1re partie, p. 294); cependant avec les écorces de Calamodendrées il y a beaucoup de *Psaroniocaulon* et de *Stipitopteris*, en telle manière que la puissante couche de la Vaÿsse, qui a 30 mètres d'épaisseur, peut être dite formée principalement et avant tout de *Calamodendrofloyos*, puis de *Psaroniocaulon* et *Stipitopteris;* c'est surtout vers le mur que, plus schisteuse, elle apparaît entièrement composée de *Calamodendrofloyos corteus* et *cruciatus*, de *Psaroniocaulon pachyphlœum, carbonifer, radices,* avec *Ptychopteris incertabilis,* quelques *Syringodendron alternans;* il y a des mises formées de *Cordaites;* macrospores versées dans un joint. Au mur, *Psaronius, Calamodendron* et *Stigmariopsis* debout. Dans les roches encaissantes, *Sigillaria spinulosa* (fréquente, au dire de M. Nougarède), *Lepidodendrifolia, alternans, Sigillariostrobus* (non rares); assez de *Pecopteris polymorpha, Odontopteris Reichiana* avec nombreux *Aulacopteris vulgaris;* des *Pecopteris Pluckeneti.* Beaucoup d'*Annularia longifolia; Asterophyllites equisetiformis* (Nougarède); *Calamites Suckowii, Cistii* et *approximatus* (Nougarède).

Dans les schistes de Bourran : surtout des tiges de Calamariées, principalement à forte écorce de *Calamodendron;* nombreux *Psaroniocaulon* plus ou moins épais, fréquents *Psaronius radices; Pecopteris polymorpha, Alethopteris Grandini, Dictyopteris Brongniarti* (fréquent au mur, Nougarède).

Aux Paleyrets, nombreuses tiges de Calamites dans les schistes et la houille schisteuse, soit *Cal. Suckowii, Cistii, cannæformis. Asterophyllites densifolius, equisetiformis* (nombreux), *Volkmannia gracilis, Equisetites infundibuliformis, Annularia longifolia* (abondant, Nougarède); *Annularia brevifolia;* assez d'*Odontopteris Reichiana* et *Aulacopteris vulgaris;* nombreux *Alethopteris Grandini;* des *Dictyopteris Brongniarti;* nombreux *Pecopteris Schlotheimii* variés, *Caulopteris macrodiscus, peltigera;* fréquents *Psaroniocaulon; Pecopteris Pluckeneti* (Nougarède); *Nephropteris orbicularis; Knorria;* des *Syringodendron pachyderma* et une sorte de *Sigillaria elliptica;* quelques *Cordaites, Cladiscus; Trigonocarpus schizocarpoides.*

A Firmy : nombreux rondins de *Cordaiphlœum* très-épais; *Calamites cruciatus; Psaronius, Calamites* et *Syringodendron alternans* debout; *Calamites Suckowii; Asterophyllites equisetiformis; Caulopteris macrodiscus;* fusain de *Calamodendron* et de *Cordaites* dans la houille.

Échantillons communiqués par MM. Nougarède et de Verneuil : 1° du toit de la Vaÿsse : *Sphenophyllum oblongifolium; Pecopteris arguta; Nevropteris obtusiloba; Doleropteris gigantea* et *orbicularis; Trigonocarpus prismaticus* et *Nöggerathii; Pachytesta gigantea; Sigillaria Brardii; Sigillariostrobus* avec *Flegmingites; Cordaites borassifolius, Cardiocarpus ventricosus; Rhabdocarpus astrocaryoides; Walchia pinniformis* (constamment à environ 30 mètres au-dessus de la couche, peu fréquent, Nougarède); 2° de Bourran : *Sphenophyllum majus; Dictyopteris Schützei; Odontopteris minor* (comme au-dessus de la couche des Littes, Saint-Étienne); *Asterophyllites torulatus* (nouvelle espèce); *Sigillaria spinulosa; Pecopteris Biotii* (d'après une photographie, fréquent, dit M. Nougarède).

Au Muséum, sans distinction de localités, comme venant de l'Aveyron :
Pecopteris cristata, dentata, polymorpha; Equisetites Geinitzii, Asterophyllites densifolius et *Macrostachya infundibuliformis* comme à Saint-Étienne; *Odontopteris minor; Dictyopteris Schützei; Pecopteris subvervosa, Pecopt. arguta, alethopteroides; Lepidofloyos diplotegioides, Knorria Selloni; Sigillaria spinulosa, Brardii* v. *minor; Syringodendron alternans* et *cyclostigma;* plusieurs *Calamites cruciatus;* sorte de *Sphenophyllum angustifolium.* Et comme venant d'Aubin : *Pecopteris subnervosa succedanea,* avec *Odontopteris minor* et *Pecopteris Pluckeneti* (comme en haut de Saint-Étienne). De Cransac, M. Vanel m'a remis des *Calamites cruciatus,* et un bourgeon de *Lepidofloyos* ressemblant à un cône.

CONCLUSION. L'ensemble des espèces de moindre durée est du terrain houiller supérieur proprement dit; la masse des *Calamodendron* concordant avec une certaine proportion de *Psaroniocaulon,* la diminution des *Odontopteris* et des *Alethopteris,* avec un appoint de formes plus spécialement supérieures, me portent à rapporter le terrain de Decazeville à l'étage des Calamodendrées, et à le mettre en étroit rapport d'âge avec le bassin de Commentry, la série des couches d'Avaize (Saint-Étienne), le faisceau de Saint-Bérain, entre lesquels il y a des analogies complètes; cela ne me laisse pas le moindre doute [1].

Il ne paraît pas y avoir de différences bien notables entre la flore de Firmy et celles mieux connues des Paleyrets et de Decazeville; les systèmes houillers de l'Aveyron semblent ainsi rentrer dans un seul et même étage botanique.

Je ne saurais, avec les éléments que je possède et que je n'ai recueillis qu'en passant, dire avec assurance si les couches de Firmy, de Campagnac, sont inférieures, comme on le suppose et comme cela me paraît très-probable, à celle de Decazeville; c'est à ceux qui sont sur les lieux qu'il appartient de résoudre cette importante question; les empreintes du toit de la Vaÿsse semblent accuser un dépôt plus récent que celui des Paleyrets.

[1] La liste des espèces présentée par M. Ad. Boisse (*Essai géol. du département de l'Aveyron,* 1870, p. 340) dépeint inexactement la flore du bassin d'Aubin.

RÉSUMÉ.

A part le gisement isolé de Saint-Perdoux, nous ne voyons dans le Sud-Ouest que des terrains houillers des plus récents.

TERRAINS HOUILLERS DU MIDI, DU LANGUEDOC.

Géographiquement, les bassins houillers de l'extrême Midi sont ceux de Carmeaux, de Graissessac, de Neffiez et Lodève, des Corbières et des Pyrénées.

BASSIN DE CARMEAUX, PRÈS ALBY (TARN).

Au Muséum : *Calamites Suckowii; Asterophyllites rigidus* (nombreux), *hippuroides* et autres paraissant communs; *Equisetites infundibuliformis; Annularia brevifolia* et *longifolia; Sphenophyllum quadrifidum, oblongifolium-fimbriatum; Sphenopteris irregularis* et autres du terrain houiller moyen; *Pecopteris cristata, Chœrophylloides* (nombreux) et autres analogues; *Pecopteris Pluckeneti;* divers *Prepecopteris dentata, Biotii; Pecopteris arguta, unita* (major), *Pecopt. hemitelioides, arborescens* (comme à Wettin), *polymorpha* (commun), *abbreviata* (d'après le catalogue), *pteroides; Psaroniocaulon sulcatum, Caulopteris peltigera* (catalogue); *Alethopteris ovata* et *subgigas; Aleth.* plutôt *aquilina* que *Grandini; Aleth. heterophylla* (près du *Nevropteroides*); *Nevropteris Villiersii, terminalis* et divers autres; *Dictyopteris Brongniarti; Lepidofloyos laricinus, Knorria Selloni; Pseudosigillaria monostigma; Sigillaria Candolleana* et *tessellata* (d'après le catalogue), *Sigillariostrobus; Syringodendron cyclostigma. Nöggerathia cannophylloides; Cordaites foliolatus, acutifolius; Poa-Cordaites; Cardiocarpus major; Carpolithes truncatus. Codonospermum minus; Dicranophyllum,* etc.

CONCLUSION. Cette flore présente des différences tout à coup assez grandes avec celle de Decazeville; elle est analogue à celle de la zone des Fougères en Saxe, laquelle zone appartient à la première moitié du terrain houiller supérieur. Il est évident qu'elle ne présente pas d'analogie de valeur avec les florules des différents étages de Saint-Étienne même, et nous n'hésitons pas à assigner au terrain houiller de Carmeaux une date de formation un peu antérieure.

BASSIN HOUILLER DE GRAISSESSAC (HÉRAULT).

La bande houillère de Graissessac s'appuie, dit M. Garella,

au flanc méridional d'une chaîne qui contribue à relier l'extrémité sud-ouest des Cévennes aux montagnes Noires.

NOTES DE VOYAGE. Fréquents *Calamites Cistii* avec *Cal. Suckowii*, *Calamites approximatus*, *Cal. planicostatus* paraissant se rattacher aux *Calamophyllites communis*, avec *Asterophyllites affinis*. Des *Calamites cruciatus*. *Equisetites infundibuliformis*. Quelques *Annularia brevifolia* et assez de *longifolia* avec *Bruckmannia tuberculata*. Fréquent *Sphenophyllum oblongi-fimbriatum*. *Pecopteris chærophylloides*; nombreux *Pecopteris Pluckeneti* (sans *Excipulites*). Trèsnombreux *Pecopteris polymorpha* plus ou moins lobulés; assez de *Pecopteris oreopteridia*; *Pecopt. Schlotheimii* ne paraissant pas très-nombreux; *Pecopt. unita*; plusieurs *Caulopteris peltigera*, *macrodiscus*, mais assez rares *Psaroniocaulon*. Assez d'*Odontopteris Reichiana*; sorte d'*Odontopteris nevropteroides*; peu d'*Alethopteris Grandini*, *Aleth. gigas minor*; *Dictyopteris Brongniarti*; *Aulacopteris*. *Doleropteris Nöggerathioides*. *Schizopteris* en panache. Assez de *Sigillaria* ou *Syringodendron* au toit de la veine de la Dame, fréquent *Sigillaria Brardii* (il y en a dans la houille); assez de *Sigillaria alternans*; *Sigillariostrobus*; *Stigmariopsis inæqualis* commun. Dans la houille du Pas-Gras, surtout *Cordaites* et *Sigillaria*. A Camplong, les schistes sont pleins de *Cordaites*; leur abondance est à remarquer avec des *Pecopteris oreopteridia* et *unita* : *Cordaites angulosostriatus*, *borassifolius*, et beaucoup de *Cord. palmæformis*. *Trigonocarpus Nöggerathii*, *Samaropsis forensis*, etc.

CONCLUSION. La flore de Graissessac, assez analogue à celle de Carmeaux, participe de la flore des couches supérieures de Zwickau, en Saxe.

ÉTAGE HOUILLER DE NEFFIEZ ET ROUJAN.

· Nous avons trouvé au Muséum le moyen de former sur ce dépôt l'énumération d'espèces suivante :

Calamites cannæformis. *Calamites cruciatus*. *Equisetites infundibuliformis*. *Annularia brevifolia*. *Sphenophyllum suboblongifolium*. *Pecopteris Pluckeneti*, *subnervosa*. *Pecopt. ovata*, *Cistii*, *oreopteridia*. *Pecopt. polymorpha* plus ou moins crénelé. *Pecopt. arborescens*. *Pecopt. longifolia*. *Odontopteris Reichiana*, *alpina*. *Alethopteris Grandini* et *aquilina*. *Schizopteris Rhipis*. *Lepidodendron Sternbergii* et *elegans*. Plusieurs *Pseudosigillaria monostigma*. Des *Sigillaria Grasiana* comme à la Mure; sorte de *Sigill. spinulosa*. *Sigill. Brardii* v. *minor*, *Catenaria decora*, *Syringodendron Brongniarti*, *Stigmariopsis abbreviata*, *Stig-*

maria ficoïdes et *minor, Cordaïtes angulosostriatus, Carpolithes disciformis, Pachytesta intermedia.*

CONCLUSION. On ne peut guère douter que la formation de ce faisceau houiller ne date de celle des bassins de Carmeaux et de Graissessac.

ÉTAGE PERMIEN DE NEFFIEZ.

MM. Graff et Fournet ont signalé une bande de schistes noirs permiens supérieure à l'assise houillère proprement dite. Des plantes fossiles y ont été recueillies ; la liste des espèces, en partie mal classées, se trouve dans le *Bulletin géologique*, t. VIII, 2e série, 1851, p. 53. Au Muséum, un *Callipteris Artemisiæfolia* provient, sans aucun doute, de cette bande schisteuse, de même que peut-être un *Pecopteris Biotii* de l'étage dit supérieur de Neffiez.

Il est probable que les schistes permiens de Neffiez correspondent aux schistes ardoisiers de Lodève.

SCHISTES ARDOISIERS DE LODÈVE.

Les ardoisières de Lodève présentent beaucoup d'intérêt par certains types de plantes remarquables qu'on y trouve.

Une liste de plantes fossiles, que M. Marcel de Serres n'a fait que reproduire [1], a été publiée par M. Brongniart dans l'Explication de la Carte géologique de France, t. II, p. 145 à 147 ; plusieurs des espèces sont les mêmes qu'à Millery, près Autun. M. Schimper y signale en outre le *Callipteris conferta*.

Au Muséum, nous avons remarqué entre autres un *Annularia carinata?* des *Nevropteris Dufrenoyi* proches de l'*Odontopteris obtusa*, une sorte de *Samaropsis dubia;* un *Dicranophyllum* particulier ; et en plus de nombreux *Walchia pinniformis*, des *Wal. hypnoïdes* fréquents, *filiciformis, linearifolia.*

Dans différents envois de M. F. Laur, j'observe, à part de très-beaux *Walchia*, des *Samaropsis subfluitans* et autres, un *Odontopteris obtusa*, un *Callipteris prælongata*, un *Schizopteris trichomanoïdes* et deux remarquables *Callipteris-sphenopteroïdes, Hæninghausi* et *Artemisiæfolia*, dont nous avons déjà parlé dans les changements généraux de la flore (p. 391).

CONCLUSIONS. Les *Walchia* en sont venus à dominer dans la

[1] *Bulletin géol.* t. XII, 2e série, p. 1188.

végétation de Lodève, où ils sont mélangés de *Callipteris* et autres
formes permiennes, avec un certain nombre de plantes houillères,
comme aux environs d'Autun, ce qui a fait rapprocher les ardoisières en question des couches les plus récentes du terrain houiller;
mais ces plantes houillères sont subordonnées à l'ensemble d'une
flore que je crois pouvoir rapporter à l'étage du Rothliegende
moyen plutôt qu'à l'étage ambigu permo-carbonifère.

M. Coquand a constaté près de Rodez, à Albon, du terrain
permien qu'il a rapproché de celui de Lodève [1].

GROUPE HOUILLER DES CORBIÈRES.

Le terrain houiller affleure dans le département de l'Aude, à
Tuchan et à Durban. Je n'ai aucune note sur Tuchan. De Durban
j'ai vu au Muséum : *Lepidophyllum majus, Sphenophyllum Schlotheimii* à feuilles unguiculées et autres plantes sous-supérieures qui
paraissent relier ce dépôt à celui de Carmeaux, en particulier.

TERRAIN HOUILLER DANS LES PYRÉNÉES.

On a découvert assez récemment le terrain houiller à la Rhune
(Basses-Pyrénées). M. L. Lartet y a récolté quelques empreintes
fossiles classées par M. E. Bureau [2], qui termine sa note en ex-
primant l'opinion que ce dépôt houiller s'est produit vers le milieu
ou vers la fin de la période houillère; il est certain qu'il est supérieur, et il me paraît pouvoir être sous-supérieur.

On signale dans le même pays, outre du calcaire carbonifère,
des couches permiennes.

RÉSUMÉ.

Nous ne voyons, dans le midi du Languedoc et des Pyrénées,
partout que du terrain houiller sous-supérieur, comme dans les

[1] *Description géologique du terrain permien du département de l'Aveyron et de celui
de Lodève* (*Bull. géol.* t. XII, 2° série, 1855, p. 128).

[2] *Bull. géol.* 2° série, t. XXIII, p. 846.

Cévennes, et, en divers endroits, au-dessus, que le Rothliegende sous-moyen, sans terrain houiller supérieur proprement dit. En dessous on a constaté la présence du calcaire carbonifère, mais il n'y a nulle part de véritable terrain houiller moyen.

TERRAINS HOUILLERS DES CÉVENNES ET DU VIVARAIS.

TERRAIN HOUILLER DU GARD.

Le terrain houiller du Gard, situé au pied des Cévennes, est presque partagé par le promontoire schisto-talqueux de Rouvergue en deux parties, celle du côté de Saint-Ambroise, dite *bassin de la Cèze*, et celle d'Alais, dite *bassin du Gardon*.

Nous allons présenter l'énumération des espèces végétales de chacun des endroits que nous avons visités.

Nous commencerons par le bassin de la Cèze et, dans celui-ci, par le système des couches de Bességes.

FAISCEAU DE BESSÈGES.

Nous avons à deux fois, et à plusieurs années d'intervalle, visité les mines de Bességes comprises dans 250 mètres d'épaisseur de terrain; nous y avons recueilli les notes suivantes :

Nombreuses Calamariées de toutes sortes; beaucoup de *Calamites*, surtout *Cistii*; peu de *Suckowii*; *Calamites approximatus* au toit de la couche Sainte-Barbe; *Calamophyllites* fréquents; *Asterophyllites affinis*; assez peu d'*Annularia longifolia* et *brevifolia*; *Equisetites Geinitzii*; quelques *Macrostachya infundibuliformis*; *Sphenophyllum suboblongifolium*; *Sphenopteris Gravenhorstii*; quelques *Pecopteris cristata*, *chærophylloides* et autres analogues; fréquents *Pecopt. Plucheneti*; *Pecopt. dentata*, *obtusiuscula*. En fait de Fougères, surtout *Pecopt. polymorpha* partout avec de nombreux *Pecopt. arborescens*, assez de *Pecopt. oreopteridia*, *Pecopt. Candolleana*; communs *Alethopteris Grandini*, des *Aleth. aquilina*; assez de *Callipteridium subgigas*; *Odontopteris Reichiana* peu nombreux; *Pecopteris abbreviata* fréquent et faisant songer au *Pecopt. Lamuriana*; *Pecopt. Miltoni*; *Stipitopteris æqualis* ordinaire; des *Caulopteris peltigera*, *macrodiscus*; des *Psaroniocaulon* communs au toit de la couche Sainte-Barbe; des

Psaronius; Tubiculites dans la houille; *Lepidodendron dichotomum?* plusieurs *Pseudosigillaria* (couche Saint-Émile, au Créal); *Pseudosig. monostigma, protea.* Assez de Sigillaires, *Sigill. Candollii, Sillimanni; Sigill. elliptica* diversifié: *Sigillaria cyclostigma* et autres, à Saint-Félix comme à Graissessac; des *Syringodendron* à Rochessadoule; *Stigmaria inæqualis* à Trélys. Fréquents *Schizopteris,* nombreux dans la région de Saint-Christian. Assez de *Cordaites,* *Cord. palmæformis, angulosostriatus; Cladiscus Schnorrianus; Artisia angularis; Cardiocarpus emarginatus* et *fragosus;* feuilles et fusain de *Cordaites* dans la houille, mais n'y paraissant pas dominer. Rares *Calamites cruciatus;* nombreux *Asterophyllites rigidus; Samaropsis subacutus;* des *Pachytesta intermedia.*

Dans les couches plus inférieures du Feljas, *Sigillaria* analogues à ceux de Bessèges; nombreux *Stigmaria* à la sole de la 2°; généralement des *Cordaites* de grande dimension dans les roches; quelques *Cardiocarpus emarginatus;* sorte de *Poa-Cordaites latifolius.* Quelques *Macrostachya infundibuliformis, Asterophyllites hippuroides.* Beaucoup de *Pecopteris* maigres; *Goniopteris elegans; Alethopteris aquilina* et *subgigas; Odontopteris Reichiana;* sorte de *Sphenopteris obtusiloba; Caulopteris,* etc.

Au Muséum : *Pecopteris abbreviata, oreopteridia* et autres de la section des Névroptéroïdes; des *Sphenopteris chærophylloides; Alethopteris aquilina; Lepidodendron elegans, Sternbergii; Lepidofloyos diplotegioides.* Des *Sigillaria Brardii* v. *minor; Sigillaria Grasiana* avec cicatrices rapprochées; *Sigillaria* tenant du *spinulosa* et du *Grasiana; Pachytesta intermedia* avec *Alethopteris. Rhabdocarpus subtunicatus; Calamites pachyderma; Calamites subdubius; Huttonia,* etc.

Collection de la compagnie des mines de Bessèges : de grands *Caulopteris macrodiscus;* des lambeaux considérables de *Caulopteris peltigera; Psaronius radices; Lepidodendron dichotomum* et *elegans; Sigillaria elliptica, hexagona;* des *Sigill. cyclostigma* et *alternans; Stigmaria ficoides* et *minor,* etc.

En outre, d'après Émilien Dumas : *Nevropteris cordata, Sigillaria Defrancii,* etc.

OBSERVATIONS. D'après cet ensemble de plantes, il ne parait pas douteux que le faisceau de Bessèges ne soit inférieur aux couches de Saint-Étienne; il parait devoir être contemporain des dépôts houillers de Graissessac, Carmeaux, etc.

Couches de Molière (faisant partie du système supérieur d'Émilien Dumas).

NOTES DE VOYAGE. Grand développement de Calamariées : nombreux *Calamites Cistii* et *Suckowii;* assez d'*Asterophyllites rigidus, Calamophyllites, Volk-*

mannia gracilis, arborescens; Macrostachya infundibuliformis; assez d'*Annularia longifolia* et quantité de *brevifolia; Sphenophyllum fimbriatum; Pecopteris emarginata, polymorpha* (nombreux), *oreopteridia, truncata, cyathea; Caulopteris* particulier et *macrodiscus; Megaphytum M'Layi; Odontopteris Reichiana;* assez de *Dictyopteris nevropteroides;* fréquents *Schizopteris lactuca; Sigillaria hexagona, Grasiana, sub-Ottonis; Sigillariostrobus mirandus* comme à Lorette (Rive-de-Gier); assez de *Stigmaria, Stigmariopsis inæqualis. Samaropsis subacutus* avec *Dory-Cordaites. Codonospermum minus.*

. Collection de la compagnie des mines de Bességes : *Alethopteris subgigas; Pecopt. Schlotheimii; Caulopteris macrodiscus* et autres de Bességes. Sorte de *Lepidodendron Marckii, Lepidofloyos* à larges coussinets; des *Pseudosigillaria monostigma, Sigillaria elegans, Pachytesta gigantea.*

Émilien Dumas a cité en outre comme empreintes du système supérieur · de Molière, des Brosses et Mazel : *Pecopteris dentata, Nevropteris flexuosa, Sphenophyllum quadrifidum;* plusieurs *Lepidodendron, Sigillaria elegans* et *Sillimanni.*

OBSERVATIONS. La flore des couches de Molière est très-analogue à celle du faisceau de Bességes; la première ne m'a paru différer de la seconde que par moins de *Pecopteris abbreviata,* de *Pecopt. polymorpha,* plus d'*Odontopteris,* d'*Annularia.* Il est alors moins étonnant d'y voir persister un certain nombre d'espèces de plantes assez anciennes.

BASSIN DU GARDON OU D'ALAIS.

Dans le bassin du Gardon, j'ai recueilli des notes à la Grand'-Combe et à Portes principalement.

Et d'abord les empreintes que j'ai vues au Muséum comme venant d'Alais : *Alethopteris marginata, aquilina; Pecopteris pteroides, Pecopt. arborescens, Asterophyllites hippuroides, Lepidofloyos proteus, Sigillaria cyclostigma,* etc., et de Rochebelle, sont assez analogues à celles de Bességes. Il est à remarquer que ces empreintes ressemblent en bonne partie plus à celles de Rive-de-Gier qu'à celles de Saint-Étienne. M. Brongniart y a signalé : *Sigillaria tessellata, Nevropteris Villiersii.*

· *Système de la Grand'Combe.* — Les couches de la Grand'Combe appartiennent à deux zones charbonneuses: la première, inférieure,

68.

comprend de bas en haut les couches de la Grand'Baume, d'Abylon et de la Pilhouze, et la deuxième, supérieure, la couche de
Champclauson, à la base de ce faisceau.

Couches inférieures de la Grand'Combe.

Notes de voyage. Au Ravin, toit de la Pilhouze, en général partout des
Cordaites dans les schistes et les barres schisteuses du charbon; au toit de la
Grand'Baume, surtout des *Cordaites*, avec des *Artisia*, *Antholithes;* dans la
houille d'Abylon, joints empreints de *Cordaites* avec *Cardiocarpus emarginatus.*
Assez de *Pecopteris Schlotheimii*, des *Pecopt. oreopteridia*, peu de *Pecopt. polymorpha*, *Pecopt. dentata*, *Caulopteris* à petites cicatrices; quelques *Alethopteris
Grandini*, *Odontopteris nevropteroides. Lepidodendron* et Macrospores dans un
schiste charbonneux. Assez de *Stigmaria ficoides*, *Stigmariopsis tenuis;* quelques Sigillaires, dont *Sig. Grasiana.* Cannelures de Sigillaires dans le charbon. *Calamites Suckowii; Asterophyllites hippuroides; Annularia longifolia; Cordaites*, *Psaronius* et *Calamites* debout au toit de la Grand'Baume.

En outre, d'après Émilien Dumas : *Calamites cannæformis; Asterophyllites
rigidus; Pecopteris cyathea; Pecopteris Biotii* (couche de Minette); *Sigillaria
Candollii. . . . .*

Observations. Les empreintes régnantes paraissent bien être
les *Cordaites*, ce qui, avec certains autres signes, me ferait rapprocher les couches inférieures de la Grand'Combe de l'étage des
Cordaïtées.

Nota. — Il serait intéressant de voir si l'abondance signalée des
Nöggerathia (pour *Cordaites*) au Vigan n'établirait pas quelque
rapport d'âge entre l'affleurement houiller qu'on y explore et les
couches soit inférieures, soit supérieures de la Grand'Combe.

Couche de Champclauson. — La couche de Champclauson est à
la base de la série supérieure de la Grand'Combe; nous y avons
trouvé les empreintes suivantes :

Notes de voyage. Les schistes du toit et les intercalations dans la couche
renferment les mêmes plantes que le charbon schisteux et, par suite, que la
houille elle-même, et ces plantes sont partout et en masse des *Cordaites* avec
nombreux *Cardiocarpus* du type *emarginatus*, fréquents *Artisia*, *Antholithes*

et tout ce qui s'ensuit; *Cordaites principalis, Cardiocarpus fragosus. Dilogopteris orbicularis.* Assez d'*Annularia longifolia;* rares *Calamites;* assez de *Calamites cruciatus. Pecopteris Schlotheimii* (nombreux), *oreopteridia, hemitelioides;* fréquents *Alethopteris ovata, aquilina; Odontopteris Reichiana.* Quelques *Psaroniocaulon. Pachytesta gigantea,* etc.

A 5o mètres de cette couche, des *Cordaites* principalement, dont *C. borassifolius;* grands *Syringodendron pachyderma? Pecopteris polymorpha, Goniopteris elegans, Odontopteris Reichiana, Alethopteris aquilina,* etc.

Au Muséum, *Pecopteris arborescens.*

OBSERVATION. La couche de Champclauson paraît bien faire partie, elle, de l'étage des Cordaïtées; elle paraît ne devoir pas être située bien en dessous de celles inférieures de Saint-Étienne.

Montagne Sainte-Barbe.

De même qu'à Bességes, quantité des mêmes *Pecopteris polymorpha, oreopteridia, abbreviata* à la mine Airolle, avec mêmes *Asterophyllites hippuroides* au Pontil; identiques *Sigill. monostigma, elliptica, hexagona; Schizopteris lactuca,* assez d'*Annularia brevifolia;* quelques *Annul. longifolia; Psaronius radices,* etc......

OBSERVATION. Le peu d'empreintes de la montagne Sainte-Barbe que j'ai pu apercevoir en passant s'accordent avec celles de Bességes; la couche dite *sans nom* appartiendrait-elle donc au groupe du Felgas et n'aurait-elle aucun rapport avec celle de Champclauson?

Mines de Portes.

NOTES DE VOYAGE. Dans les schistes de Cessous, *Cordaites* communs, *Calamites Cistii, Sphenophyllum oblongifolium, Equisetites infundibuliformis, Alethopteris aquilina;* assez de *Pecopteris unita;* grands lambeaux de Sigillaires. Couche de Champclauson, vallée de l'Oguègne : surtout des *Cordaites; Stigmaria ficoides; Asterophyllites hippuroides; Pecopteris Schlotheimii;* quelques *Psaroniocaulon.* Couche de Salze : toit immédiat plein de *Cordaites;* au-dessus *Nevropteris cordata;* beaucoup de *Pecopteris Schlotheimii* et de *Psaroniocaulon;* rare *Pecopt. polymorpha, Calamites Suckowii, Sphenophyllum majus, Cardiocarpus emarginatus, Samaropsis.* Couche Rouvière (maigre); son toit est plein de *Pecopteris,* principalement *Schlotheimii* et *unita,* avec *Pecopt. oreopteridia.* Couche Canal : *Alethopteris ovata, Nevropteris cordata, Sigillaria monostigma,*

Brardii, *Stigmaria ficoides*, *Carpolithes lenticularis*. En général, sans distinction de couches : masse de *Pecopteris-cyatheoides*, formant une partie notable de la flore, *Pecopt. Schlotheimii*, *cyathea* avec *Stipitopteris* et beaucoup de *Psaroniocaulon*, exactement comme à Saint-Étienne; *Cordaites* dans la houille, mais mélangés de *Stipitopteris*; *Poa-Cordaites* non rares; *Syringodendron alternans*, *Stigmariopsis inæqualis*. De véritables *Calamites cruciatus*; *Asterophyllites densifolius* fréquents et nombreux par places, avec *Equisetites infundibuliformis*; nombreux *Annularia longifolia*, *Samaropsis fluitans*, *Codonospermum anomalum*.

Chez M. Sarran : *Pecopteris Biotii*, *cyathea*, *subnervosa*, *arguta*; des *Alethopteris Grandini*; *Odontopteris Reichiana*, *obtusa*; *Nevropteris auriculata*, *cordata*; *Dictyopteris Brongniarti*, *Schützei*; sorte de *Tæniopteris jejunata*; *Schizopteris lactuca*; *Asterophyllites densifolius*; *Sigillaria Brardii*, *spinulosa*; *Cordaites laxinervis*, *foliolatus*; *Poa-Cordaites linearis*; *Carpolithes disciformis*; *Artisia approximata*; *Walchia pinniformis*. Dans un envoi de 1865, M. Sarran m'avait adressé en outre : *Sphenopteris subirregularis*; *Sphenophyllum angustifolium* v. *bifidum*; *Sphenophyllum oblongifolium*; *Artisia transversa*; *Cardiocarpus Gutbieri*, etc.

OBSERVATIONS. De grandes différences séparent la flore de Portes de celle de Bességes; à Portes, proportion bien moindre de *Pecopteris-nevropteroides* et, par contre, beaucoup plus de *Pecopteris-cyatheoides;* à Portes, davantage de plantes plus récentes, ordinaires à Saint-Étienne. De manière qu'il ne paraît pas pouvoir exister de concordance stratigraphique entre le faisceau de Portes et celui de Bességes; les couches de Portes semblent devoir être sensiblement plus récentes, et si elles ne rentrent pas franchement dans notre étage des Fougères, à cause du peu d'*Odontopteris*, elles pourraient bien en occuper la base.

CONCLUSIONS GÉNÉRALES.

Dans le riche bassin houiller d'avenir du Gard, il est à remarquer que les Sigillaires persistent à travers les trois étages admis; elles seraient même plus communes dans celui du milieu; les Lépidodendrons seraient même plus abondants en haut qu'en bas. Si l'on ne connaissait que les énumérations d'É. Dumas et si l'on ne voyait que les empreintes collectionnées au bureau des mines de Bességes, on pourrait se laisser aller à croire que l'on a affaire à une flore assez ancienne. Mais ces végétaux (que l'on a notés et collectés de préférence aux autres, parce qu'ils attirent davantage la vue) sont perdus dans une flore au fond plus récente. Sous le bénéfice des considérations développées au commencement de ce chapitre, la présence de ces plantes n'a, par suite, pas beaucoup de valeur. Les Pécoptéridées paraissent avoir le pas assez généralement; du moins elles abondent partout. Mais si à Bességes elles appartiennent aux mêmes groupes qu'à Saint-Étienne, c'est avec des différences notables de nombre, d'espèces et de proportion générique, ce qui, joint à beaucoup d'autres plantes plus anciennes, assigne aux couches de la Cèze un niveau sensiblement inférieur au système stéphanois. La flore de Bességes, en particulier, est comparable à celle de Wettin. La flore de Molière n'est que l'extension de celle de Bességes.

A la Grand'Combe, où dominent les Cordaïtes, les plantes de la couche supérieure de Champclauson se rapprochent de celles de la zone inférieure de Saint-Étienne. Quant aux mines de Portes correspondant aux couches supérieures de Champclauson, d'après M. Sarran[1], elles ont une flore encore plus analogue à celle de Saint-Étienne.

Deux étages existeraient ainsi dans 1,000 mètres d'épaisseur totale du terrain houiller du Gard : l'étage dit des Cévennes et l'étage des Cordaïtées.

Voyons maintenant si les empreintes fossiles donnent espoir de résoudre les questions locales de rapports géologiques qui divisent les esprits dans le Gard comme ailleurs. Je dis espoir de résoudre, car je ne puis prétendre fournir de solution à ces problèmes, qui exigeraient des observations plus générales, plus longtemps continuées que celles que je n'ai, pour ainsi dire, faites qu'en passant, qu'en courant; il est fort à désirer que quelqu'un s'applique à l'étude de ces questions en même temps qu'à celle d'une flore mal définie dans le Forez.

[1] *Bulletin de la Société de l'industrie minérale*, t. XIV, 1868, p. 113.

Émilien Dumas a divisé le terrain houiller du Gard en trois systèmes [1] : le système supérieur, comprenant Molière ; le système moyen, Champclauson, et le système inférieur, les couches de la Grand'Combe ; Bességes correspondant à la fois aux systèmes moyen et inférieur ; la montagne Sainte-Barbe représentant, à l'état plus développé, la série supérieure de Champclauson. D'après M. Sarran [2], qui place les couches de Molière dans le terrain houiller supérieur, Champclauson, Sainte-Barbe, Trélys, Bességes se trouveraient dans le terrain houiller moyen, et Portes, en même temps que la Grand'Combe, dans le terrain houiller inférieur.

Dans ce cas, les couches de la Grand'Combe seraient, comme l'a admis également M. Callon [3], inférieures à celles de la montagne Sainte-Barbe, et partant aussi à celles de Bességes.

La considération des flores (que É. Dumas a trouvées notablement différentes dans ses trois systèmes) amène à un résultat bien différent, plus conforme à l'hypothèse de Varin, suivant laquelle les couches de la Grand'Combe passeraient au-dessus de celles de la montagne Sainte-Barbe (si elles n'appartiennent pas à un autre système de dépôts). Dans le cas contraire, les couches de Portes devraient renfermer le même ensemble de plantes que la série de Sainte-Barbe ou que celle de Bességes; or il est très-loin d'en être ainsi, et l'on ne voit pas que les différences soient de celles produites par les causes locales.

BASSIN HOUILLER D'AUBENAS OU DE PRADE (ARDÈCHE).

Empreintes des couches moyennes envoyées par M. P. Bayle :

Calamites Cistii, Endocalamites varians, Annularia longifolia; quelques *A. brevifolia*; sorte de *Sphenophyllum Schlotheimii*, peut-être *Sph. oblongifolium. Pecopteris Pluckeneti; Pecopt. dentata*; des *Pecopteris villosa* types, *oreopteridia,*

[1] *Bulletin de la Société géologique de France*, 2ᵉ série, t. III, 1845 à 1846, p. 574.
[2] *Essai d'une classification stratigraphique des terrains du Gard par étages*, 1871. p. 26.
[3] *Annales des mines*, 4ᵉ série, t. XIV, p. 339.

Candolleana, *Schlotheimii*, *arborescens* (véritable), *pulchra*, et divers *Pecopt.
nevropteroides*, *polymorpha*, etc., tous avec *Asterotheca*; sorte de *Pecopt. hemitelioides prior*; *Caulopteris*; *Alethopteris subgigas*; *Aleth. aquilina* et *Grandini*;
Odontopteris Reichiana; *Nevropteris cordata*, *gigantea? Lepidodendron patrium*;
Lepidophyllum majus. Quelques espèces de Sigillaires, *Sigill. sub-Sillimanni*
(avec cicatrices très-espacées), *rugosa*, *elliptica* (par la forme des cicatrices
très-éloignées, avec rugosités ponctiformes sur les côtes, plus ou moins
comme sur le *Sigill. rugosa*, et analogues à celles que l'on voit sur certains
pétioles de Fougères). *Cordaites palmæformis* paraissant devoir être commun;
Cord. borassifolius, *striatus*. *Cardiocarpus sub-Gutbieri*. Beaucoup de *Calamites*
(d'après M. Danton). *Asterophyllites hippuroides*.

CONCLUSION. Le bassin isolé de Prade serait du même âge que
le faisceau de Bességes, qui s'avance, par les couches les plus élevées, jusqu'à Banne (Ardèche).

TERRAINS À ANTHRACITE DES ALPES.

Le terrain houiller existe dans les Alpes françaises, suisses et
autrichiennes, en lambeaux isolés par des érosions immenses;
M. Élie de Beaumont a donné la plus grande idée de son étendue
originelle en disant[1] qu'il devait, dans les Alpes occidentales
(Suisse, Savoie, Dauphiné), embrasser une surface trois fois égale
à la somme des superficies connues en 1840 de tous les terrains
houillers de la France, ou plus grande que celle d'aucun bassin
houiller d'Europe pris individuellement.

En France, il en reste quelques lambeaux au mont Blanc,
dans les Alpes savoyardes, dans les Alpes françaises du Dauphiné
et du Briançonnais.

Il n'y a pas en géologie de question qui ait été plus diversement agitée que celle de l'âge du terrain à anthracite des Alpes.
Après que, dès 1828, on eut constaté à Petit-Cœur la superposition
de schistes à anthracite à des calcaires schisteux à Bélemnites, l'intercalation des premiers dans les seconds ou même l'alternance
de ces deux dépôts, M. Élie de Beaumont et, à sa suite, MM. Rozet,

[1] *Bulletin de la Société géologique*, t. XII, 1854-1855, p. 670.

Sismonda, Scipion Gras (qui avait admis que les grès de l'Oisans sont carbonifères), ont rapporté le terrain anthracifère des Alpes au terrain jurassique. Mais ce mélange de strates si différentes, qui a fait dire à M. S. Gras que c'est un caractère des grès à empreintes houillères que d'être associés avec du calcaire à fossiles du lias dans un système de couches de même époque, ce mélange résulterait de glissements ou de replis de strates communs dans les Alpes, d'après MM. de Mortillet, Favre, Lory, etc., qui ont considéré la formation à anthracite comme du terrain houiller normal, ce que la Société géologique de France a reconnu dans sa réunion extraordinaire de septembre 1861.

M. Brongniart n'a jamais hésité à identifier au terrain houiller le grès à anthracite des Alpes, qui ne renferme que des plantes houillères, à l'exclusion de celles de la période secondaire.

Je n'ai visité que les mines de la Mure dans la chaîne occidentale des Alpes.

MINES DE LA MURE.

NOTES DE VOYAGE. 1° Peychagnard : nombreux *Calamites*, la plupart *Cistii*; nombreux *Asterophyllites hippuroides*; nombreux *Annularia brevifolia* et quelques *longifolia*, mêlés à beaucoup de *Sphenophyllum* principalement *saxifragæfolium*. *Pecopteris Pluckeneti prior; Pecopteris unita major*, comme à Rive-de-Gier; *Pecopt. Lamuriana, arborescens; Alethopteris subovata* et *Sigillaria subtessellata*. Assez de *Stigmaria*, dont le *minor*; des *Cordaites*, dont le *borassifolius*; quelques *Cladiscus* et *Artisia; Poa-Cordaites*. La houille paraît formée surtout de mises nombreuses de *Cordaites* avec des *Sigillaria*, des *Cordaifloyos* et quelques *Calamites*.

2° Motte d'Aveillans : nombreux *Asterophyllites hippuroides* avec *Calamophyllites;* quantité de *Sphenophyllum*, en partie *saxifragæfolium*. En fait de Fougères, il n'y a guère de communs que les *Pecopteris arborescens, Lamuriana. Lepidodendron elegans*. Des *Sigillaria Grasiana* et *Brardii* (ce dernier souvent par sa variété *minor*); *Syringodendron;* schiste plein de *Stigmaria, Stig. minor*. Des *Poa-Cordaites*. Au-dessus de la couche supérieure, abondants *Cordaites*, en sabre, très-minces, finement striés, que l'on ne trouverait pas près des autres couches. Au toit de la Henriette, assez de *Cordaites, Sigillaria Grasiana*, alternans, avec *Sigillariostrobus, Lepidophyllum majus*.

Collection de M. Rolland : *Calamites Suckowii; Asterophyllites longifolius*, *subequisetiformis; Volkmannia gracilis; Annularia minuta;* nombreux *Annularia brevifolia;* rares *A. longifolia; Sphenophyllum fimbriatum* ou *præoblongifolium.* *Pecopteris Pluckeneti* comme à Rive-de-Gier; *Pecopt. dentata* caractéristique; *Pecopt. unita, arborescens, polymorpha; Alethopteris aquilina; Dictyopteris ne-vropteroides, ·Brongniarti; Nevropteris flexuosa; Odontopteris nevropteroides; Lepidodendron Sternbergii; Lepidophyllam hastatum; Pseudosigillaria monostigma.* Des *Sigillaria Brardii, Sigill. Defrancii, Grasiana;* sorte de *Sig. elegans, Sy-ringodendron alternans, Stigmariopsis inæqualis, Stigmaria minor, Trigonocarpus Parkinsoni, Cordaites foliolatus, Poa-Cordaites latifolius, Cardiocarpus emargi-natus;* sorte de *Carpolithes disciformis;* nombreux *Carpolithes membranaceus.*

3° A Putville : fusain abondant de *Cordaites* dans les schistes charbonneux; *Cardiocarpus emarginatus; Sigillaria subspinulosa.*

Collection de l'École des mines de Paris : *Pecopteris Lamuriana, Sigillaria Grasiana, Asterophyllites hippuroides* comme dans le bassin de la Loire.

Collection de l'École des mineurs de Saint-Étienne : *Pecopteris Pluckeneti, Dictyopteris Brongniarti, Odontopteris alpina, Od. Reichiana,* v. β des couches supérieures de Zwickau.

Le Muséum possède beaucoup d'empreintes des Alpes, soit des couches de la Mure, soit de différents autres endroits que l'on relie à ces couches; nous y avons remarqué notamment et outre les énumérations précédentes : *Calamites Suckowii* (assez), *Calamites subdubius, Calamites approximatus,* sorte de *Calamites cruciatus; Sphenopteris subobtusiloba* (au col du Chardonnet); mêmes *Pecopteris dentata* et *Pecopt. arborescens* (nombreux) qu'à Rive-de-Gier; *Pecopteris æqualis, Pecopteris Lamuriana* au Peychagnard comme à Grand'-Croix; *Pecopteris oreopteridia* et *affinis, platyrachis* (au Val-Bonnais); des *Ale-thopteris præ-Grandini* ou *Grandini;* assez d'*Odontopteris* variété *primigenia, Od. Reichiana, Brardii; Odontopteris obtusa* (en Tarantaise, d'après le catalogue); *Cyclopteris erosa; Nevropteris Loshii, Soreti* et *flexuosa* (Tarantaise); *Nevropt. gigantea, cordata* et autres; *Lepidophyllum princeps.*

Dans diverses publications, on a cité en plus : *Asterophyllites tenuifolius, Pecopteris Candolleana, cyathea, pteroides; Sigillaria Dournaisii; Carpolithes ellipticus,* etc.

CONCLUSION. Sur les lieux, mon premier sentiment fut que les couches de la Mure sont de l'âge de celles de Rive-de-Gier, d'après un certain ensemble de formes communes variées, aussi identiques que peuvent l'être les débris divers des mêmes plantes, et cela quoique plusieurs espèces, par leur présence et leur fréquence, indiquassent des couches plus élevées. Mais, ayant exploré les Cé-

69.

vennes depuis, je verrais aujourd'hui des rapports plus constants et significatifs entre le dépôt à charbon de la Mure et l'étage qui domine dans le Gard et dans l'Hérault.

Dans son *Genera* de 1849 M. Brongniart explique que les empreintes végétales de la Mure et de la Tarantaise forment l'ensemble de la végétation houillère telle qu'elle se présente à Alais, à Saint-Étienne; en 1828[1], il avait déjà exprimé, en réponse à la note de M. Élie de Beaumont, qu'il n'y a pas plus de différence, au point de vue botanique, entre le terrain à anthracite des Alpes et le terrain houiller, que celle que l'on peut observer entre deux bassins de cette dernière formation. Je n'ai rien ajouté à ce coup d'œil si sûr de M. Brongniart; j'ai seulement précisé la position relative de la zone anthracitique des Alpes que j'ai en vue.

Il ne serait peut-être pas sans à propos d'étudier ici maintenant les autres lambeaux à anthracite des Alpes; j'avais préparé des énumérations de plantes pour cela. Mais je ne voudrais pas donner à cet article une étendue plus grande que ne le comportent mes observations personnelles, auxquelles je me limite, autant que possible, dans cet ouvrage.

Cependant je ne puis guère passer outre sans chercher à formuler une opinion sur la formation anthracifère générale de toutes les Alpes, d'après les sources de renseignements que je vais d'abord indiquer.

Pour le Briançonnais : d'après beaucoup d'empreintes du Muséum, venant des mines des environs de Briançon; d'après ce que M. Bunbury a dit de celles du même endroit qu'il a pu examiner à Turin.

Pour le col du Chardonnet : d'après les espèces végétales signalées par MM. Brongniart, Élie de Beaumont et Scipion Gras.

Pour la Tarantaise et Petit-Cœur en Savoie : d'après les espèces citées par M. Brongniart dans son *Histoire des végétaux fossiles*, par M. Schimper dans son *Traité de paléontologie végétale*, par M. Al. Favre dans ses *Recherches géologiques autour du mont Blanc*, tome III, page 191; d'après les empreintes se trouvant au Muséum de Paris, à l'École des mineurs.

[1] *Annales des sciences naturelles*, t. XIV, p. 127.

Pour le pourtour du mont Blanc : d'après les espèces signalées par MM. Schimper et Al. Favre.

Pour l'ouest et le sud du canton valaisien, en Suisse : d'après les plantes décrites dans *Die Urwelt der Schweiz*, 1865 ; d'après les empreintes de Sainte-Colombe déterminées par M. Oswald Heer (*Recherches autour du mont Blanc*, tome III, page 169).

Ueber die Steinkohlenformation der Centralalpen : impressions végétales signalées par M. le conseiller des mines Dr Stur (*Verh. d. K. K. geol. Reichsanstalt*, page 78).

Stangalpe, en Styrie : végétaux fossiles figurés par Sternberg (*Essai géognostico-botanique*) ; indiqués par Unger, par M. Schimper, et collectionnés au Muséum.

Le terrain houiller du Valais, en Suisse, où les Fougères forment le contingent principal de la flore, c'est-à-dire vingt-huit espèces sur quarante-deux [1], ne saurait guère être plus ancien que les couches de la Mure, de Vizille, ou en particulier de la Tarantaise, auxquelles se rapporteraient celles des Alpes centrales et sans doute encore celles du Banat, dans la chaîne des montagnes de la Transylvanie, d'après les fossiles rapportés par M. Foetterle [2]. La flore un peu différente du Briançonnais paraît aller avec celle de la Stangalpe, en Carniole. Deux zones consécutives se révéleraient ainsi par les plantes comme par les roches, M. Lory estimant que le terrain à anthracite du Briançonnais présente des différences marquées avec celui de la Mure, de l'Oisans et de Petit-Cœur. M. Scipion Gras a admis deux systèmes de couches différents ; mais son tableau de plantes fossiles [3] offre une anomalie constante dans la répartition, transgressive selon moi, des espèces, telle que les *Sphenopteris, Lepidodendron* et *Sigillaria*, que l'on s'attendrait à rencontrer de préférence dans l'étage inférieur, sont au contraire plus répandues dans le système supérieur, tandis que les *Pecopteris* sont, d'après le même tableau, particulièrement propres au système inférieur. L'ordre

---

[1] O. Heer, *Die Urwelt der Schweiz*, p. 10 et 4.

[2] *Verhandlungen der K. K. geol. Reichsanstalt*, 1860. p. 146.

[3] *Annales des mines*, 5e série, t. V, p. 591 et 592.

de superposition paraît devoir être renversé, et, en effet, les empreintes de Briançon que j'ai vues indiquent bien des couches inférieures à celles de la Mure et assez contemporaines de celles de Rive-de-Gier. Un étage supérieur existerait ainsi à la Mure comme à Petit-Cœur, et peut-être aussi dans les Alpes centrales, et un étage inférieur près de Briançon, comme en Stangalpe.

Ces deux étages paraissent se rapporter au terrain houiller sous-supérieur et pas le moins du monde au terrain anthracifère ancien. M. Geinitz croirait que le terrain anthracifère des Alpes françaises et savoisiennes s'ajuste à plusieurs de ses zones, entre autres à la troisième. M. Stur fait rentrer la Stangalpe dans la zone des Sigillaires. Mais à un certain nombre d'espèces assez anciennes de *Nevropteris*, de *Lepidodendron*, de *Sigillaria*, sont mêlés peu de *Sphenopteris* moyens, peu de *Præpecopteris*, parmi une flore composée en majeure partie d'abondants *Calamites* et *Asterophyllites*, de beaucoup de *Pecopteris* divers, de nombreux *Annularia*, avec déjà quelques espèces d'*Odontopteris* et peut-être un *Walchia* dans l'empreinte décrite comme *Lycopodites falsifolius* par O. Heer. M. Meneghini a signalé dans un terrain métamorphique de Toscane les mêmes plantes houillères que celles de Sardaigne. Le haut degré de métamorphisme a induit en erreur sur l'âge des roches comme celles des Houches sur l'Arve, que l'on a pu prendre pour siluriennes, tandis que j'y ai aperçu un *Calamites approximatus* et quelques radicelles comme on en trouve dans les schistes houillers de Saint-Étienne.

Cependant nous avons vu (p. 451) que les Alpes peuvent posséder du terrain carbonifère ancien. D'un autre côté, le terrain permien s'accuse par la présence des *Walchia* en Italie, où, dans les Alpes apuennes, se révèle, en outre, d'après un signalement de plantes[1], le terrain houiller supérieur.

Les Alpes ont ainsi des couches carbonifères d'âges très-éloignés, mais concordantes, ce qui est très-remarquable, avec celles

---

[1] *Bulletin de la Société géologique*, 2ᵉ série, t. XX, p. 63.

du midi de la France, de manière que les unes comme les autres doivent appartenir au même système de formation.

On a signalé de nombreux rapports entre les plantes du terrain houiller des Alpes et celles d'Amérique. Bunbury a dit [1] que les *Nevropteris* des Alpes s'accordent en nombre et en forme avec ceux de Pensylvanie et du Cap-Breton. M. Heer a fait ressortir une grande communauté d'espèces entre la flore anthracifère des Alpes et la flore houillère d'Amérique; sur quarante-deux espèces du Valais, vingt-quatre, en effet, sont communes à l'Amérique du Nord. Cette ressemblance et cette communauté d'espèces n'ont rien d'étonnant entre dépôts contemporains de la période carbonifère. En Amérique, particulièrement en Pensylvanie, au Cap-Breton, se présente en effet le terrain houiller sous-supérieur avec les mêmes plantes, identiques ou équivalentes, qu'en Europe.

TERRAIN HOUILLER DANS LE DÉPARTEMENT DU VAR.

Dans le département du Var, en rapport avec le massif montagneux des Maures et de l'Esterel, le terrain houiller [2] forme une étroite bande continue de Fréjus à Grasse et plusieurs autres lambeaux; il peut être utile de déterminer leur niveau géologique au point de vue des richesses que l'on peut y découvrir.

M. Brongniart a signalé quelques espèces végétales du Plan-de-la-Tour (Esterel); les empreintes de cet endroit que j'ai vues au Muséum sont : *Calamites gigas, Sphenophyllum Thonii; Pecopteris Biotii? Alethopteroides? Bucklandi? oreopteridia; Cyclopteris reniformis; Callipteris conferta.* J'ai remarqué, en outre, comme venant de Toulon, une sorte de *Dictyopteris nevropteroides*, et du Var, sans désignation de localité, un *Sphenophyllum truncatum.*

On m'a montré de Collobrières des *Pecopteris Pluckeneti.*

M. Gruner m'a fait remettre, par M. de Loriol, quelques empreintes de *Calamites cruciatus elongatus, Annularia brevifolia, Nevropteris recentior, Peco-*

[1] *On fossil plants from the anthracite formation of the Alps of Savoy (Proceedings of the geological Society,* 1848, p. 130); consulter en outre : *On the anthracite plants of the Alps (The Quarterly,* etc., t. VI).

[2] De 100 à 300 mètres d'épuisement seulement, d'après M. de Villeneuve-Flayose (*Description min. et géol. du Var,* 1856, p. 71).

pteris pseudo-ovata (à penne d'*Alethopteris ovata*, mais sans pinnule de décur- rence, nouvelle preuve que la forme du développement doit primer les caractères tirés des pinnules).

M. A. Thiollier m'a adressé, de Saint-Nazaire-du-Var, une certaine variété d'empreintes végétales, avec cette observation : « Le terrain houiller dont les empreintes que je vous envoie proviennent est une bande étroite, qui n'a pas plus de 20 mètres d'épaisseur, de schistes noirs, où sont intercalées les couches de minerai de fer lithoïde que j'exploite. Cette bande houillère repose directement sur le micaschiste et est surmontée de puissants bancs de grès, dans lesquels il est bien difficile de reconnaître des grès houillers et que, pour ma part, je classerais volontiers dans le permien. » Dans cet envoi je distingue : *Calamites Suckowii, Cistii, Calamites cruciatus*, un *Annularia longifolia* ou *floribunda* et plusieurs *Bruckmannia tuberculata*, un axe de *Volkmannia gracilis; Sphenophyllum quadrifidum* et feuilles isolées de *Sphenophyllum dentatum; Pseudosphenopteris adnata* (d'Ottweiler), *Pecopteris Biotii; Pecopteris Schlotheimii* divers, des *Pecopt. Candolleana* (avec de plus longues capsules qu'au *Pecopt. cyathea*), *Pecopt. oreopteridia* et autres ; *Goniopteris brevifolia* et *unita; Alethopteris ovata;* petits *Aulacopteris vulgaris;* échine de *Lepidostrobus; Lepidophyllum submajus; Sigillaria Brardii* presque effacé; petite tige de *Sigillaria spinulosa* particulier; quelques *Cordaites* indéterminables, *Poa-Cordaites;* empreinte d'une nouvelle Conifère avec *Conites linearis* devant s'y rapporter; sorte de *Carpolithes ovoideus;* petits fragments de *Walchia pinniformis;* avec des *Blattina,* écailles de poissons et coprolithes.

Conclusions. Les espèces sont presque toutes du terrain houiller supérieur; cependant un *Callipteris conferta,* sans compter un *Calamites gigas,* suffit pour admettre au Plan-de-la-Tour, la présence du Rothliegende inférieur.

En ce qui concerne le gisement de Saint-Nazaire-du-Var en particulier, je dirai que les plantes y révèlent du terrain suprahouiller si élevé qu'il doit toucher le terrain permien.

Il existerait ainsi dans le Var un étage houiller tout à fait supérieur [1] surmonté de quelques couches de Rothliegende inférieur, sans aucun rapport d'âge et, à plus forte raison, de formation commune avec le terrain houiller du Gard, auquel on l'avait rapporté d'après des analogies trompeuses.

[1] Quelques empreintes de Boson, que je dois à M. Clément-Conti, révéleraient des couches plus inférieures dans ce terrain très-condensé.

Mes observations personnelles sont limitées à l'assise houillère de Ronchamp.

ASSISE HOUILLÈRE DE RONCHAMP.

A Ronchamp on exploite un seul faisceau de couches dans un mince dépôt houiller reposant sur le terrain de transition et recouvert par le grès des Vosges.

NOTES DE VOYAGE. Considérablement de Calamariées, *Cal. Suckowii, Cistii* (nombreux), *planicostatus, approximatus*, avec beaucoup d'*Asterophyllites grandis, hippuroides, foliosus?* Partout très-nombreux *Annularia brevifolia* avec peu de *longifolia* et cependant assez de *Bruckmannia* et de fréquents *Sporangites, Sphenophyllum dentatum* et *saxifragæfolium*. Des *Pecopteris dentata, Pecopt. Schlotheinii, polymorpha, abbreviata* ou *Lamuriana* (en somme, de Rive-de-Gier ou de Givors plutôt que de Saint-Étienne); rares *Caulopteris, Caul. protopteroides, Psaronius radices, Tubiculites; Alethopteris pecopteroides* (avec indices de fructification marginale), *Aleth. Grandini primigenia, subgigas;* nombreux *Neuropteris Arverniensis* avec énormes *Aulacopteris* (tout à fait comme à la Combelle); *Schizopteris*. Plusieurs espèces de *Lepidodendron*, assez fréquents (en général encore comme à la Combelle), variété du *Lepid. rimosum* (comme à Rive-de-Gier), sorte de *Lepid. Sternbergii*. Traces de *Sigillaria elliptica* et *tessellata; Syringodendron organum*, Gold., ou *cyclostigma*, Brongn. Nombreux *Cordaites*, soit *C. cuneatus, foliolatus, quadratus*, avec *Cladiscus* variés, *Schnorrianus, selenoides; Cardiocarpus plurimus, emarginatus, eximius; Poa-Cordaites;* le fusain de la houille parait se rapporter généralement aux *Dadoxylon; Samaropsis*. Fréquents *Dicranophyllum gallicum*. Au toit de la couche du puits d'Éboulet : grand *Caulopteris Cistii?* sortes de *Pecopteris Cistii* et *Lamuriana*, plusieurs *Pecopt. dentata; Sphenophyllum dentatum; Asterophyllites rigidus*. Dans les roches du puits Sainte-Marie : *Odontopteris Reichiana, Alethopteris Grandini* et *subgigas; Pecopteris* nombreux, *Remitelioides prior, oreopteridia, Schlotheimii;* des *Dicranophyllum*.

D'après M. Brongniart : *Pecopteris arguta, Sphenopteris cristata*.

Au Muséum : *Alethopteris aquilina*, comme à Wettin.

CONCLUSION. Il est assez curieux de rencontrer à Ronchamp un certain ensemble de plantes identiques à celles de la Combelle, près Brassac, avec des Fougères généralement plus analogues à celles de Rive-de-Gier qu'à celles de Saint-Étienne. Il en résulte évidemment que les couches houillères du district en question sont situées assez bas dans le terrain houiller supérieur; plutôt en dessous qu'en dessus de l'étage des Cordaïtes, elles se laissent assez bien paralléliser avec l'étage des Calamariées de la Saxe.

On peut tout aussi bien mettre en comparaison le faisceau houiller de Ronchamp avec les couches d'Épinac; entre ces deux points, l'analogie est même telle que des rapports de formation continue peuvent réunir souterrainement le terrain houiller de Saône-et-Loire à celui de la Haute-Saône.

MONTAGNE DE LA SERRE (JURA).

La montagne de la Serre, près Dôle, se rattache au massif du Morvan et sert de trait d'union entre le plateau central et les Vosges [1]; elle est dans l'alignement du bassin de Saône-et-Loire avec celui de Ronchamp; elle présente sur son versant Ouest des couches permiennes qui ont de l'analogie avec celles qui recouvrent le bassin de Ronchamp et aussi, dit-on, avec celles de Saône-et-Loire. On a entrepris la recherche du terrain houiller au-dessous de ces couches permiennes; M. C. Bayle m'a soumis une argile rouge pourvue d'un *Walchia pinniformis* caractéristique, traversée à 40 mètres au puits Prélot.

TERRAINS HOUILLERS SUPÉRIEURS DU NORD-OUEST DE LA FRANCE.

En Bretagne, outre le terrain carbonifère ancien, il existe du véritable terrain houiller supérieur, comme on va voir.

MINES DE SAINT-PIERRE-LA-COUR (MAYENNE).

Au Muséum : assez d'*Annularia longifolia; Sphenophyllam angustifolium, oblon-gifolium* et même sa variété *natans; Pecopteris* de Saint-Étienne en général : *Pecopt. cyathea, Candolleana, hemitelioides, subcuneura; Psaroniocaulon sulcatum. Odontopteris Reichiana; Syringodendron alternans; Cordaites* comme à Saint-

[1] Coquand, *Bull. géol.* 2ᵉ série, t. XIV, p. 13.

Étienne; *Calamites cruciatus encarpatus.* A l'École des mines, un *Sphenophyllum Thonii,* d'après la description que m'a faite M. Zeiller.

OBSERVATION. L'ensemble, l'association, le facies, les formes identiques, tout permet de supposer que le dépôt houiller de Saint-Pierre-la-Cour est au moins aussi récent que les couches moyennes de Saint-Étienne.

MINE DE KERGOGNE [1], PRÈS QUIMPER (FINISTÈRE).

Au Muséum : *Pecopteris aspidioides; Alethopteris Grandini, densifolia; Dictyopteris Schützei; Pecopteris Biotii* et *dentata* (inscrits sur le catalogue).

De cette trop faible énumération il suit néanmoins que le lambeau houiller de Kergogne, supposé très-ancien, est au contraire supérieur et des plus récents.

ASSISE HOUILLÈRE DU COTENTIN OU DE LA BASSE NORMANDIE.

Les auteurs de la Carte géologique y ont signalé du bois de Conifères silicifié, comme aux environs d'Autun. M. Brongniart a cité : *Calamites Suckowii* et *cruciatus* (à Littry); *Nevropteris rotundifolia* (au Plessis); *Pecopteris polymorpha.* Au Muséum : *Pecopteris pteroides, Pluckeneti,* des *Sphenophyllum;* et, d'après le catalogue : *Annularia brevifolia, Pecopteris hemitelioides.*

Ce sont toutes plantes du terrain houiller supérieur, sans aucune plante permienne. Les deux petits dépôts de Littry et du Plessis, reliés souterrainement, d'après M. Vieillard [2], et que M. Göppert tient pour permien, d'après les roches et fossiles qu'il en a vus et qui lui paraissent concorder avec ceux de Silésie, seraient ainsi situés au sommet du terrain houiller. M. Geinitz a estimé que celui de Littry est du véritable terrain carbonifère. Mais une assise permienne, y accompagnant le terrain houiller, donne en même temps raison à M. Göppert.

---

[1] A. Rivière, *Étude géologique des environs de Quimper,* 1838, p. 46.
[2] *Terrain houiller de la basse Normandie,* 1874, p. 115.

COUP D'ŒIL GÉNÉRAL

SUR L'ÂGE RELATIF ET LA CORRESPONDANCE PAR ÉTAGES, SUR LE GROUPEMENT ET SUR LES RAPPORTS NATURELS DES BASSINS HOUILLERS FRANÇAIS.

Après avoir étudié séparément les principaux bassins houillers du centre et du midi de la France, qu'on me permette de récapituler les résultats déjà assez intéressants auxquels je suis parvenu, touchant leur classification.

Vers la fin du dépôt des dernières assises du terrain houiller moyen, a seulement commencé la formation générale à anthracite des Alpes, tout d'abord dans le Briançonnais; cette formation s'est continuée jusqu'à l'étage des Fougères exclusivement; je ne dis pas si c'est d'une manière ininterrompue, n'ayant pas de notes suffisamment complètes pour savoir si l'étage des Cordaïtées y est représenté comme d'ordinaire. L'étage de Rive-de-Gier et le faisceau houiller de Communay ont pris naissance à peu près en même temps, ainsi que peut-être les couches de Saint-Perdoux (Lot). Ensuite se sont formés les couches un peu plus élevées de la Mure, les bassins de la Cèze et de Graisséssac, dont les flores concordent, et simultanément, dans un étroit parallélisme, les bassins de Neffiez et de Carmeaux.

A une époque qu'il me serait impossible d'aussi bien préciser, sont venus en formation les bassins houillers sous-supérieurs de la Chapelle-sous-Dun, d'Épinac, de Ronchamp et également aussi les couches de la Combelle (Auvergne), mais celles-ci avec une proportion croissante de Cordaïtées.

Jusqu'à ce que, ces végétaux arrivant à leur maximum de développement, en France du moins, se soient déposés, à des dates plus ou moins rapprochées, le système des couches de Brassac (y compris le petit bassin de Langeac), le riche étage de la Grand'Combe, les puissantes couches de Blanzy, de Montchanin, et la zone des couches inférieures de Saint-Étienne.

Cette zone est suivie, sans lacune, des couches moyennes de

Saint-Étienne, auxquelles correspondent les couches de Decize, celles de Commentry, celles de Bourganeuf, celles de Saint-Pierre-la-Cour (Mayenne), de Cublac et en partie celles de Decazeville.

Après quoi, les Calamodendrées atteignant leur optimum d'importance, la végétation sur le point de décliner a encore eu la force de produire la puissante couche de Decazeville, la série d'Avaize (Saint-Étienne), quelques couches à Saint-Bérain (Saône-et-Loire) et la houille du Grand-Moloy.

Ce n'est guère plus tard qu'ont pris naissance les couches supérieures de Buxière-le-Grue, situées au sommet du terrain houiller, ainsi que, sans doute, les couches houillères du Cotentin et certains lambeaux carbonifères du Var s'élevant jusqu'à la base du terrain permien.

Puis ont suivi les dépôts des assises plus ou moins parallèles et contemporaines d'Autun, de Charmoy, de Lodève, lesquelles, bien que indépendantes du terrain houiller, sont en. si étroite union avec lui que les auteurs de la Carte géologique ne les en ont pas séparées. A cette formation il faut adjoindre le bassin de Bert, qui, par sa richesse en houille, fait une exception remarquable dans le terrain permien, qui est généralement stérile. D'après M. Coquand, les couches permiennes de l'Hérault, de l'Aveyron, de Saône-et-Loire, ayant une composition analogue et les mêmes rapports stratigraphiques, correspondent géologiquement parlant. Or, nous avons vu que ces dépôts appartiennent tout au plus, dans l'échelle ascendante, au Rothliegende moyen.

Après ces derniers dépôts en Bourgogne et en Bourbonnais, en Rouergue et en Languedoc, la formation carbonifère a cessé partout sur le massif central et peut-être sur toute la surface qu'occupe aujourd'hui la France, sans s'élever ainsi bien haut dans le terrain permien.

Cependant le grès des Vosges, auquel correspondraient les arkoses de Saône-et-Loire, est supérieur; mais, loin de se rattacher au grès bigarré, il pourrait bien ne représenter tout au plus que l'étage supérieur du Rothliegende, car il partage la flore

moyenne et même inférieure de cette formation dans ce qu'elle a
de plus essentiel.

Cette correspondance et cette succession des dépôts houillers,
établies par étages, nous renseignent sur l'interruption, sur l'intermittence et sur la durée de la formation en chaque endroit.

Le terrain houiller supérieur ne semble nulle part aussi complet qu'aux environs de Saint-Étienne ; toutefois il est loin d'atteindre le Rothliegende par les couches d'Avaize, et on remarque
dans le conglomérat un changement rapide de plantes, qui correspondrait à l'étage des Cévennes, absent ou plutôt stérile dans
le bassin de la Loire.

Au pied du Morvan une longue interruption paraît être survenue
entre les dépôts des couches supérieures de l'étage des Cordaïtées
et celui des couches inférieures de l'étage des Calamodendrées.

Du Vivarais à la montagne Noire il n'y a guère de généralement
et complétement développé que l'étage des Cévennes.

Le terrain houiller d'Auvergne appartiendrait au seul étage ici
alors très-puissant des Cordaïtées.

Celui de Decazeville se rattacherait en majeure partie à l'étage
des Calamodendrées.

Certains petits bassins, comme ceux de Sainte-Foy-l'Argentière,
de Cublac, ne comprennent assurément pas un étage complet.

On remarque que les bassins houillers français sont distribués
suivant quelques grandes lignes, que l'on a rapportées aux systèmes de soulèvement. Ainsi, la série de Decize à la Pleau est
dirigée parallèlement au système du Rhin ; les bassins des Cévennes
et du Midi sont orientés sur le système des Ballons ; les dépôts
du Limousin, de Cublac, de Decazeville, de Carmeaux, sont dirigés comme le Forez.

Cette disposition tient évidemment, au moins en très-grande
partie, aux premières ébauches antérieures à la formation des
bassins, dont l'encaissement et le morcellement postérieurs n'ont
pas changé beaucoup les situations respectives.

Suivant les lignes précitées, les bassins houillers sont loin de s'être formés en même temps, et ne présentent d'ordinaire aucun rapport d'âge non plus que de formation commune.

Ce qu'il importerait de connaître c'est leur groupement suivant l'égale composition.

On a fait voir (p. 339) que le terrain houiller n'a pu se former, dans les dépressions arrivées au-dessous du niveau des eaux courantes, qu'autant que le sol était exposé à un mouvement d'enfoncement progressif, et alors que toutes les autres conditions requises étaient réunies. En sorte que les bassins houillers ne partageraient la même composition que dans les limites où les mêmes oscillations du sol se sont fait sentir.

Or le Midi, étendu jusqu'aux Pyrénées, ne présente que du terrain houiller sous-supérieur, avec un ensemble de plantes remarquablement analogues; tandis que le Centre, bien que pourvu de quelques couches du même âge, est parsemé de bassins généralement plus récents. D'où résulterait une première division entre les bassins du midi et ceux du centre de la France, séparés par une ligne devant passer au sud de Rodez, où le terrain permien continue le terrain houiller des bords de l'Aveyron. Les lambeaux carbonifères des Alpes ont plus de rapports avec les bassins du Midi qu'avec ceux du Centre. Les bassins des Maures et de l'Esterel forment une région à part. Dans le département de Saône-et-Loire, d'où l'étage des Filicacées paraît absent, les mêmes étages constituent différemment les bassins houillers; les couches d'Épinac ont des analogies avec celles de Ronchamp. Les couches supérieures de Buxière-la-Grue relient, par les schistes permiens de Franchesse, le bassin de la Queune à ceux du Morvan. Le terrain houiller de Commentry a plus d'affinité avec celui de Decize au nord, et avec ceux de la Creuse à l'ouest qu'avec celui de la Queune. Les bassins de l'Aveyron et du Limousin ont des points communs, mais à côté de différences qui en font un groupe hétérogène.

Ces groupements de dépôts carbonifères suivant l'égale composition ne sont réels que pour un système de couches ou que pour un temps dans certaines limites territoriales; ils ne le sont déjà plus pour le Rothliegende, qui a passé un même niveau sur les bassins du Rouergue et du Languedoc, d'âges différents.

Leur rapport de formation commune.

Nous avons vu que les bassins houillers français sont indépendants. Toutefois, quelques-uns ont pu être réunis ou avoir été en relation de dépôt. A quels signes peut-on reconnaître ces rapports naturels, éminemment utiles pour les recherches des parties intermédiaires dissimulées sous les formations modernes?

Les mêmes plantes, lors même qu'elles sont associées de façons identiques, ne paraissent plus suffire; il semble qu'en outre leurs débris doivent se présenter de la même manière : c'est ce qui existe d'une manière frappante entre la couche inférieure du bassin de la Queune, à Montet-aux-Moines (Allier), et la couche de Saint-Éloy-en-Combraille (Puy-de-Dôme); c'est ce qui a lieu à un degré qui n'est guère moindre entre le faisceau houiller de Communay et le groupe de la Mure, séparés par un intervalle qui n'est peut-être pas privé de terrain houiller productif équivalent recouvert par les terrains supérieurs; c'est encore ce qui se montre, mais moins évidemment, entre Decize et Commentry, dont les bassins de dépôts peuvent avoir été en communication par quelque vallée houillère cachée sous la plaine du Bourbonnais.

Ce n'est que quand on connaîtra bien tous les rapports des bassins houillers français que l'on pourra juger de leur extension possible; beaucoup d'études utiles sont à faire dans ce sens. Les quelques résultats obtenus par l'emploi des plantes fossiles permettent d'en espérer d'autres.

Mais ces résultats, fondés sur des documents incomplets, sur les débris fossiles déterminés à la hâte dans quelques lieux seulement, ne doivent pas encore être tenus pour définitifs; je dois même faire quelques réserves à leur égard, jusqu'à ce que des études plus complètes leur donnent l'évidence d'une démonstration plus générale.

CHAPITRE III.

RACCORDEMENT, SYNONYMIE DES COUCHES DU BASSIN HOUILLER
DE LA LOIRE.

Il nous reste à appliquer les plantes fossiles à la classification des couches du bassin houiller de la Loire, d'une manière toute spéciale, toute locale, mais d'autant plus utile qu'il s'agit de l'identification de parties disjointes et souvent méconnaissables des mêmes dépôts.

Pour cela, se produit-il dans la hauteur d'un étage des changements assez notables que l'on puisse saisir et appliquer à la distinction des faisceaux de couches et des couches isolées ?

A ne considérer que le fait de la flore se transformant sans cesse, on comprend qu'un étage de longue durée doive offrir de bas en haut, non de ces différences complètes qui sautent aux yeux, mais des variations assez importantes, comme cela se vérifie à Saint-Étienne, où, si beaucoup d'espèces sont persistantes, leur quantité varie quelquefois beaucoup d'un niveau à un autre. Mais d'une couche ou d'un faisceau de couches à un autre, les différences sont faibles et d'ailleurs inconstantes, et elles seraient incertaines dans l'application, si elles n'étaient pas accentuées par des changements notables, comme par exemple la substitution presque complète, en haut de l'étage moyen stéphanois, à l'*Odontopteris Reichiana*, Gutb. de l'*Od. minor*, Brongn. [1].

Les changements secondaires caractéristiques des étages per-

[1] Mais si, à la faveur de circonstances particulières, la flore fossile éprouve parfois dans une succession de couches de ces tranformations partielles rapides, cela n'a rien de fixe ni d'assuré, et il faut en restreindre l'usage à un seul bassin, ou ne l'étendre qu'aux bassins rapprochés ou qui se sont formés dans les mêmes conditions.

7¹

mettront bien de suivre ou plutôt de retrouver les équivalents de l'étage de Rive-de-Gier, autour de Saint-Étienne, de classer les dépôts des lisières Nord et Ouest; ils aideront encore beaucoup à faire le rapprochement des couches du système stéphanois.

Mais cette dernière question, d'une véritable utilité pratique, exige que l'on fasse intervenir de nouveaux éléments de détermination, qu'il nous faudra rechercher et estimer.

Si l'on compare les flores fossiles de deux époques carbonifères, on peut remarquer qu'elles diffèrent autant l'une de l'autre que les flores vivantes des tropiques et des pays tempérés, de manière que très-peu de plantes suffisent pour les reconnaître. Tandis que, si l'on vient déjà à considérer parallèlement les florules de deux étages superposés, elles sont aussi mélangées que celles de deux régions botaniques voisines, de manière qu'un ensemble de plantes beaucoup plus nombreuses est nécessaire pour les distinguer. A plus forte raison, lorsqu'il s'agit de couches rapprochées dont les plantes fossiles sont aussi enchevêtrées que les végétaux vivants de deux pays contigus.

Il suit de là que plus on envisage des strates de formations rapprochées dans le temps, plus il faut réunir de matériaux pour s'assurer des différences botaniques qu'ils peuvent offrir.

Et ainsi, pour reconnaître les couches d'un même étage par les plantes, cela paraît devoir être moins simple, moins facile qu'on ne le pensait; le bénéfice n'en vaudrait pas la peine si, une fois ces différences établies, elles ne fournissaient pas le moyen de rapprocher les portions dissemblables d'un même groupe de couches, avec une certitude qu'on ne peut attendre des caractères minéralogiques et pétrologiques.

Afin d'arriver à savoir à quoi nous en tenir là-dessus, nous avons fait l'inventaire de tous les débris de plantes réparties dans la série des couches dont se compose le bassin houiller de la Loire. Mais autant de documents que ceux recueillis ne seront pas nécessaires dans l'application.

Il suffira d'observer en un seul endroit les débris de plantes renfermés dans la série verticale des strates, jusqu'à ce qu'on soit bien certain des différences obtenues. Comme ces différences consistent parfois en un petit nombre de plantes caractéristiques, elles permettront de raccorder ensuite, souvent avec peu de spécimens, à la coupe type les diverses parties d'un même système de dépôt.

C'est à prémunir contre les causes d'erreurs, à discuter la valeur des caractères fournis par les plantes fossiles et à tirer les règles à suivre, que sont consacrés les trois premiers paragraphes suivants de ce chapitre.

SECTION I.

§ 1.

RÉPARTITION SÉDIMENTAIRE DES DÉBRIS DE PLANTES FOSSILES.
RECONNAISSANCE D'UNE FLORE.

La dispersion dans les roches des débris de végétaux fossiles est des plus irrégulière, leur dépôt avec les sédiments au milieu desquels ils ont été ensevelis ayant tenu à leurs forme, dimension, volume, densité, et surtout à leur degré d'imbibition; car, en dehors des graines, les autres organes de plantes ont d'abord flotté plus ou moins longtemps avant de tomber au fond de l'eau.

Cependant les restes végétaux ne sont pas tout à fait répandus sans aucun ordre.

Tous les observateurs ont reconnu que les grès ne renferment guère que des empreintes de tiges, de troncs de Sigillaires, de Lépidodendrons, et que les feuilles de Fougères, les Nœggérathiées et j'ajoute les véritables Calamites ne se rencontrent, pour ainsi dire, que dans les argiles schisteuses recélant les parties les plus ténues, les plus fines des végétaux. C'est que, pendant la sédimentation des roches grossières, il n'y avait que les grands débris de tiges qui pouvaient échouer au fond de l'eau, tels que les écorces des Sigillaires, des Calamodendrons et surtout celles des Cordaites, qui sont si communes dans les grès de ce pays-ci. Mais les schistes renferment toutes sortes de débris de plantes; les tiges comme les feuilles s'y sont déposées ensemble pêle-mêle. Distribution suivant les roches.

A ce propos, on pourrait se demander si la houille renferme les mêmes débris de plantes et dans le même rapport que les schistes encaissants et intercalés, comme M. Geinitz dit l'avoir constaté en Saxe. Le fait est que les

71.

feuilles de Cordaïtes, déjà fréquentes dans le psammite, sont aussi bien répandues dans la houille que dans les schistes et également mêlées aux diverses autres parties des mêmes végétaux. Mais, et cela est à remarquer, les frondes de Fougères gisant avec leur rachis, stipes, tiges, dans les schistes argileux, diminuent notablement dans quelques schistes charbonneux et disparaissent à peu près d'ordinaire dans la houille visiblement formée des autres organes de ces plantes. M. Göppert aussi a remarqué l'absence de Fougères dans la houille de Silésie [1] ; on n'y en trouve guère que dans les interstratifications schisteuses. Par contre, il y a proportionnellement beaucoup plus de fusain dans la houille que dans les schistes, où le bois charbonné est même plus rare que dans les grès. Il faut croire que dans quelques cas les eaux courantes opéraient certaines séparations d'organes, auxquelles on pourrait être tenté de rapporter l'absence fréquente de graines, soit avec les Sigillaires, soit avec les Calamodendrons.

Distribution horizontale. La distribution horizontale est des plus irrégulières, si je puis en juger par ce que j'ai vu dans le faux toit de la couche du Sagnat, dont j'ai suivi l'exploitation sur une étendue de plus de 2 kilomètres : les Sigillaires entassées en grand nombre près du puits Dolomieu sont rares dans le midi; la même inégalité s'observe pour d'autres plantes qui abondent ici et deviennent rares là, si même elles ne sont point absentes. MM. Göppert et Beinert ont signalé [2] à une distance de 40 toises, au toit d'une même couche, une transformation complète des Lépidodendrons et Sigillaires en Fougères principalement. M. Dawson, voyant aux Joggins la même couche porter en un endroit des Sigillaires, en un autre des Calamites et ailleurs des mélanges variables de ces tiges avec d'autres plantes, infère que les influences locales peuvent avoir causé plus de différences dans la flore qu'un long espace de temps.

Mais l'inégalité de distribution horizontale ne concerne que la proportion des individus. D'ailleurs une strate est le résultat d'un dépôt continué plus ou moins longtemps avec des changements de régime sédimentaire révélés par les dessolardes ou joints de stratification : ce qu'il faudrait savoir, c'est si, à un moment donné, la répartition se faisait aussi irrégulièrement; cela est peu probable, et il est naturel de penser que le lit où sont cantonnées certaines plantes ne s'étend pas au delà du rayon de leur gisement.

Cependant, si l'on songe que les dépôts houillers se faisaient, en général, à peu de profondeur et par suite dans des conditions sédimentaires variables

[1] *Die fossilen Farrnkräuter*, p. 422 et 423.
[2] *Abhandlung der Steinkohlen*, p. 247. En basse Silésie, la flore est très-irrégulièrement distribuée; maintes espèces, abondantes en un point, manquent presque en un autre, tandis que certaines espèces existent sur toute l'étendue des mêmes couches (*op. cit.*, p. 236 et 265).

d'un endroit à un autre, on n'aura pas de peine à admettre que, entraînés au hasard, les débris végétaux d'abord flottants se soient déposés dans un grand désordre, tantôt ramassés par une sorte de triage comme en produisent les eaux courantes [1], tantôt mélangés dans des proportions diverses, soit que les plantes dont ils proviennent aient vécu en famille ou que leurs organes désunis aient eu la même disposition à se déposer en même temps.

Il est à remarquer que plusieurs sortes d'empreintes appartenant à des plantes différentes gisent presque toujours ensemble, comme à Rive-de-Gier le *Schizopteris lactuca*, Presl. avec le *Pecopteris arborescens*, Brongn. (mais aussi avec les *Pecopt. nevropteroides*), comme à Saint-Étienne le *Pachytesta gigantea* avec l'*Alethopteris Grandini*, comme en Saxe les *Cardiocarpus* avec les *Lepidofloyos* (que, pour cette raison, M. Geinitz a rapportés les uns aux autres). Aussi le gisement en commun des restes de plantes n'est-il point suffisant pour leur solidarisation, et il ne faut rien moins pour cela que, adaptables de forme et de structure, ils s'accompagnent assez invariablement en quantité proportionnelle et parfois à l'exclusion de tous autres débris, comme c'est le cas des *Cordaites* avec les *Antholithes*, *Cardiocarpus*, *Cladiscus*, *Artisia* et *Cordaifloyos*, et également celui des *Odontopteris Reichiana* avec *Cyclopteris trichomanoides* et *Aulacopteris vulgaris*.

Rien n'est plus inconstant que la distribution verticale des débris végétaux dans les strates qui se suivent : ils se ressemblent ou changent complétement, peu à peu ou subitement, sans règle, indépendamment de la nature des roches, aussi bien lorsque celles-ci sont de texture homogène que quand elles appartiennent à des variétés pétrologiques différentes; tantôt, dans une succession de couches, une espèce ne se rencontre que dans l'une d'elles, comme l'*Asterophyllites equisetiformis* au Grand-Coin; tantôt on la trouve répandue dans toutes. Distribution verticale.

On remarque cependant une tendance générale des espèces de plantes à s'isoler ou à s'associer par groupes, presque toujours peu nombreux; comme exemples nous citerons : 1° au toit de la couche des Littes, un banc à *Calamites cannæformis*, un autre à *Odontopteris Schlotheimii*, un troisième à *Odontopteris minor*; 2° à Montmartre, une suite de couches contenant : l'une, des *Calamites*; une autre, des *Alethopteris Grandini*; une troisième, des *Asterophyllites*, *Annularia*, *Sphenophyllum*; une quatrième, des *Pecopteris*; 3° dans la sole homogène de la 2ᵉ au Treuil, une mise à *Pecopteris Pluckeneti*, une dessolarde à *Poa-Cordaites*, une autre à *Asterophyllites viticulosus*; 4° au Bois-Monzil, un

---

[1] Comment concevoir autrement que plusieurs sortes de graines se trouvent parfois réunies en grand nombre avec peu d'autres organes de plantes ? Il n'y a que le transport opéré par les eaux qui ait pu ramasser autant de graines aussi diverses que celles conservées dans le quartz de Grand'Croix.

schiste à *Alethopteris*, un autre à *Pecopteris*, un troisième à nombreux *Calamites cruciatus* mêlés à des *Pecopteris* avec alternances de *Pecopteris Pluckeneti*, de *Cordaites*; 5° au toit de la 14° de la Porchère, des bancs ne contenant ou que des *Odontopteris Reichiana*, ou que des *Calamites cruciatus*, ou que des *Pecopteris Schlotheimii* et *polymorpha*; 6° au toit de la 8° à Villars, à Montaud, à la Barallière, parmi les schistes pleins de *Cordaites*, des veines soit à *Alethopteris Grandini*, soit à *Annularia longifolia*, etc. La séparation n'est pas complète, il est vrai, mais elle ne s'en présente pas moins comme un fait très-général dont nous pourrions multiplier indéfiniment les exemples.

Soins requis
pour reconnaître
une florule.Les diverses plantes appelées à caractériser une flore sont ainsi très-irrégulièrement distribuées tant dans l'étendue que dans l'épaisseur des strates; si bien que, pour arriver à la connaissance des traits principaux d'une flore, il est nécessaire de les rechercher non-seulement dans un seul massif de roches variées, mais à différents niveaux et à plusieurs endroits, sans faire trop de cas des espèces rares ou dont le gisement est limité à une strate, parce que leur découverte est un pur effet du hasard [1].

§ 2.

MODIFICATIONS LOCALES DE LA FLORE. — VALEUR STRATIGRAPHIQUE DE CES MODIFICATIONS.

Les plantes gisent les unes à côté des autres de manières très-significatives qu'il importe de connaître.

Modes
d'association élective
des
espèces végétales.Il y en a qui se présentent comme ayant vécu en société : les *Calamites Suckowii* et *Cistii* se trouvent le plus souvent ensemble à Montmartre, au Treuil, à Avaize, à Saint-Chamond, etc.; le *Calamites Cistii* accompagne le *Cal. ramosus* à Rive-de-Gier; avec les *Stigmaria* il n'y a guère que quelques *Calamites*; les *Annularia*, *Asterophyllites* herbacés et *Sphenophyllum* vont ensemble; les *Odontopteris Reichiana* gisent souvent de compagnie avec les *Alethopteris Grandini* et *ovata* au Cros, à Méons; le *Pecopteris polymorpha* est non rarement mêlé à l'une ou à l'autre de ces deux sortes de Fougères; les *Pecopteris*, souvent isolés, s'associent aux *Calamodendron*; à la Chazotte et dans le faisceau des 9° à 12° couches, les *Pecopteris*, *Calamodendron*, sont mêlés aux *Cordaites*; on rencontre d'ordinaire rassemblés les *Dictyopteris Brongniarti*, *Alethopteris Grandini* et *ovata*, *Odontopteris Reichiana* et *Doleropteris*; les *Dictyopteris Brongniarti* et *Schätzei* se suivent ordinairement à Saint-Étienne.

[1] Je continue à découvrir de nouvelles espèces dans les carrières que je visite depuis longtemps, et je ne parviens plus à retrouver quelques-unes de celles que j'y ai remarquées antérieurement.

Il y a des espèces qui se fréquentent presque constamment : les *Dolero-pteris* sont presque toujours avec les *Alethopteris;* quand, à Saint-Étienne, on trouve le *Sigillaria Brardii*, il est rare de ne pas trouver dans les mêmes roches le *Sigillaria spinulosa.*

Certaines plantes s'excluent, au contraire; il paraît qu'en Silésie les *Filices*, les *Asterophyllites* et *Sphenophyllum* se séparent des Sigillaires, Lépidodendrons et Calamites. A Saint-Étienne, des schistes ne renferment que des Crypto-games, Fougères et Calamariées; d'autres contiennent surtout des Phanéro-games variées. C'est que, quand une sorte de plantes règne, il est naturel que les autres se retirent; les Cordaïtes à leur maximum ont aussi chassé les Sigillaires du centre de la France; la domination des Sigillaires en haute Silésie est marquée par peu d'autres plantes. *Tendance à l'isolement.*

Certaines espèces de plantes sont préférablement ou le plus souvent seules; l'*Odontopteris Schlotheimii* est du nombre, ainsi que le *Pecopteris Pluckeneti;* les *Alethopteris Grandini* et *Odontopteris Reichiana* sont plutôt séparés que rap-prochés. Lindley et Hutton ont signalé au toit d'une couche, sur une étendue considérable, l'exemple d'une seule espèce presque à l'exclusion d'autres. D'après Richard Brown, quelques couches à Sydney semblent n'avoir qu'une seule sorte de plante.

On peut dire d'une manière générale que les types végétaux sont peu mêlés, comme si, dans la lutte d'occupation, ils se fussent difficilement sup-portés les uns à côté des autres, la station la plus égale n'ayant pas encore produit ces rapprochements et mélanges qui résultent, dans le monde actuel, de la diversité des milieux et des expositions, jointe à des aptitudes très-va-riées parmi les plantes.

Les *Pecopteris-cyatheoides*, les *Odontopteris*, les *Alethopteris*, sont éminem-ment sociaux, en ce sens qu'ils ont pris une part importante à la végétation et que, de port analogue et de vigueur égale, ayant pu vivre ensemble, ils ont écarté plus ou moins complétement les autres plantes. On voit, à part les Calamites (à cause de leur propagation souterraine), les Verticillaires dans le terrain houiller supérieur, et les Fougères dans le terrain houiller moyen, peu d'espèces herbacées se plaire parmi les plantes sociales fortes ou touffues. *Espèces sociales.*

On a vu combien la distribution verticale est changeante; cela doit venir des agglomérations forestières différentes, car la végétation, bien que très-sensible à l'endroit des moindres variations locales, n'a pu changer autant de fois et aussi rapidement que ses débris contenus dans les strates superpo-sées. Aussi ces alternances n'ont-elles aucune importance stratigraphique. *Alternances stratigraphiques de végétation.*

Il y a des espèces étrangères à la contrée qui y ont fait quelques invasions temporaires, comme l'*Odontopteris Schlotheimii*, que l'on ne trouve, pour ainsi *Intermittence de quelques espèces.*

dire, qu'au toit de la 8ᵉ et aux approches de la couche des Rochettes. Les Sigillaires sont concentrées dans le faisceau des 9ᵉ à 12ᵉ couches à Roche-la-Molière et à Firminy, et plus particulièrement au niveau de la 5ᵉ dans les parages de Saint-Étienne. Ces intermittences constituent d'excellents repères pour la classification, surtout lorsque, comme dans le premier cas précité, elles sont bien constatées. M. Stur, voyant qu'à Rakonitz quelques espèces ne gisent qu'à certains niveaux, pense même qu'elles peuvent servir à s'orienter dans l'exploitation.

Au-dessus de la 8ᵉ comme au-dessus de la 3ᵉ existe un certain ensemble de plantes communes associées de manière identique, savoir : des *Odontopteris Schlotheimii, Dictyopteris Brongniarti* et *Schützei, Pecopteris arguta, Schizopteris pinnata, Doleropteris orbicularis,* etc. Mais cette ressemblance partielle d'espèces relativement caractéristiques coïncide avec des différences notables concernant la plus grande partie de la végétation.

Nous devons encore ajouter que la flore, dans sa répartition générale, peut offrir, d'une région à une autre du bassin si irrégulier de Saint-Étienne, dans le même groupe de couches, des différences constantes dans le même sens : il paraît bien y avoir plus de Cordaïtes et moins de Calamariées à l'est qu'à l'ouest (ce qui concorderait avec des roches plus micacées sur le premier côté que sur l'autre). Cette nouvelle irrégularité, heureusement exceptionnelle, doit inviter à ne faire certains rapprochements qu'après avoir réuni des données si nombreuses et si importantes que l'élément variable n'entre dans la comparaison que comme un terme secondaire, ce qui est toujours possible, car le fonds commun l'emporte toujours de beaucoup sur les variations. Malgré que, en effet, la flore des faisceaux de 9ᵉ à 12ᵉ soit sujette à plusieurs sortes de changements, elle reste une dans l'ensemble et peut être facilement reconnue.

La plupart des groupes stratigraphiques échappent à ces irrégularités; la végétation des couches inférieures de Saint-Étienne est très-uniforme, celle de la 8ᵉ est très-constante.

Et nous croyons que, malgré tout, en tenant compte des différentes sortes de plantes, de leur proportion quantitative, de leur association, sans négliger leur mode de conservation, on a toute chance d'obtenir des résultats certains, car la flore ne s'est jamais renouvelée la même à deux hauteurs différentes.

Dans la plupart des cas, un certain ensemble de plantes suffit pour rapprocher les couches.

§ 3.

DÉTERMINATION BOTANIQUE DES ZONES, HORIZONS, DES GROUPES, SÉRIES,
FAISCEAUX DE COUCHES ET DES COUCHES ISOLÉES.

Les étages naturels doivent se subdiviser de manière différente d'un bassin à un autre.

Cependant une zone fossilifère de végétation peut se définir comme une portion importante d'étage, ayant encore des caractères assez constants pour être reconnue à distance par un certain ensemble des mêmes plantes associées de la même manière, tant en nombre qu'en variété : c'est ainsi que, en France du moins, l'*Odontopteris minor* signalerait (plus ou moins à la manière de l'*Avicula contorta*), par son abondance et de concert avec certaines autres plantes, une zone à laquelle on pourrait rapporter également les couches d'Avaize (Saint-Étienne), de Saint-Bérain-sur-Dheune (Saône-et-Loire) et peut-être encore les couches supérieures de Montceau-les-Mines, aussi bien que le dépôt houiller de Cublac. *Zone de végétation.*

Comme groupe de couches, on peut entendre celles plus ou moins diversement composées et encaissées, telles que la 3ᵉ et les couches qui la précèdent et qui la suivent immédiatement, dont la flore non uniforme présente cependant des particularités communes et distinctives assez marquées. *Groupe de couches.*

Il y a des successions de couches plus ou moins nombreuses et voisines qui offrent une certaine parité de formation et dans le massif desquelles la flore n'éprouve pas de changements brusques et importants comme à travers un groupe de couches; la série d'Avaize présente cette unité de végétation. *Série de couches.*

Certaines couches ont de si étroits rapports de proximité, de composition, se réunissant, se dédoublant quelquefois, qu'on peut les regarder comme les membres d'un faisceau indivisible, lorsqu'une même flore, assez particulière d'ailleurs, est commune à toutes, à quelques variétés près de l'une à l'autre, comme c'est le cas des 9ᵉ à 12ᵉ couches du bassin de Saint-Étienne. *Faisceau de couches.*

Un horizon géologique implique l'idée de repère; il peut être marqué par l'abondance de quelques espèces intermittentes ou par des colonies; c'est ainsi : 1° que l'*Odontopteris Schlotheimii* marque deux horizons, l'un au toit de la 8ᵉ couche et l'autre au niveau de la couche des Rochettes; 2° que le *Sphenophyllum majus* contribue à caractériser le faisceau des 9ᵉ à 12ᵉ couches. *Horizon.*

On suppose qu'à chaque couche, chaque lit de houille, il correspond une végétation différente. *Couches considérées individuellement.*

On a remarqué des différences spécifiques entre les végétaux accompagnant diverses couches. Il y a longtemps que l'idée de ces différences aurait été

72

mise en pratique à Ashby-Coal-Field, où, dit Mammatt[1], les strates, qui varient peu pétrologiquement, diffèrent par les fossiles végétaux; il paraît que c'est William Smith qui, le premier en Angleterre, aurait mis en avant que chaque couche a ses propres fossiles. En Saxe, M. Geinitz a reconnu qu'à proximité des diverses couches, la distribution des empreintes végétales est différente. MM. Göppert et Beinert parlent de deux couches superposées de la basse Silésie, qui se distinguent moins par la constitution physique que par les plantes dont certaines espèces, manquant à l'une, abondent à l'autre. M. Göppert ajoute qu'en haute Silésie les couches successives ont au toit un contenu différent en plantes fossiles. M. Helmbacker a trouvé à Rossitz que la végétation change d'une couche à l'autre.

Ces assertions peuvent faire naître de grandes espérances pour la classification des couches; il est important de savoir au juste jusqu'à quel point elles sont fondées.

A Roche-la-Molière, j'ai trouvé des différences entre les empreintes habituelles des couches de la Grille, du Péron et du Sagnat, dont j'ai mené, comme ingénieur, l'exploitation pendant plusieurs années; mais je dois à la vérité de dire que, tout d'abord importantes, je les ai vues diminuer au fur et à mesure d'observations plus complètes. Toutefois une somme notable de ces différences a persisté entre ces couches, qui forment cependant un faisceau indivisible.

Lorsque les couches d'un même groupe présentent quelque indépendance géologique, elles peuvent offrir d'assez grands écarts de flore pour être appliqués à leur détermination individuelle; mais si elles forment un faisceau serré, il vaut mieux les envisager collectivement.

Et il ne paraît y avoir avantage à déterminer à part que les couches isolées qui, comme la 8e, ont une végétation propre permettant de la reconnaître avec confiance.

Toutefois, dans un même centre d'exploitation, je crois, par expérience, que les plantes fossiles peuvent servir à distinguer les couches avec un degré de certitude que ne comportent pas les caractères stratigraphiques dans le cas, qui n'est pas rare à Saint-Étienne, où les coupes de terrain varient notablement, souvent même à peu de distance.

[1] *A collection of geological facts relating to the Ashby-Coal-Field*, 1834, chap. 1, p. 21.

ÉTUDES DESCRIPTIVES DONT LE BASSIN HOUILLER DE LA LOIRE A ÉTÉ L'OBJET.

Le bassin de la Loire, exploité de temps immémorial [1], est le plus important de ceux du centre et du midi de la France par son étendue et son épaisseur tout ensemble [2], par le grand nombre de ses couches (trente d'au moins un mètre et plusieurs de 5 à 10 mètres), par sa production [3], par la supériorité incontestée de ses produits [4]. Il a été l'objet de plusieurs descriptions géologiques.

1° Beaunier, chargé de l'étude du terrain houiller du département de la Loire au point de vue des concessions à donner, publie en 1816, dans le premier volume des *Annales des mines*, un *Mémoire sur la topographie extérieure et souterraine du territoire houiller de Saint-Étienne et de Rive-de-Gier*. Dans ce mémoire, que l'on consulte encore comme un recueil précieux de documents sur les anciens travaux de mine, l'auteur décrit exactement les gîtes tels que les exploitations d'alors les révélaient; il sépare les mines de la vallée du Gier de celles de Saint-Étienne, et, quant à ces dernières, il les groupe par systèmes de gisements isolés, et distingue ceux de Firminy, de Roche-la-Molière, de la Béraudière, etc., lesquels ne lui paraissent pas avoir de rapport les uns avec les autres.

2° En 1841 paraît, dans le tome II de l'*Explication de la Carte géologique de France*, page 515, une nouvelle description des deux bassins, considérés alors comme distincts, de Saint-Étienne et de Rive-de-Gier, unis par la concession de Saint-Chamond.

3° En 1847, M. Gruner fait connaître la véritable constitution

[1] Aussi bien à Saint-Étienne qu'à Rive-de-Gier (dont le territoire était déjà, en 1813, criblé de puits de 100 à 200 mètres de profondeur), puisqu'un acte de 1321, conservé au château de Roche, est un permis d'extraire la houille à Pomarèze.

[2] Le bassin de la Loire, qui a plus de deux kilomètres d'épaisseur, touche la Loire à Cornillon et s'enfonce sous le Rhône à Givors.

[3] Annuellement de 3,500,000 tonnes.

[4] De ses charbons à gaz et de ses charbons de forge, qui sont peut-être les premiers du Continent.

du terrain par sa *Nouvelle carte du bassin houiller de la Loire, avec texte explicatif.* L'étage de Rive-de-Gier s'avance sous le système stéphanois; on peut compter sur l'existence d'une grande couche inférieure au système du Treuil; l'avancement des travaux de mine permet à l'auteur, aujourd'hui inspecteur des mines et vice-président du Conseil général des mines, d'établir les liaisons qui existent entre les couches principales. En 1866, de nouvelles constatations faites par les exploitants dans la région centrale lui fournissent les éléments de démonstration de l'existence d'une grande couche moyenne, et lui donnent occasion de corriger quelques points importants de sa classification antérieure (*Notice sur la classification des couches du bassin houiller de la Loire*).

En 1845, M. Meugy fait l'historique des mines de Rive-de-Gier. (*Annales des mines*, t. VII, p. 67.)

Dans son traité *De la Houille*, 1851, *Étude sur le gisement de la houille dans le bassin de la Loire*, p. 366, M. A. Burat voit dans les couches de Firminy le relèvement de celles de Rive-de-Gier.

Vers 1860, M. Leseure public, dans le *Bulletin de la Société de l'industrie minérale*, une *Étude sur le bassin houiller de Rive-de-Gier*, précédée d'une *Étude sur le prolongement du bassin houiller de Rive-de-Gier dans le département du Rhone*, et suivie d'une *Note sur le terrain houiller de la concession de Saint-Chamond*.

Dans sa *Description géologique du département de la Loire* (1857), M. Gruner réserve le terrain houiller pour en faire l'objet d'un volume séparé, dont on est encore à attendre la publication.

Il m'a fait, avant 1870, l'offre, acceptée avec reconnaissance, de me réserver dans ce volume une place pour y consigner, sous ma responsabilité, les résultats de mes études de botanique fossile sur le bassin houiller.

Ces études, n'ayant pas paru, arrivent bien ici comme dernière application des changements de flore au classement des couches d'un seul et même bassin en particulier.

CE QUE L'ON SE PROPOSE DANS CE CHAPITRE, CONSACRÉ À L'ÉTUDE DU BASSIN HOUILLER
DE LA LOIRE.

Dans le chapitre I de la deuxième partie, nos études sur le bassin houiller de la Loire nous ont servi à compléter les changements généraux de la flore carbonifère, sur lesquels en retour nous nous sommes basé pour déterminer l'âge relatif de ce terrain.

Les changements verticaux que nous y avons suivis pas à pas nous ont beaucoup aidé à fonder les étages houillers supérieurs du centre et du midi de la France.

Nous nous proposons maintenant, au moyen des plantes fossiles : 1° de poursuivre dans toute l'étendue du bassin les étages et les dépôts qui leur sont subordonnés; 2° de rechercher la correspondance horizontale des groupes de couches et des couches isolées.

Nos résultats assez complets peuvent différer, à certains égards et sur des points importants, des idées ayant cours, mais nous sommes heureux qu'ils ne soient pas en désaccord avec la manière de voir actuelle de M. Gruner, qui a grande confiance dans les plantes fossiles et qui nous a encouragé à en faire l'application à l'étude du terrain houiller.

Nous ne pensons pas devoir discuter point par point les données qui, sous le bénéfice des considérations développées en tête de ce chapitre, ont motivé nos conclusions; cela nous entraînerait à trop de redites, en reprenant nos notes, en les mettant en parallèle (voir d'ailleurs chapitre II, p. 476). Nous présenterons simplement les résultats acquis, après quelques brèves explications; qu'on veuille bien recourir à la carte jointe à ce mémoire.

Nous suivrons une marche dictée par la structure de notre bassin, qui demande à être étudié autrement que le bassin du nord de la France, lequel, d'après le peu d'observations que j'y ai faites, me semble devoir offrir moins de difficultés au raccordement des couches exploitées dont on ne connaît pas les rapports stratigraphiques; les plantes fossiles, régulièrement distribuées et variant d'un faisceau à un autre, y doivent permettre une distinction et une reconnaissance relativement beaucoup plus faciles des groupes dont se compose la série [1].

SECTION II.

CLASSIFICATION PAR ÉTAGES, ZONES, PAR GROUPES, SÉRIES ET FAISCEAUX DE STRATES.
RACCORDEMENT ET SYNONYMIE DES COUCHES.

Les grandes divisions géognosiques du bassin houiller de la Loire sont indiquées par sa composition générale, et sont, de bas en haut : 1° l'étage de Rive-de-Gier; 2° le conglomérat; 3° le système des couches de Saint-Étienne.

A l'étage de Rive-de-Gier se rapportent certains dépôts inférieurs et supérieurs que nous rechercherons.

Le conglomérat très-puissant qui sépare l'étage de Rive-de-Gier des couches de Saint-Étienne, par sa composition et ses modifications, présente le plus grand intérêt, aussi bien au point de vue minier qu'au point de vue géologique.

Le système stéphanois, de plus de 1,200 mètres de puissance, sans compter l'assise stérile qui le surmonte, comprend un grand nombre de couches, que nous essayerons de grouper suivant leur plus grande somme d'analogies et de raccorder les unes aux autres.

Nos déterminations sont avant tout fondées sur les plantes fossiles. Les résultats obtenus sont en partie si importants pour la connaissance de la constitution du bassin, que nous avons cherché à les corroborer par des observations géologiques que nous rapporterons. Ces observations nous ont fait découvrir des coïncidences heureuses entre les modifications locales de la flore et les changements dans la nature des roches.

[1] Les empreintes que j'ai examinées sur les lieux n'indiquent que du terrain houiller moyen proprement dit dans le Nord et le Pas-de-Calais, aussi bien à Fresnes, dont les couches sont très-maigres, qu'à Béthune, dont les couches de la fosse n° 1 sont des plus gazeuses. Ce ne serait, d'après les échantillons que j'ai vus à Paris, que près de Valenciennes que, grâce à un grand enfoncement du bassin, auraient été préservées des érosions des couches sensiblement plus récentes et plus élevées correspondant à la partie centrale supérieure du bassin de Mons.

§ 1.

ÉTAGE DE RIVE-DE-GIER. — DÉPÔTS SUBORDONNÉS.

Le groupe des couches exploitées à Rive-de-Gier dans 100 mètres d'épaisseur de terrain comprend, de bas en haut, la Bourrue, de 1 mètre, les deux Bâtardes, de 2m,50, et la Grande Couche, de 6 à 12 mètres; le massif de grès qui recouvre cette dernière doit être considéré comme faisant partie du même groupe.

Dans l'ensemble, sa flore diffère considérablement de celle de Saint-Étienne par une quantité importante de *Sigillaria* ayant pris une bonne part à la formation de la houille (tandis qu'à Saint-Étienne, si ces plantes sont communes à deux niveaux dans les schistes, on en voit peu dans la houille), par beaucoup de *Stigmaria* pénétrant toutes les roches de mine et peu de *Stigmariopsis* (dominant les *Stigmaria* à Saint-Étienne), par quelques *Lepidodendron*, par un grand nombre de *Sphenophyllum Schlotheimii* et *saxifragæfolium* (remplacés à Saint-Étienne par d'autres espèces), par moins de *Pecopteris*, en partie différents, avec *Stipitopteris punctata;* beaucoup de *Nevropteris flexuosa*, sans pour ainsi dire d'*Odontopteris*, avec de rares *Alethopteris;* des *Schizopteris lactuca*, sans *Doleropteris;* relativement peu de *Cordaites* (si abondants dans les couches inférieures de Saint-Étienne); point de *Poa-Cordaites*, etc. Des espèces sont exclusivement propres à Rive-de-Gier, telles que les *Calamites ramosus*, *Pecopteris arborescens*, *Lamuriana*, *Dictyopteris nevropteroides*, *Stigmaria minor*, etc.; par contre, un certain nombre d'espèces répandues ou abondantes à Saint-Étienne sont très-rares ou manquent complétement à Rive-de-Gier, telles que les *Calamites cruciatus*, *Pecopteris arguta*, *Alethopteris Grandini* et *ovata*, *Odontopteris Reichiana*, *Dictyopteris Brongniarti* et *Schützei*, etc.

Puisque la flore de Rive-de-Gier diffère tant, dans l'ensemble comme dans les détails, de celle de Saint-Étienne, même de celle des couches les plus inférieures du système stéphanois, elle doit fournir le moyen de retrouver le groupe en question ou ses équivalents autour de Saint-Étienne; les plantes sont si généralement les mêmes dans les roches analogues de Rive-de-Gier, du Mouillon, des Grandes-Flaches, de Grand'Croix, que, si le faisceau des couches qui y sont exploitées affleure quelque autre part sur le pourtour du bassin, nous devons le reconnaître facilement.

A l'est, les couches de Rive-de-Gier, relevées à Combe-Plaine, sont redescendues par une faille de l'autre côté du Bosançon, où l'on en perd bientôt la trace. A l'ouest, leurs affleurements disparaissent du côté nord à partir du Ban et du côté sud après avoir tourné le soulèvement du Dorlay; on ne poursuit pas longtemps le grès du toit au delà du Crêt des Charmes; les ingénieurs qui connaissent bien le terrain de Rive-de-Gier croient le voir affleurer, étiré par le soulèvement du Pilat, au sud des Rouardes et au sud de Saint-Chamond, sous Saint-Martin-en-Coailleux, où, en effet, dans d'anciens décombres de mines, j'ai découvert quelques empreintes de Rive-de-Gier.

Prolongement du bassin de Rive-de-Gier sous Saint-Étienne. — En aucun autre point vers Saint-Étienne je n'ai retrouvé cet étage avec tous ses caractères réunis; cependant quelques dépôts s'y rapportent d'une manière assez certaine.

Anse
de la Poizatière.

Ainsi, au nord de Sorbiers, dans une échancrure de la brèche resserrée par un soulèvement, certains schistes charbonneux de la Poizatière renferment les mêmes plantes que le terrain de Rive-de-Gier, notamment des *Pecopteris, Stigmaria, Sigillaria tessellata, Lepidodendron* très-analogues.

Angles nord
de
la Maison-Blanche
et d'Écullieux.

Au nord de Saint-Étienne, il n'est pas impossible que le même dépôt reparaisse au bout des pointes séparées par un cap de brèche, que le terrain houiller fait vers la Fouillouse, à la Maison-Blanche, où l'on signale un mince affleurement de houille, et à Écullieux. Les roches de la Maison-Blanche pourraient se reconnaître à l'ouest du Crêt-Pioray, aux Mouilles, où j'ai aperçu des Sigillaires et autres traces de plantes inférieures.

En parcourant la lisière du côté de l'ouest, je n'ai plus rencontré nulle part de strates aussi anciennes représentant le groupe de Rive-de-Gier d'une manière semblable, c'est-à-dire aminci et stérile, du moins à l'affleurement.

Dépôts inférieurs sous brèche. — M. Gruner a fait remarquer en

1866 que l'assise de roches fines régulièrement stratifiées de Valfleury s'enfonce sous la brèche (entrecoupée de dépôts tranquilles qui renferment des empreintes végétales). Près de la Fouillouse, à Monteux, à la base de la brèche, il y a du grès avec *Calamites* debout et des veines schisteuses renfermant de nombreuses Pécoptéridées et Calamariées. Le lambeau détaché de Chapoulet, formé de roches micacées et pourvu de couches de houille qui ont été l'objet de quelques travaux de mine, semble inférieur à la brèche sous laquelle il glisse probablement au point où il s'en approche jusqu'à la toucher. Je ne sais pas si la brèche des Perrotins fait partie de la même formation, non plus que les poches de grès que M. Maussier a signalées dans le parcours de la Fouillouse à Saint-Galmier.

Par les plantes, l'assise de Valfleury, le lambeau de Chapoulet et la pointe de Monteux, reposant en partie sur le terrain primitif, se rattachent à l'étage de Rive-de-Gier; rien ne permet même de supposer qu'ils soient beaucoup plus anciens.

Dans la recherche faite au Grand-Logis, près de Valfleury, on a tiré au jour des roches assez fossilifères pour me rendre suffisamment compte qu'elles sont à peu près du même âge que celles de Rive-de-Gier.

Au Grand-Recou, dans une assise sous brèche explorée sans succès, les *Pecopteris* nombreux et variés, les *Sigillaria*, les *Stigmaria*, les *Nevropteris*, sont si analogues, si semblables à ceux de Rive-de-Gier et aussi à ceux de la Poizatière, que la brèche séparative doit être une formation de courte durée. L'assise du Grand-Recou vient d'être retrouvée à la Choletière.

Dans le petit bassin houiller isolé de Chapoulet, situé entre la Fouillouse et Saint-Héand, les plantes sont généralement celles de Montbressieux, avec cependant de plus nombreux *Lepidodendron Sternbergii*; les *Pecopteris*, nombreux, sont ceux de Rive-de-Gier, sans les espèces de Saint-Étienne, ce qui s'ajoute pour démontrer que le dépôt en question appartient à l'étage dont les couches de Rive-de-Gier occupent la partie moyenne.

Assise de Valfleury.

Bande houillère de Chapoulet.

73

Prolongement du bassin de Rive-de-Gier du côté du Rhône. — Nous avons lieu de croire que le bassin de Rive-de-Gier passe sous la bande houillère de Tartaras sans affleurer, étiré et coupé qu'il est de chaque côté par des schistes primitifs verticaux; des traînées charbonneuses relevées au contact du micaschiste, à l'angle sud-est du bassin de Saint-Jean-de-Toulas, révèlent sa présence sous des terrains que les plantes fossiles rattachent, en effet, à des dépôts un peu plus élevés.

Par la même raison, l'assise charbonneuse de Fontanas représente le groupe des couches de Rive-de-Gier; les grès de Manévieux contiennent effectivement les mêmes écorces de *Cordaites* que ceux de la carrière d'Assailly, et à Saint-Martin-de-Cornas les empreintes sont encore celles de Rive-de-Gier.

Plus à l'est vers Givors, je n'ai pas revu le groupe de Rive-de-Gier, qui doit cependant exister en dessous de l'étage supérieur de Montrond, car il reparaît de l'autre côté du Rhône.

Bassin de Communay. — Le bassin de Montrond s'enfonce à Givors sous les alluvions du Rhône; mais le terrain houiller ressort sur la rive gauche de ce fleuve à Ternay et Communay [1]. Ce terrain, dit anthracifère par Drian, est recouvert à l'est, où il s'élargit, par le diluvium, sous lequel on présume avec vraisemblance qu'il s'étend très-loin; à l'appui de cette hypothèse, on cite le petit affleurement houiller de Chamagnieu, situé à 25 kilomètres au nord-est dans l'alignement du bassin. Les pointements houillers qui se voient en outre à Vienne même, aux Guillemottes et non loin de cette ville, à Chonas, ont été regardés par Fournet comme ayant fait autrefois partie du bassin même de la Loire, dont ils ont été isolés par des soulèvements et dégradés par les courants diluviens; s'il en était ainsi, on pourrait espérer un vaste bassin sous les plaines dauphinoises.

Toujours est-il que les empreintes de la couche supérieure de

---

[1] *Bulletin de la Société géol. de France*, tome de 1850, p. 1115.

Bayettan sont généralement les mêmes que celles de la Mure; les *Sphenophyllam* et autres Verticillées sont ceux du Peychagnard, les *Nevropteris* sont ceux de Chamounix, de manière à permettre de soupçonner non-seulement des rapports d'âge, mais, jusqu'à un certain point, de formation commune entre les districts carbonifères de Communay et de la Mure, tous deux situés dans le département de l'Isère. D'autre part, les plantes de Communay, notamment les *Pecopteris*, sont dans l'ensemble celles de Rive-de-Gier, et je crois que le faisceau des trois couches de Bayettan, redressé et étiré à Ternay, représente le groupe de Rive-de-Gier.

Les plantes des couches plus élevées, traversées par le puits de l'Espérance, sont plus conformes à celles de Montrond.

§ 2.

CONGLOMÉRAT. — FORMATIONS CORRESPONDANTES.

Le conglomérat, c'est ce puissant massif de terrain polygène qui sépare l'étage de Rive-de-Gier du système stéphanois. Il a plus d'épaisseur qu'on ne se l'était figuré; il peut bien avoir 1,000 mètres là où il a tout son développement.

Il est loin d'avoir une composition uniforme; il est formé de deux parties également épaisses, constituées par des roches de nature toute différente; la partie inférieure, de 400 à 500 mètres de puissance, est formée, à la base, d'une assise de grès de 200 mètres, formant le toit des couches de Rive-de-Gier et dont, par suite, nous n'avons plus à nous occuper, et du conglomérat proprement dit; la partie supérieure, qui se déploie au nord de Saint-Chamond en une série pour ainsi dire interminable de grattes micacées, a certainement plus de 500 mètres d'épaisseur, en y comprenant les dépôts inférieurs rubéfiés.

Conglomérat proprement dit. — Le conglomérat situé entre 200 et 500 mètres au-dessus de la grande couche de Rive-de-Gier est formé d'une alternance de poudingues grossiers, de grès et de schistes; il recèle un horizon siliceux qui mérite d'arrêter l'atten-

73.

tion et se trouve surmonté d'une assise schisto-charbonneuse, que nous étudierons ensuite comme formant un étage intermédiaire entre les couches de Rive-de-Gier et les couches de Saint-Étienne.

Horizon quartzeux. — Cet horizon comprend des dépôts siliceux en place, de formation geysérienne, des galets de quartz de même origine dans les poudingues et une coulée de trapp de formation plutonienne; nous allons passer en revue ces parties séparément en chaque lieu où on les trouve.

Butte de Saint-Priest.

Dépôts de sources siliceuses. — La butte de Saint-Priest, décrite par plusieurs géologues qui en ont apprécié très-différemment l'origine, se compose de bancs de quartz calcédoine alternant avec des roches houillères silicifiées pendant leur dépôt même. Les schistes et les grès de cette butte renferment des plantes diverses, en partie analogues à celles des couches les plus inférieures de Saint-Étienne; dans les roches siliceuses du milieu, il y a beaucoup de débris ligneux et corticaux de Cordaïtes. Dans les bancs de quartz compacte, on trouve peu de troncs de bois mal conservé; dans le quartz rubané de la base, chargé de sédiments argileux, on distingue des parcelles et paillettes de bois, des frondes et pétioles de Fougères et autres débris végétaux mal conservés [1].

Montraynaud.

En face de Saint-Priest s'élève le petit Montraynaud, couronné de roches siliceuses renfermant beaucoup de *Dadoxylon* bien conservés et des indices de Fougères et de graines.

Bertrandière.

A la Bertrandière, au nord de Saint-Priest, se trouve un autre bouton de roches siliceuses et de quartz concrétionné avec du bois et des débris végétaux plus récents que ceux de Rive-de-Gier.

Roches houillères silicifiées. — Au nord-ouest du bassin, on ne rencontre que des grès plus ou moins imprégnés de silice.

---

[1] M. Dufrénoy a signalé des Calamites et des Fougères dans les roches, et Burnou des empreintes à la surface de quelques morceaux de quartz.

Ainsi, près de Landuzière, on exploite à la Croix-des-Saignes, pour empierrer les routes, du grès silicifié après coup, mais, ce semble, avant le dépôt des couches supérieures. Ce grès, fin et schisteux, renferme beaucoup de débris de plantes généralement plus anciennes que celles régnant à la base du système de Saint-Étienne. En se dirigeant vers Chaigneux, le grès siliceux se fond en quelque sorte au granite, également silicifié par des eaux chaudes qui ont pu sourdre en ce point. *Croix-des-Saignes.*

Le même grès se montre à Tourrière; il reparaît, ressemblant davantage à de l'arkose, au bois du Foin, et se poursuit jusqu'à Cizeron. *Cizeron.*

La faille de Landuzière a ramené au Bréa des roches imprégnées de silice presque en contact avec le granite. Sur la hauteur qui domine Saint-Genest-Lerpt, au Crêt-Fraisse, existe un massif de grès siliceux renfermant beaucoup de bois très-mal conservé. *Bréa.* *Crêt-Fraisse.*

Ce massif, affleurant à Cizeron, est redressé au Crêt-Pioray; il est veinulé de quartz silex. *Crêt-Pioray.*

A Burlat, près de Grand'Croix, M. Maussier [1] a constaté la présence de roches siliceuses avec veines de silex; elles renferment de nombreux débris de *Cordaïtes*. A la Jusserandière, il y a des schistes durcis par tranfusion siliceuse. *Burlat.*

Nous rechercherons plus loin les rapports de ces roches siliceuses, et nous déterminerons leur place en même temps que celle de poudingues très-remarquables par les galets quartzeux de même origine qu'il contient et dont nous allons d'abord parler.

Galets avec végétaux fossiles. — En cherchant du bois de Conifères dans le conglomérat, j'ai trouvé des galets de quartz enfumé englobant toutes sortes de débris de plantes et notamment une multitude de graines bien conservées, que M. Brongniart étudie pour les publier incessamment avec un grand luxe de gravures tirées en chromolithographie. Drian avait signalé entre Cellieu et Saint-

[1] *Études géol. sur le prolongement des assises houillères de Saint-Priest,* 1872.

Paul [1] des cailloux de quartz semblable à celui de Saint-Priest; mais ni lui ni aucun autre auteur n'y ont vu des débris végétaux [2].

On trouve des galets de quartz avec végétaux silicifiés à deux niveaux : 1° vers 250 mètres au-dessus de la Grande Couche, à la combe de Grézieux, aux Rouardes, dans le ravin et au bois de Corbeyre; 2° vers 400 mètres à la Faverge, où j'ai conduit M. Brongniart en 1871, à la Péronnière, à Comberigole. Beaucoup de quartz analogue se rencontre à la Jusserandière, à Salcigneux; on en a trouvé à 250 mètres au puits Notre-Dame; on en voit jonchant le sol à Truzeau, à Côte-Rachat, à Chantacros, au nord de Sorbiers jusqu'à la Giraudière, et en quantité au Maniquet. Les poudingues à plus petites parties, qui se trouvent à 250 mètres de la Grande Couche à Vellerut, au Martoret, en contiennent quelques fragments. Le même quartz enfumé avec vestiges de plantes se retrouve à Montrond, et le quartz calcédoine au bord sud-est du bassin de Saint-Jean-de-Toulas. Au nord-ouest de Saint-Étienne, près de Cizeron, il y a des quartzites avec débris végétaux et du bois transformé en pétrosilex comme au sud-est de Saint-Jean-de-Toulas, à la partie supérieure de la cuvette de Fontanas et à Montrond.

Ces galets d'origine aqueuse, faisant partie de plusieurs bancs de poudingues qui occupent le milieu du conglomérat, ont été arrachés à des dépôts siliceux préexistants; la nature du quartz et les débris de plantes qu'il renferme le rattachent à la formation des roches siliceuses; on n'en trouve point dans les roches situées en dessous. Ils appartiennent au même horizon qu'ils contribuent à caractériser, leur présence dans les couches supérieures me restant inconnue [3]. Une gratte quartzeuse les accompagne ou les remplace au Montgiraud, à Givors, à la Niarais, aux Tavernes, au Bréa.

[1] Minéralogie et pétrologie des environs de Lyon, p. 174, 198 et 364.

[2] Ceux-ci n'ont été remarqués que par un contre-maître de forge, J. B. Deflassieux.

[3] Sauf dans le poudingue de l'Écho, au nord de Firminy, où, dans un galet qui n'était pas évidemment en place, j'ai remarqué un Psaronius.

Beaucoup de ces galets sont énormes; il y en a d'anguleux à arêtes peu émoussées; pour sûr ils ne viennent pas de loin. Au puits Saint-Louis de Grand'Croix, on a dû dépecer un morceau de galets de quartz métamorphique, agglomérés, sur place évidemment, par de la silice renfermant quelques débris végétaux. Je ne pense pas que ceux des environs de Grand'Croix aient été amenés de l'ouest, où les restes organiques sont très-mal conservés, par suite sans doute de ce que les eaux minérales y étaient plus chaudes, comme l'indique le mode de conservation. Il est donc probable que plusieurs sources siliceuses ont surgi en même temps en plusieurs points de la contrée; à quelle occasion?

Trapp. — Talourine. — Entre 100 et 200 mètres au-dessus de la Grande Couche est intercalée une nappe stratiforme de roche éruptive, dite grès stéatiteux, trapp, gore blanc ou talourine (mot équivalent à *toadstone* ou pierre à crapaud, par lequel les ouvriers du Derbyshire désignent la même roche). La talourine, d'aspect très-variable, a dû venir à l'état d'une boue éruptive qui s'est étendue en couches à un certain moment de la formation et a pu envelopper quelques débris de plantes. D'après M. Gruner, une coulée de trapp se voit au-dessus de la couche inférieure du terrain houiller de Montrond [1]; M. Brochin pense que ce trapp est le prolongement de la talourine; il serait plus exact de dire qu'il lui est concordant, cette roche n'existant pas partout.

Or, les roches siliceuses sont situées au même niveau, et l'on peut croire que la cause qui a produit les éruptions du trapp a du même coup donné naissance à des sources siliceuses très-abondantes; ce trapp à Grand'Croix, à Givors, présente, en effet, plusieurs variétés de quartz et des veinules de pierre à fusil. MM. Leseure et Mallard ont supposé que le gisement siliceux de Saint-Priest est lié à la venue au jour de la talourine, de la même manière que, dans le terrain anthracifère du Roannais, de fortes

[1] *Bulletin de la Soc. géol.* 1865, p. 118.

sources siliceuses sont en rapport, pense M. Gruner, avec les éruptions de porphyre. Le fait est qu'il y a du petrosilex associé au trapp du Burlat, du quartz moucheté et du quartz verdâtre alliés à la talourine de la Péronnière, laquelle est en outre veinulée de calcédoine, comme quelques grès silicieux.

L'action des sources siliceuses a-t-elle duré longtemps? La butte de Saint-Priest ne semble pas s'élever beaucoup plus haut que le conglomérat proprement dit, auquel correspond le grès siliceux de Landuzière.

Quelle est la position exacte de l'horizon siliceux? M. Gruner[1], faisant dater la formation siliceuse du dépôt des assises de Rive-de-Gier, la place entre la brèche de base et le poudingue supérieur. De l'ensemble des plantes répandues dans les roches siliceuses et renfermées dans le quartz, sans faire intervenir d'autres considérations, il résulte que l'horizon siliceux est presque limité au conglomérat proprement dit, lequel marque, par suite, une grande division géologique dans le bassin houiller de la Loire.

La cause qui a produit la talourine et les roches siliceuses, ces deux produits concomitants, est-elle limitée au pays? N'est-elle pas plus générale? En Auvergne, on connaît un épanchement porphyrique entre l'étage de la Combelle et le système de Brassac, et cette roche, par sa position (voir p. 504 et 505), peut bien être contemporaine de la talourine; les empreintes conservées dans le terrain siliceux de Lavaudieu sont effectivement du même âge que celles de Landuzière. Dans l'Autunois, la Côte-Pelée, par sa situation au-dessus de couches de l'étage inférieur traversé d'eurite et de trapp, suivant Manès[2], et d'après ses plantes fossiles (voir p. 512) conservées exactement comme quelques-unes d'entre elles dans les grès fins métamorphiques de la Bertrandière, paraît pouvoir faire partie du même étage. D'où il résulterait qu'une commotion générale, accompagnée sur quelques points d'éruption

[1] *Essai d'une classification des principaux filons du plateau central de la France,* 1855, p. 22 et 23.

[2] *Annales des mines,* 1843, t. IV, p. 476.

de trapp et d'émission de sources siliceuses, aurait eu lieu dans tout le centre de la France pendant le dépôt des premières couches houillères supérieures.

ÉTAGE INTERMÉDIAIRE.

Aux deux extrémités du bassin, à la Niarais et à Givors, se présente un même faisceau de roches schisteuses, que les plantes, conjointement avec d'autres preuves, placent entre l'étage de Rive-de-Gier et le système de Saint-Étienne. Ces plantes, en grande partie analogues à celles des couches de Rive-de-Gier, se rapprochent de celles des couches inférieures de Saint-Étienne et constituent une flore réellement intermédiaire qui ne saurait rentrer dans l'unité invariable de la flore ripagérienne. Et ces empreintes sont de celles qui dominent dans le conglomérat, principalement dans les parties supérieures. Les formations de Givors et de la Niarais correspondent, selon toute probabilité, à la partie supérieure du conglomérat proprement dit, que l'on considère cependant comme stérile, quoiqu'il contienne des alternances schisteuses et des forêts fossiles à différents niveaux, et même plusieurs bancs de houille, près de Grand'Croix même.

La flore des couches intermédiaires est très-remarquable; elle comprend beaucoup de *Cordaites* [1] et principalement des *Cordaites borassifolius* avec *C. æqualis;* des *Samaropsis bissecta,* Daw., à Bayard comme au ruisseau des Arcs, où j'ai trouvé une empreinte de strobile de gymnosperme à écailles coriaces, striées; *Dicranophyllum* en plein développement, une colonie de *Walchia;* assez de *Sphenophyllum dentatum, saxifragæfolium* et *pseudo-oblongifolium;* des *Asterophyllites hippuroides,* des *Annularia brevifolia* répandus, nombreux *Calamites Cistii,* beaucoup de *Pecopteris oreopteridia,* divers *Pecopt. Nevropteroides* (Chez-Huguet), encore des *Pecopt. arborescens,* et autres de Rive-de-Gier; des *Alethopteris aquilina,* quelques *Al. Grandini* ou plutôt *irregularis,* des *Callipteridium ovatum, densifolium, Odontopteris Reichiana* non rare, *Nevropteris cordata, elongata,* les premiers *Dictyopteris Brongniarti* et *Schützei; Pecopteris Pluckeneti* ordinaire, etc.

[1] A Cizeron et près de la Bertrandière (où il y a les mêmes *Dicranophyllum*), aux Tavernes, au ruisseau des Arcs, etc.

L'étage intermédiaire, de position connue aux Rouardes et sous le Fay, se présente en différents points de la lisière nord et à Montrond. On le verrait d'abord affleurer au nord du Montgiraud.

Système schisteux
de
la Giraudière.

Le système schisteux de la Giraudière, par les plantes fossiles, est bien au-dessus des couches de Rive-de-Gier; il se rattache à l'étage intermédiaire; le peu d'empreintes que j'ai pu découvrir à Bayard n'y dénotent pas de couches plus anciennes.

Couche
de Robertane.

La couche affleurant à Robertane semble bien inférieure à celles de Saint-Étienne par peu d'*Odontopteris* et *Alethopteris*, par quelques *Sphenophyllum*, *Cordaites* et *Sigillaria* de Rive-de-Gier; les *Pecopteris* et autres plantes sont ceux de Montrond; les *Dicranophyllum* y sont les mêmes qu'aux Rouardes.

Couches
de Landuzière.

A Landuzière, où l'on connaît deux couches de houille, les schistes qui les encaissent renferment les plantes du même étage qui passe à Cizeron, où l'on signale une couche de charbon schisteux au-dessus de la roche siliceuse; cette couche s'annonce également aux Tavernes.

Bassin de Givors. — Le terrain de Montrond mesure peut-être plus de 600 mètres d'épaisseur; la partie inférieure correspond à l'étage de Rive-de-Gier. Nous allons voir que la partie moyenne et certainement encore la partie supérieure font partie de l'étage intermédiaire.

En rétablissant par la pensée les étapes que la flore a dû parcourir entre le groupe de Rive-de-Gier et le système stéphanois, on en trouve une près de Givors, dans le massif schisteux pourvu des deux petites couches qui affleurent au pied du Montrond, ayant de l'étage des Cordaïtées la prédominance de ces plantes, avec quelques *Odontopteris Reichiana*, *Alethopteris Grandini*, *Goniopteris arguta* et autres espèces de Saint-Étienne qui n'existent pour ainsi dire pas à Rive-de-Gier, et qui, se trouvant à Saint-Chamond avec des formes plus ou moins analogues, forment, conjointement avec l'absence des espèces ordinaires de Rive-de-Gier, une grande probabilité que cette partie de la formation houillère de la Loire, qui pénètre dans le département du Rhône, se trouve correspondre au conglomérat; mais est-ce à sa partie inférieure, plus près du groupe de Rive-de-Gier, ou en haut, plus à proximité des couches de Saint-Chamond? Les *Alethopteris,* qui diminuent dans ces dernières, sont rares à Givors, où apparaît une colonie de *Walchia*, comme à Landuzière; les *Alethopteris, Pachytesta, Cordaites,* sont ceux des Rouardes, et là où ces dernières plantes abondent à Rive-de-Gier, leurs feuilles, d'une texture différente, sont mêlées aux espèces habituelles de cette zone, notamment aux *Sphenophyllum Schlotheimii, Lepidodendron elegans,* etc. La flore des couches de Montrond présente une dissemblance notable par rapport à celle des environs de Rive-de-Gier et une dissemblance que, ne voyant pas qu'elle puisse se produire dans des strates plus profondes que ces dernières, je suis conduit à rapporter, vu la présence du quartz geysérien, forcément à un étage plus élevé, contre cette opinion, ayant cours à Rive-de-Gier, que les dépôts houillers vers le Rhône sont de plus en plus anciens. Toutefois il n'y a pas, et il s'en faut de beaucoup, combinaison des plantes propres aux couches les plus inférieures de Saint-Étienne, non plus que coïncidence des mêmes espèces, et, à tout prendre, la formation de Givors me paraît inférieure à celle considérée ci-dessous de Gandillon, mais elle est supérieure à celle de Communay. Quant aux deux couches de 90 centimètres à 1 mètre qui contournent le Montrond, ce n'est pas la présence d'un *Doleropteris cuneata* qui peut autoriser à les envisager comme se rapportant à un étage supérieur. Rien ne permet de croire que M. Jourdan ait trouvé à Givors aucunes empreintes caractéristiques des dépôts les plus anciens de la période houillère, c'est-à-dire de ceux qui se rapprochent du calcaire carbonifère.

Bassin de Dargoire. — Entre Rive-de-Gier et Givors se trouve une bande de terrain houiller dont nous avons déjà parlé. A Tartaras affleure une couche très-entrelardée, de 4 à 7 mètres, qui, d'après M. Maurice, n'a pas la moindre analogie avec aucune de

74.

celles de Montrond. Cette même couche, fouillée à Saint-Jean-de-
Toulas, est aujourd'hui exploitée à Gandillon, où j'ai rencontré suffisamment de végétaux fossiles pour tenter de fixer sa position.

Et d'abord la houille est entièrement formée de *Cordaites*, et
les empreintes des schistes sont celles des couches inférieures de
Saint-Étienne, c'est-à-dire des *Poa-Cordaites*, *Doleropteris*, *Odontopteris*, *Alethopteris*, *Dictyopteris*, etc., en l'absence des espèces
régnant à Rive-de-Gier, sans pour ainsi dire de *Sigillaria*, ni *Stigmaria*, ni *Sphenophyllum*, ni *Pecopteris arborescens*. A Saint-Jean-
de-Toulas, d'autres plantes stéphanoises ne me laissent plus de
doute que les couches dont il s'agit ne se rapprochent des couches
inférieures de Saint-Étienne, dont les roches sont chargées de
mica, comme celle de la base du groupe de Rive-de-Gier. A Tartaras, la houille, également formée de *Cordaites*, ne ressemble
pas du tout à celle, nerveuse et pyriteuse, de la Gentille, qui peut
bien renfermer aussi des *Cordaites* avec *Dadoxylon carbonarium*,
mais dans laquelle ces plantes sont subordonnées aux *Sigillaria*,
Lepidodendron. Il n'y a point d'analogie entre le terrain de Combe-
Plaine et celui de Tartaras, où se trouvent des schistes élastiques
avec écailles de poisson. M. Brochin pense que les analogues de
la couche de Gandillon sont à chercher dans les couches inférieures de Saint-Étienne.

GRATTES DE SAINT-CHAMOND.

Au nord de Saint-Chamond se développe une longue série de
roches micacées, généralement gratteuses, vers le milieu de laquelle se présente à Chavannes une assise plus schisteuse, que
M. Leseure a considérée comme le couronnement d'un étage intermédiaire entre Rive-de-Gier et Saint-Chamond; la série commence au fond par des roches colorées en rouge; ces dépôts à
éléments grossiers et peu roulés sont remarquablement constants
partout où on les retrouve dans l'étendue du bassin.

On peut dire que la flore de Saint-Étienne commence dans les grattes de
Saint-Chamond, dont les empreintes n'ont que des rapports très-éloignés avec

celles de Rive-de-Gier. La moyenne de cette flore se compose de beaucoup d'*Alethopteris Grandini*, d'assez d'*Odontopteris Reichiana*, de *Dictyopteris Brongniarti* (commun) et *Schützei*, de peu de *Sphenophyllum* nouveaux, de presque point encore de *Calamites cruciatus*, de très-peu de *Stigmaria*, *Sigillaria*, mais, par contre, de *Cordaites* prépondérants, variés, *borassifolius*, *tenuistriatus*, *foliolatus*, *quadratus*, avec quelques *Dicranophyllites*, une grande variété de graines, des *Pecopteris cyathea* avec *Pecopt. oreopteridia*, etc.

Les grattes de Saint-Chamond se laissent reconnaître, eu égard tant à leur nature qu'aux débris de plantes continus, au sud de Terrenoire, à Bellevue, à la Croix-de-l'Orme, au Valchéry; elles forment la colline de Cizeron; elles dominent au bois de Bayard; les schistes de Chavannes paraissent passer à Sorbiers; peut-être que ceux de Chez-Marcon, à Saint-Priest, leur correspondent; à la lisière ouest, les mêmes grattes accusent leur présence en plusieurs points, près de Bichizieux, par exemple; le puits Chaleyer de la Chazotte est tombé sur la gratte rouge remontée au jour entre Saint-Genest et Landuzière, entre l'Horme et Terrenoire, au Portail-Rouge, à la Ricamarie. Les grattes de Saint-Chamond constituent ainsi un nouveau substratum au système stéphanois.

§ 3.

SYSTÈME DES COUCHES DE SAINT-ÉTIENNE.

Nous avons raccordé les couches de Saint-Étienne avec des moyens nouveaux non encore appliqués et dont on attend un grand secours [1], c'est-à-dire avec les empreintes végétales, mais sans tenir peut-être autant compte qu'il faudrait des circonstances peu connues dans lesquelles ont vécu les plantes houillères et ont été enfouis leurs restes, circonstances qui cependant expliqueraient certaines anomalies embarrassant le problème de termes dont on ignore trop la valeur. Aussi, pour en atténuer les conséquences autant que pour faire la part de l'inconnu, au lieu de considérer les faisceaux séparément, les avons-nous parallélisés comparativement en les faisant servir les uns pour les autres à la meilleure détermination de chacun d'eux. Toutes les attentions sont maintenant nécessaires,

[1] *Annales des travaux publics de Belgique*, t. XXV, p. 191.

car les couches à classer sont nombreuses; il y en a seize sans
compter celles d'Avaize; quelques-unes ne sont pas sans se ressembler, et leur synonymie est très-importante pour les travaux de
mine.

Il faut d'abord grouper ces couches. M. Gruner, partant des
concessions du Treuil, de la Roche et des autres voisines, où les
dépôts sont le plus réguliers et le mieux connus, les a groupées
en raison des intervalles stériles et des grandes couches, conformément au principe du retour périodique des assises de transport
violent et des assises de dépôt tranquille.

Le groupement des couches suivant leur plus grande somme
de ressemblance suppose que l'on en a une connaissance assez
complète; s'il y avait égalité dans les dépôts, il suffirait de les
observer en un seul point; mais ils varient et, pour les classer
suivant tous leurs rapports naturels, il faudrait préalablement en
avoir raccordé les parties disjointes pour les définir toutes par la
moyenne de leurs caractères communs; c'est ce que j'ai bien essayé
de faire, mais je suis loin de croire que j'ai réussi.

Mes études conduisent au groupement qui suit, de bas en haut :

1° Zone des couches inférieures de Saint-Étienne, de la 16e,
de la 15e, de la 14e et de la 13e (ou grande couche inférieure).

2° Faisceau des 9e, 10e, 11e et 12e couches.

3° Niveau de la 8e (ou grande couche moyenne).

4° Groupe de la 3e (ou grande couche supérieure) et de ses
satellites en dessous (4e, 5e, 6e et 7e) et en dessus (2e et 1re).

5° Horizon de la couche des Rochettes.

6° Série d'Avaize.

1

ZONE DES COUCHES INFÉRIEURES DE SAINT-ÉTIENNE.

La flore des couches inférieures de Saint-Étienne les relie à l'étage des
Cordaïtées; prédominance de ces plantes, qui forment visiblement presque
toute la houille, notamment des *Cordaites lingulatus, tenuistriatus, angulosostriatus, foliolatus*, avec beaucoup de *Cordaicarpus emarginatus*, parmi tous

autres débris des mêmes arbres; des *Codonospermum*, des *Polypterocarpus;* proportion, devenue importante, d'*Alethopteris Grandini, ovata* (à pinnules allongées) et *Nevropteroides;* nombreux *Pecopteris oreopteridia, cyathea;* déjà assez d'*Odontopteris Reichiana*, de *Psaroniocaulon*, de *Calamites cruciatus*, de *Dictyopteris Brongniarti* et *Schützei;* des *Doleropteris orbicularis* et *gigantea*, quelques *Tæniopteris jejunata*, etc.

La zone en question a son point de départ à la Chazotte, au Montcel, aux Roches; la grande couche du puits Mars et du Cros en fait partie intégrante.

Raccordements. — Il y a identité complète, par l'ensemble de toutes les plantes fossiles, entre les couches exploitées à Saint-Chamond, du moins à Saint-Jacques, à Saint-Louis et au Parterre, et les couches de la Chazotte, de manière à ne pouvoir douter de leur équivalence stratigraphique. La couche de la Varizelle peut bien correspondre à la 15e; mais, à Saint-Chamond, il y a un grand nombre de petites couches rapprochées, peut-être plus de douze au lieu de trois, et la série est surmontée d'une longue succession de strates ondulées gratteuses et schisteuses; toutefois, malgré la multiplication des couches de houille et la grande puissance des dépôts supérieurs stériles (qui avait fait considérer l'ensemble comme formant un petit bassin isolé, supérieur ou inférieur au système stéphanois), je croirais volontiers que le tout correspond à la zone des couches les plus inférieures de Saint-Étienne.

Les anciennes exploitations de la Buissonnière à Saint-Jean-Bonnefonds ont probablement eu lieu dans la 13e. Le puits de l'Est, à Pont-de-l'Ane, paraît avoir atteint la zone des couches inférieures.

Cette zone comprend les couches de la Doa, les plus inférieures, en cet endroit, du bassin; sa trace est mal accusée à la Porchère. Elle est représentée à Roche-la-Molière par les affleurements des Berlans mieux que par les couches de la Neyrette, qui vont dans l'anse de Chaigneux. Ladite zone est reportée à Bichizieux et affleure à Unieux-Saint-Victor d'une manière évidente. La combinaison des empreintes trouvées vers 400 mètres de profondeur au puits

Raboin est encore celle qui règne dans les couches inférieures de Saint-Étienne.

A Montessu, par l'ensemble des caractères tirés des espèces et de leur proportion relative, les couches montrent devoir faire partie de la zone inférieure; elles n'ont pour ainsi dire pas de végétaux communs avec les couches de Rive-de-Gier, qui n'arrivent pas jusqu'au bord ouest du bassin, où dominent les roches inférieures de Saint-Étienne et où apparaissent en quelques points seulement les grattes de Saint-Chamond. La couche du Soleil, rencontrée au fond du puits Chapelon, représenterait plutôt la 15ᵉ que la 13ᵉ. La zone inférieure s'avance jusqu'au Chambon, où, à Valchéry, se trouvent les mêmes empreintes qu'au Fay; je ne la vois plus affleurer le long de la lisière sud entre le Chambon et Saint-Étienne.

II

FAISCEAU DES 9ᵉ, 10ᵉ, 11ᵉ ET 12ᵉ COUCHES.

En dépit de quelques inégalités diversifiant, d'un district à un autre, les caractères botaniques des 9ᵉ à 12ᵉ couches, ils gardent une unité suffisamment distincte pour pouvoir joindre de proche en proche entre eux les membres épars de ces couches. Par quelques points, la 13ᵉ se rattache au faisceau en question.

Au nombre des plantes les plus ordinaires, surtout des *Pecopteris cyatheoides* avec *Stipitopteris* et *Psaroniocaulon;* beaucoup de *Pecopteris polymorpha; Odontopteris Reichiana* très-abondants; *Odontopteris Brardii* déjà communs; *Cordaites* subordonnés; *Dory-Cordaites* particuliers et *Poa-Cordaites* fréquents; assez de *Calamites cruciatus.* Comme espèces propres : *Sphenophyllum majus, truncatum, Rhabdocarpus carnosus,* etc. Comme espèces intermittentes : *Sigillaria lepidodendrifolia, pachyderma,* etc. La houille paraît formée par parties également importantes de *Cordaites,* de *Stipitopteris,* d'*Aulacopteris,* de *Psaroniocaulon,* d'écorces calamitoïdes, de *Cordaiphlœum,* mêlés.

Raccordements. — En prenant pour point de départ les 9ᵉ à 12ᵉ couches à Reveux, à l'Éparre, au Bessard, où les empreintes s'accordent en général, nous reconnaissons assez bien le faisceau sous Nanta, à la Vivaraise et sur la route de Saint-Chamond, malgré une plus grande proportion de Cordaïtes; au Cros, les 9ᵉ et 1 0ᵉ sont inexploitables; les autres du même groupe sont plus minces ou tout au moins plus crues qu'au Bessard. On reconnaît à la Terrasse le passage en accident des couches supérieures de la Porchère, par les mêmes empreintes. Or les 14ᵉ, 15ᵉ, 16ᵉ et 17ᶜ couches de la Porchére, d'après le numérotage suivi, représentent les 9ᵉ à 12ᵉ. Je ne conserve pas le moindre doute là-dessus. Les couches de la Porchère sont rejetées aux Combettes. M. Gruner met en parallèle les couches du Bas-Cluzel également avec le groupe de la Porchère et celui de Roche-la-Molière. Le groupe indivisible du Petit-Moulin, du Sagnat, du Péron, et y compris la Grille, qui ne peut représenter la 13ᵉ à Roche-la-Molière, renferme, en effet, les mêmes plantes, mais avec des Sigillaires en plus, qui contribuent à établir, entre les susdites couches et celles de la Malafolie, une similitude si complète qu'elles doivent être géologiquement identiques. Le puits Desgranges, dans la vallée de la Roare, où les couches de Roche-la-Molière reparaissent après une grande inflexion, a dû traverser la 1ʳᵉ Malafolie. Les trois couches de Latour sont identiquement les mêmes que celles de la Malafolie, et cette identité s'étend aux couches de Combe-Blanche et encore à celles de Côte-Martin. Entre la Roare et Unieux, c'est à peine si l'on retrouve au Bas-Lardier la trace de ces couches, brisées et interrompues plusieurs fois par beaucoup d'accidents existant dans l'intervalle.

Vers 400 mètres au puits de la Culatte, on trouve l'ensemble des empreintes accompagnant les 9ᵉ à 12ᵉ couches.

III

8ᵉ OU GRANDE COUCHE MOYENNE DE 3 À 4 MÈTRES.

La végétation de la 8ᵉ couche diffère notablement de celle du faisceau inférieur des 9ᵉ à 12ᵉ couches et de celle du groupe supérieur de la 3ᵉ.

Cette végétation est très-mêlée; certains genres et quelques types y sont concentrés, et plusieurs espèces y sont plus plantureuses que d'ordinaire. C'est

75

peut-être ici que les *Alethopteris* ont leur maximum, ainsi que les *Doleropteris orbicularis*, *Schizopteris pinnata* et *Aphlebia pateræformis*; des *Tæniopteris jejunata*; présence habituelle de l'*Odontopteris Brardii* avec l'*Od. Reichiana*; l'*Od. Schlotheimii* fait sa première apparition au toit de la couche; abondants *Dictyopteris Brongniarti* et *Schützei*; *Goniopteris arguta* commun; nombreux *Pecopteris alethopteroides* et *hemitelioides*; assez de *Sphenophyllum oblongifolium* et fréquents *Sph. angustifolium*; nombreux *Poa-Cordaites*; beaucoup de graines, surtout des *Carpolithes lenticularis*, que l'on voit souvent dans la houille même, formée principalement de *Cordaites* avec *Cordaifloyos*, de *Stipitopteris* et *Psaroniocaulon*, d'*Aulacopteris* avec *Calamites Cistii* et *cruciatus*. Par rapport au faisceau des 9ᵉ à 12ᵉ, sensiblement moins d'*Odontopteris Reichiana*, de *Pecopteris polymorpha*, de *Calamodendron*; maintien des *Pecopteris cyatheoides*, mais retour momentané d'une proportion plus forte de *Cordaites*; par rapport aux couches inférieures de Saint-Étienne, *Cordaites* bien moins variés et presque réduits aux *Cordaites striatus*, abondant, et *principalis*, commun, sans les espèces habituelles à ces couches, et d'ailleurs avec une quantité beaucoup plus grande de *Pecopteris*, d'*Alethopteris*, etc.

La 8ᵉ est actuellement bien connue au centre du bassin.

Raccordements. — Une si grande conformité de plantes existe entre la couche de Villars et la 8ᵉ à Montaud, que je ne doute pas de leur identité, partagée par la couche des Barraudes, que la masse de Côte-Chaude et celle du Cluzel relient à la couche de Villars. Je ne doute pas non plus que la couche Siméon ne soit la même que la couche de Côte-Chaude, telle qu'on l'a trouvée au puits des Rosiers; les mêmes plantes raccordent à cette dernière la couche rencontrée à 280 mètres au puits de la Culatte. La 8ᵉ de Montaud s'étend sous la plaine du Treuil et de Bérard; elle se révèle à 520 mètres au puits Ambroise, avec le même facies d'empreintes qu'à Jabin; la couche de Jabin, qui est celle du puits Stern de Montieux, se retrouve au puits du Crêt de la Barallière, au puits Descours de Saint-Jean. Cette couche, qui existe à peu de profondeur sous la plaine de Méons, affleure au Cros et a laissé un lambeau à la tranchée Sainte-Marie, entre des failles. Quelques plantes annoncent la proximité de la 8ᵉ en accident sur le revers nord-est du Crêt de la Chana. En aucun point de la lisière sud, pas plus à Firminy qu'à Montrambert et à Terrenoire, je n'ai, jusqu'à présent, retrouvé l'ensemble assez caractéristique des plantes accompagnant cette couche.

IV
GROUPE DE LA 3ᵉ COUCHE [1] (SYSTÈME MOYEN DE M. GRUNER).

Il faut croire que les circonstances topographiques qui existaient lors du dépôt du toit de la 8ᵉ se sont renouvelées partiellement après la formation de la 3ᵉ, car au-dessus de celle-ci il y a répétition, dans des termes assez analogues, de beaucoup de *Pecopteris arguta*, de *Dictyopteris* aussi opulents et retour de quelques *Doleropteris*; mais les combinaisons et les proportions ont changé.

Les Fougères dominent en *Pecopteris* et *Odontopteris*; il y a énormément d'*Odontopteris Reichiana*, mais avec quelques *Od. minor*; de moins en moins d'*Od. Brardii*; *Od. Hyrcina*; une variété de *Nevropteris cordata*; toujours beaucoup d'*Alethopteris Grandini* et *Aleth. ovata* en quantité; continuation des *Dictyopteris* aussi nombreux, mais moins répandus; masse de *Psaroniocaulon*, de *Psaronius*, de *Stipitopteris* et aussi d'*Aulacopteris*; le *Caulopteris macrodiscus* est très-commun; assez de *Sphenophyllum oblongifolium* et sa variété *natans*, et fréquent *Sphen. angustifolium*; nombreux *Poa-Cordaites linearis* et sa variété *Zamitoides*; les *Sigillaria* font une nouvelle apparition au-dessus de la 5ᵉ; les *Calamodendron* progressent encore; les *Cordaites* ont diminué. D'après les empreintes qu'on lit dans les schistes de triage, dans le charbon schisteux et dans la houille compacte elle-même, le charbon paraît formé de préférence d'*Aulacopteris*, *Psaroniocaulon*, *Stipitopteris*, avec un appoint important de *Calamites cruciatus* et du fusain se rapportant en majeure partie aux *Calamodendron*, *Tubiculites* et *Medullosa*.

Raccordements. — Par l'ensemble des mêmes plantes, leur proportion, la manière d'être de plusieurs d'entre elles, et eu égard aux changements qui s'introduisent en haut, il me paraît certain que le groupe de la 3ᵉ du Treuil et de Montieux se présente au Quartier-Gaillard ainsi qu'au puits Rolland de Montaud, au Clapier, de la même manière qu'à Villebœuf (entre 300 et 400 mètres du jour), également à la Béraudière et à Montrambert comme à Montsalson. La grande couche de Montsalson s'avance par les Platières, par Pomarèze, par le Bouchage, jusqu'à Troussieux; on la retrouve

[1] De 10 mètres au Quartier-Gaillard et à Montmartre, de 7 mètres à Montsalson, de 15 mètres à Montrambert.

du côté de Firminy, au Breuil, à la Barge et à Saint-Léon, où sa grande épaisseur peut bien résulter de la réunion de plusieurs autres couches avec elle. La coupe à Pomarèze, entre la 3ᵉ et la 8ᵉ, est analogue à celle de Montsalson; une importante couche intermédiaire y représente la 7ᵉ (qui a 4 mètres à Villebœuf). Les deux petites couches de la Chana et du Dourdel paraissent bien appartenir à la 7ᵉ, qui s'isole et se dédouble. Le groupe de la 3ᵉ se révèle par des analogies moins complètes à Pont-de-l'Ane, à la Barallière, à la Chaux. Il est à remarquer, par ce que je connais de leurs empreintes, que les trois Brûlantes, à la Béraudière, au Montcel et à Montrambert (où l'on avait supposé la série complète en affleurement), se rangent dans le groupe de la grande couche supérieure; la 3ᵉ Brûlante ne rappelle nullement la 8ᵉ; elle n'est d'ailleurs qu'à 100 mètres de la grande couche au puits Marseille.

V

HORIZON SUPÉRIEUR DE LA COUCHE DES ROCHETTES.

La couche des Rochettes se détache de la série d'Avaize et paraît également indépendante de la 3ᵉ, qu'elle accompagne toutefois.

Elle forme un horizon caractérisé par beaucoup d'*Odontopteris Schlotheimii* et d'*Od. minor* (ayant remplacé à peu près entièrement l'*Od. Reichiana*); quantité de *Calamodendron* et de *Calamites*; non moins d'*Asterophyllites equisetiformis*; encore assez d'*Annularia*, de *Sphenophyllum*, de *Dictyopteris*, de *Pecopteris unita*, d'*Alethopteris Grandini*, de *Callipteridium gigas*; *Sphenopteris integra* et *leptopteroides*; des *Poa-Cordaites* plus étroits que d'ordinaire, etc.

Raccordements. — L'horizon de la couche des Rochettes a été rencontré à Villebœuf vers 250 mètres de profondeur; il paraît développé au fond du puits Saint-Benoît comme à la tranchée du puits Boyer à Montmartre; il se révèle à la carrière Sauzéa. On le reconnaît abâtardi, et plus ou moins rapproché de la 3ᵉ, au Clapier[1], au Grand-Coin, à Chavassieux. Sa présence est moins évidente aux

---

[1] Les distances qui séparent les couches sont très-variables dans cette partie du bassin; ainsi la 2ᵉ, qui touche la 3ᵉ au puits des Basses-Villes, en est éloignée de 70 mètres à la carrière Sauzéa.

Hautes-Villes, à Montsalson, aux Platières, à Pomarèze. Au sud du plateau du Deveis, il me semble bien que la veine des Littes, située à 150 mètres au-dessus de la grande couche, doit être la couche des Rochettes. Du côté de Firminy, l'horizon se retrouve dans la paroi est du trou du Breuil et se reconnaît dans les couches de Chaponost, au puits du Ban, qui a dû recouper une strate de Chavassieux.

VI
SÉRIE D'AVAIZE.

La série d'Avaize, de développement très-inégal et dont le prolongement à l'ouest, à l'état productif du moins, est presque limité au revers sud du plateau du Deveis, est beaucoup moins générale que l'horizon des Rochettes.

Elle renferme une grande quantité de *Pecopteris Schlotheimii* avec *Psaronius, Caulopteris, Stipitopteris*, de formes en partie renouvelées, *Pecopteris rigida*, Daw., *rectinervis*; *Sphenopteris integra*; *Pecopteris* (Aneim.) *nervosa* particulier; beaucoup moins, excepté au mur de la Rullière, d'*Alethopteris Grandini*, plus maigres, et *ovata*, tous deux devenus intermittents; nombreux *Odontopteris minor*, à l'exclusion de l'*Od. Reichiana, Odontopt. nevropteroides*; peu de *Dictyopteris*; diminution très-sensible des *Annularia longifolia* et *brevifolia* et surtout des *Sphenophyllum*, dont il ne reste plus guère que des *Sph. angustifolium*, avec quelques *Sphen. Thonii*; assez de *Calamites foliosus*. Nombreux *Dory-Cordaites*, encore assez de *Poa-Cordaites*, etc. La houille paraît formée, en majeure partie, de *Psaroniocaulon* et *Stipitopteris*, d'écorces calamitoïdes et tout particulièrement de *Cal. cruciatus*, répandu dans les schistes, avec des lits de *Cordaites*, d'*Aulacopteris* et du fusain de *Calamodendron* et de *Tubiculites* principalement.

Raccordements. — La série d'Avaize, rejetée à Saint-François et affleurant au Jardin des plantes, a été exploitée au pied de la butte Sainte-Barbe, par les puits Ranchon et Desnoyers. On la retrouve au Deveis; elle se développe en cirque à la Chauvetière et paraît relevée étirée à la Sainte-Chapelle. A Montrambert, elle est représentée par la couche des Combes (située à plus de 300 mètres au-dessus de la grande couche) et par ses satellites, la Manouse, l'Italienne. A la Malafolie, la série incomplète offre deux petites veines peu connues, supérieures aux couches de Chaponost.

COURONNEMENT DU BASSIN.

La série d'Avaize est continuée à Montrambert par une longue
alternance presque stérile de grès grossiers et de schistes micacés,
plus ou moins chloriteux, ayant peut-être près de 5oo mètres d'é-
paisseur, en y comprenant les grattes quartzo-ferrugineuses signalées au sommet du bassin.

.La flore, dans cette succession de roches, n'offre presque plus d'*Odontopteris* ni d'*Alethopteris*, non plus que d'*Annularia* et de *Sphenophyllum*, à part
quelques colonies; les *Pecopteris cyatheoides* dominent avec les *Cordaites* (re-
devenus abondants au nord du Chambon, à Poy, au Mont-Ferré, à Sainte-
Barbe); mais les types, le facies, ont changé; surtout *Pecopteris Schlotheimii*,
hemitelioides, *Pecopt. rigida*, *crispata*, *inflexa*, sorte de *Pecopt. eucarpa*, Weiss
(remplaçant le *Pecopt. polymorpha* rare), *oreopteridia* (à pinnules distantes);
Cordaites papyracés à limbe très-mince, *rarinervis*, *simplex*, Daw., *platyrachis*,
Göpp., *subborassifolius* et *palmæformis* (à nervures fortes et denses); *Cord.*
Goldenbergianus, peu de *Poa-Cordaites*; des *Rhabdocarpus subtunicatus* et *As-*
trocaryoides; *Carpolithes ovoideus Ottonis*; *Sphenopteris leptopteroides* avec *Pecopt.*
Pluckeneti; *Nevropteris recentior* à Bisillon et au Chambon (aux Platanes),
rappelant le *flexuosa*, mais à pinnules espacées comme dans le *Nevropt. post-*
carbonica, Gümb. Sphénoptérides à pinnules décurrentes; l'un d'eux est analogue au *Sph. Geinitzii* de Possendorf; une sorte de ·*Pecopt. Beyrichi*, de
Lebach; *Sphenopteris integra* tirant sur le *Nevropteris cordato-ovata* d'Ottweiler;
quelques *Sphenophyllum subangustifolium* (à feuilles très-minces et allongées
comme à Bert), *Sphen. Thonii*, etc.

En somme, la flore diffère notablement de celle de la série
d'Avaize et accuse un acheminement marqué à celle du Rothliegende inférieur.

L'alternance dont il s'agit règne sur le plateau du Deveis.

Grès rouge. A elle ne se limite point la formation. Dans les parties les plus déprimées du bassin, à Patroa (Richelandière) comme
à Gidrol (Chambon) et à Valbenoite, lui sont superposés des
grattes et des grès rouges, dont il est bien difficile de fixer l'âge
relativement au Rothliegende, que, vu leur position culminante
au-dessus de couches supra-houillères, ils pourraient bien représenter.

Hornsteinschiefer. En haut du terrain de couronnement et dans le grès rouge, il y a, parmi du grès siliceux, très-fortement méta-morphisé au nord-ouest du Chambon comme au Crêt Saint-Roch, plusieurs veines de quartz argileux noir-verdâtre, d'apparence euritique à Layat et à Côte-Gravelle (en compagnie de coulées boueuses éruptives), mais ferrugineux au sommet du Jardin des plantes et ressemblant au mélaphyre qui, sous les noms de *horn-steinschiefer* ou de *basaltite,* est réputé commun dans le Rothlie-gende d'Allemagne (MM. Naumann, Bischof, Geinitz); à Belle-Matinée, une roche analogue est remplie de radicelles de Fougères en place.

Or le terrain dont il s'agit étant supra-houiller, il est probable que les roches siliceuses qui s'y présentent sont liées au phéno-mène général auquel se rapportent les injections de dioritine au travers des dépôts houillers supérieurs de Commentry, de Noyant, etc. [1], et également le banc de quartz silex de Buxière-la-Grue (p. 524).

EXPLICATION D'UNE CARTE D'ÉTUDE DU BASSIN DE LA LOIRE.

Les déterminations qui précèdent constituent des repères au moyen des-quels a été dressée la carte de raccordement jointe à ce mémoire. Cette carte est à une trop petite échelle pour prétendre être autre chose qu'une carte d'étude, mais, par cela même, on y jugera mieux des rapports des parties. Elle porte l'indication des principaux gisements de végétaux fossiles. Les limites du bassin et de la brèche, les affleurements de couches et les traces de failles, empruntés à la carte de M. Gruner, sont modifiés et com-plétés conformément aux reconnaissances faites depuis plus de vingt-cinq ans par les travaux de mines, aux données recueillies près de mes collègues et à mes propres observations. On s'est contenté de poser sur un fond noir des bandes de couleur marquant les parcours des zones très-difficiles à délimiter; les coupes ajoutées sont faites sous le bénéfice des explications suivantes, qui, dans ce travail, ne doivent être considérées que comme un développement accessoire.

Nous avons suffisamment parlé des couches de houille. Il nous suffira d'ex-

---

[1] Marquant, dit M. Gruner, la fin de ces dépôts.

pliquer sommairement les failles et de tirer de nos constatations la preuve
de quelques grands accidents inconnus. Nous devrons, à ce propos, dire un
mot des soulèvements qui ont disloqué le bassin, environné de montagnes qui
toutes l'affectent plus ou moins. On évitera de redire ce qui a été si bien exposé dans les études dont le bassin a été l'objet.

Failles. — Le bassin de la Loire est sillonné de failles dans tous les sens;
celles rapportées sur la carte n'ont, pour la plupart, guère moins de 100 à
300 mètres de puissance; il y en a de plus de 500 mètres; nous ne noterons
que les plus importantes ou les plus dignes de remarque.

La faille du Furens, prenant dans son trajet au nord les noms de faille du
Bois-Monzil, de faille de Beaunier, traverse le bassin dans sa plus grande
largeur. Le pendage des couches est différent de part et d'autre, eu égard à
quoi l'accident est à prolonger vers le sud par la faille du Gagne-Petit; mais
une branche importante doit le continuer en ligne directe pour rejeter la 3ᵉ,
qui, sans cela, affleurerait dans la rue Saint-Louis, à la grande profondeur où
elle passe sous la butte Sainte-Barbe. On donne à cette faille 300 mètres de
puissance à Saint-Étienne; elle semble en avoir moins à Montaud; mais un
peu plus au nord, on voit venir des deux côtés s'y ajouter coup sur coup deux
rejets, celui de Côte-Chaude ou de la Chana à l'ouest et celui de la République
à l'est, le premier transportant l'affleurement de 7ᵉ au Bois-Monzil, et le second
qui commence à zéro à Reveux et qui s'augmente successivement de celle de la faille
de Méons et très-probablement aussi de celle du Soleil, relevant la 15ᵉ au-
dessus de la 8ᵉ. La faille du Furens, qui met à la Doa la 7ᵉ peu au-dessus de
la 15ᵉ et, devant le Mont-Ravel, les 9ᵉ à 12ᵉ en regard de la brèche, accuse
ainsi une amplitude de rejet d'au moins 600 à 800 mètres vers le nord.

On peut voir sur la carte une grande inflexion E. O. magnétique orientée
sur le bois de la Garde et le Montsalson. La faille de Landuzière, qui lui est
plus ou moins parallèle, remonte au jour, au Bréa, le terrain primitif, et la
brèche en face de la couche Siméon. Cependant cette faille, bien qu'énorme,
ne saurait dépasser la faille du Cluzel, et si celle-ci se prolonge au nord, elle
semble même ne le pouvoir faire qu'en changeant de sens de plongée.

Les failles croisées s'arrêtant net à d'autres failles continues ne sont pas
rares; la faille de Méons, par rapport à la faille de la République, est du
nombre. Il y a de grandes failles qui de zéro atteignent rapidement et progressivement une grande puissance; telles sont les failles de Montieux, du
Deveis, etc.

Le soulèvement du Dorlay et du Ban a déterminé un croisement de failles
compliquées de nombreux accidents secondaires; il est à faire remarquer que
les failles du puits du Chêne et d'Assailly se mettent chacune, à partir de leur
point de rencontre, à plonger en sens contraire. La faille E. O. d'Égarande,

par suite d'une plus forte pente des couches d'un côté que de l'autre, a fait l'effet d'un mouvement autour d'une ligne neutre N. S., à l'est et à l'ouest de laquelle le rejet et l'inclinaison du même accident sont inverses. Sur la carte, on peut apercevoir certains pôles d'entre-croisement ou de convergence d'accidents, à la Chana, au col de Terrenoire, etc.

Entre Saint-Chamond et le Chambon, on voit, à la lisière sud du bassin, la gratte de base en contact avec la série des couches de Saint-Étienne [1]. Il y a donc, à la jonction où les roches sont plus ou moins redressées verticalement, une faille touchée en plusieurs points, considérable, de peut-être plus d'un kilomètre de rejet, orientée sur le Pilat, sauf à partir de la Ricamarie, où elle se met à l'ouest jusqu'à Firminy. On peut remarquer que la faille du Pilat s'aligne sur le relèvement sud du bassin de Rive-de-Gier; or ce relèvement est à pic, il est même renversé aux Combes d'Égarande, où le terrain houiller s'avance de plus de 50 mètres sous le micaschiste; par conséquent, cette faille, très-inclinée, peut devenir verticale; rien ne s'oppose même à ce qu'elle plonge au sud, comme par suite de renversement [2], certaines couches aux Rouardes, au sud de la Sainte-Chapelle. Les effets mécaniques du soulèvement du Pilat diffèrent d'un point à un autre. Nous nous bornerons à dire qu'à Rive-de-Gier la grande faille limite le bassin peu profond, tandis qu'à Saint-Étienne elle laisse au sud une bande de terrain houiller où la pente, parfois faible, décèle une recoupe, mais la rectitude au bord y annonce une terminaison abrupte. Au sud-ouest, ladite faille laisse à Firminy un riche faisceau de couches qui, moins exhaussées, ont échappé à la destruction. Aussi est-on en droit d'espérer qu'à des profondeurs variables, suivant les positions, du moins à l'ouest, les couches de houille viennent butter à la faille sans altération, de la même manière que leurs affleurements s'arrêtent tout à coup à sa trace au jour.

Soulèvements. — Les mouvements généraux et locaux postérieurs à la formation, qui ont donné au bassin sa forme actuelle, ont aussi déterminé le pendage des couches, en même temps qu'ils ont occasionné les failles. Les traits principaux du pendage reflètent la direction et l'importance de ces mouvements.

Les couches ont été relevées au nord par l'influence indirecte du chaînon

---

[1] A la Sainte-Chapelle comme au Mont et au nord du Chambon, les roches micacées peuvent ressembler à celles de base, mais les empreintes y indiquent du terrain supérieur, tandis qu'au sud du Chambon et à l'est de la Ricamarie, elles dénotent la présence des couches les plus inférieures du système stéphanois, et qu'au sud de Montrambert se reconnaissent les grattes de Saint-Chamond.

[2] Je n'ai pas trouvé de souches sens dessus dessous permettant de l'affirmer.

de Riverie, coupées et repoussées par le Pilat au sud ; ces deux soulèvements parallèles encaissent le bassin entre Saint-Étienne et le Rhône.

Nous avons analysé les effets principaux du Pilat au sud.

Contre la brèche au nord affleurent des couches beaucoup plus élevées que celles qui lui succèdent immédiatement, par suite alors d'un rejet existant au contact. La présence, à la Niarais et à la Poizatière, de dépôts bien inférieurs à ceux qui sont devant la brèche, entre la Talaudière et l'Étra, est une preuve que dans l'intervalle le bassin est assez fortement encaissé. Le rejet qui élève la brèche a une faible pente reconnue à Comberigole. Ce rejet est loin d'être en ligne droite : entre Grand'Croix et Saint-Chamond, il éprouve une déviation correspondant à une faille N. O. parallèle au ruisseau des Arcs, puis, se mettant dans l'axe du mont Crépon, son effet général est influencé par les soulèvements secondaires N. N. E. de Valjoly, de Bayard et de l'Étra. Le soulèvement de Valjoly doit être important, pour avoir fait avancer les gratles de Saint-Chamond jusqu'à la Chèvre.

Le mont Crépon a produit des failles peu inclinées jusque dans l'axe du bassin de Saint-Chamond, tandis que le soulèvement du Pilat n'a guère donné que la faille droite du sud. Il est à remarquer que cette faille-ci et celles en long dans l'axe du bassin sont accompagnées de rebroussements qui dénotent une compression latérale exercée exclusivement par le Pilat, compression qui a isolé le petit bassin du Reclus, qui a produit des plissements (plutôt parallèles au Dorlay) à Grand'-Croix, l'arête dorsale de Fraisse, etc.

Dans la vallée du Gier, les soulèvements transversaux jouent un grand rôle. Celui du Ban et du Dorlay a rétréci le bassin, qui s'évase à Grand'Croix et s'enfonce considérablement vers Saint-Chamond, à partir du Plat-de-Gier. Un soulèvement parallèle au Bosançon relève les couches à Combe-Plaine, entre la Madeleine et Frigerin. A Saint-Romain-en-Gier, le sol a été soulevé au point que les érosions y ont interrompu la bande houillère. L'arête vive de Manévieux a presque détaché la petite cuvette de Fontanas. Les couches inférieures du terrain houiller de Montrond sont relevées à Ternay par un bourrelet de gneiss dirigé N. N. E., d'après Fournet[1], mais non antérieur à la formation du terrain houiller. Tous ces soulèvements n'ont eu pour effet principal d'étrangler la vallée houillère après les dépôts formés et de tendre à la subdiviser en petits bassins indépendants.

Dans la région de Saint-Étienne, le Pilat, qui oriente une partie du plateau du Devcis, a eu peu d'action sur le relief général du bassin ; d'autres influences ont contre-balancé la sienne, en la devançant.

Le granite des bords de la Loire antérieur au terrain houiller forme limite

[1] Bulletin de la Société de l'industrie minérale, 1860, t. V, 1re livr., p. 6.

à l'ouest, suivant une ligne N. N. E. parallèle aux grandes zones granitiques du plateau central de la France; il a peu contribué par un mouvement ultérieur à donner leur allure aux couches qu'il bouleverse au sud-ouest et dirige entre Landuzière et Robertane. La direction N. N. E. paraît aller avec celle N. O. qu'ont la plupart des failles au nord-est de Saint-Étienne, où le terrain est comme tordu par un soulèvement en écharpe.

Le pendage dans la partie ouest du bassin paraît gouverné avant tout par la direction du Forez, qui se manifeste de façons diverses, assez souvent par des lignes N. S. coïncidant avec des lignes E. O., entre Roche-la-Molière et Firminy.

Directions. — On peut remarquer sur la carte de nombreux soulèvements angulaires, la plupart en angle droit. Au nord et à l'ouest beaucoup de directions sont perpendiculaires et se présentent comme contemporaines et dues à des soulèvements ou abaissements de forme semblable.

Les directions générales sont en nombre très-restreint. Les mêmes directions, discontinues ou parallèles, paraissent bien avoir été produites en même temps. Les directions différentes se rencontrent suivant des lignes de disloca- tion [1] qui divisent certaines parties du bassin en panneaux stratigraphique- ment indépendants. Tout cela ayant dû résulter, sans confusion, de mou- vements isolés et limités, ne laisse pas que d'être, bien qu'à petite échelle, assez conforme à la théorie française des soulèvements.

Les auteurs de la Carte géologique de France ont admis que les failles sont à Saint-Étienne en relation avec le soulèvement N. S. et le soulèvement du Pilat. Fournet a rapporté les failles transversales à trois axes. Les directions transversales, fréquentes dans les Cévennes, se rapprochent tantôt du sys- tème du Forez, tantôt du système du Morvan; mais d'autres allures se ma- nifestent, et certaines failles sont comme le résultat de mouvements désor- donnés échappant à toute règle. Toutefois la plupart des accidents me paraissent se rapporter à six axes, formant trois couples de directions perpendiculaires, auxquelles se coordonnent aussi les allures des couches.

Âge relatif des failles. — Les rapports que les failles ont entre elles semble- raient devoir fixer sur leur âge relatif. Et d'abord, à quoi reconnaîtra-t-on qu'une faille est antérieure à une autre? En fait de filons, on accorde au croi- seur la postériorité. Mais, en matière de faille, les choses ont pu se passer diffé- remment : en effet, une première fracture s'étant produite, si un nouvel effort vient à s'exercer sur les parties disjointes et qui ne se ressoudent pas, elles se

[1] Il aurait fallu relever toutes les directions sur ma carte d'étude pour y tracer exactement les dislocations.

briseront indépendamment l'une de l'autre suivant des cassures qui ne se correspondront pas; une seule même des deux parties se pourra rompre. Et effectivement, de chaque côté des failles qui dominent, comme celles de Saint-Chamond, du Furens, les autres n'ont aucun rapport entre elles, et lorsqu'elles se font vis-à-vis, c'est ordinairement sans parallélisme et, qui plus est, souvent avec une pente inverse. Cependant certaines failles se rencontrant sous un angle aigu, et inclinant en sens contraire, paraissent s'être comportées comme les filons; tel est probablement le cas des failles du Soleil et de Méons, jouant le rôle de croiseur par rapport à la faille de Montieux [1]. Il serait difficile de dire l'âge relatif des failles. La faille du Pilat résulte d'un mouvement qui a survécu à la formation des autres. Il semble bien que les directions N. S. et E. O. soient les premières nées. Si l'on parvenait à démontrer que la faille E. O. de la République est antérieure à la faille du Soleil, on aurait lieu de croire, d'après ce qui précède, que celle-ci est interrompue par celle-là. L'ordre de formation des failles peut donc être utile à connaître.

On voit autour de Saint-Étienne les failles indéfinies courir soit en long, soit en travers, comme si elles s'étaient produites à peu près en même temps sous l'action d'efforts très-complexes. M. de Carnall, estimant que pour se produire les failles, en haute Silésie, ont exigé un long espace de temps, a conclu qu'elles sont des effets contemporains d'affaissements lents et durables [2]. Avec cela, à Saint-Étienne, elles n'en paraissent pas moins se rapporter à trois époques différentes, que j'indiquerai.

Cause prochaine des failles. — J'ai vu de petits plis de couches se traduire au-dessus par un rejet. Il y a des affleurements interrompus de couches simplement infléchies en profondeur. On connaît à Sarrebruck de petites failles disparaissant en profondeur. En Angleterre, on a vu des couches se continuer sans interruption sous les failles [3]. A Saint-Étienne les couches de base suivent les ondulations qui se sont produites après coup dans la paroi du vase de dépôt, de même que les sinuosités de la lisière : ainsi la couche de Montessu pliée en fond de bateau est froissée, mais non-déchirée; les strates sont, en somme, peu brisées au bord du bassin.

Les couches inférieures se sont ainsi modelées sur les inégalités du vase, tandis que les couches supérieures, n'ayant pu suivre les premières, se sont

[1] C'est sans doute au fort soulèvement combiné qui a pu s'ensuivre que le puits Robert doit d'avoir touché les grattes de base; il faut attendre, pour être fixé sur ce point, que l'on connaisse les terrains formant en profondeur le mur de la faille de Méons.

[2] *Die Sprängen im Steinkohlengebirge*, 1835, p. 159, 160.

[3] *Memoirs of the geological Survey : South Staffordshire coal-field*, 1859, p. 194.

brisées suivant des failles de plus en plus nettes et accentuées vers le haut.

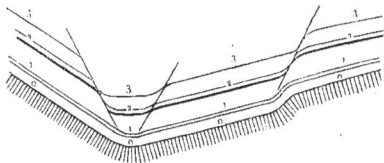

Telle paraît être de cause à effet l'origine des failles exprimées par le diagramme ci-dessus.

Les inflexions ont donné lieu à de simples failles; les rides ou arêtes ont produit des failles inverses divergentes ou convergentes en profondeur; les failles synclinales, en V (*through fault*), au lieu de résulter de l'abaissement et du déplacement du coin, comme le pense M. Hopkins, viennent au contraire de l'élévation relative des parties latérales. Il peut bien y avoir des failles, comme celle du Pilat, correspondant à des fractures plus ou moins profondes dans la croûte terrestre, mais, à Saint-Étienne, elles sont en rapport avec les plissements survenus après la formation, et n'ont pas plus de continuité qu'eux. La plupart des failles, d'ailleurs, à raison de leur faible pente, ne s'expliqueraient pas par des cassures, qui sont généralement à peu près verticales dans la croûte terrestre.

Constitution du bassin. — Le bassin, très-enfoncé à Patroa (où il a 3 kilomètres d'épaisseur, si les dépôts y conservent leur puissance), est très-encaissé et non relevé aux bords, en pente plus ou moins rapide, du moins au bord sud, où les couches inférieures doivent venir butter sans affleurer. Il est disloqué suivant des failles considérables, dont on n'aurait pas osé supposer la grande importance; les parties ont éprouvé des déplacements relatifs énormes, en rapport avec les inégalités qui affectent le vase de dépôt; ces inégalités, d'amplitude verticale souvent énorme, consistant soit en ressauts, selles ou sillons, soit en dépressions ou gibbosités angulaires, dénotés par les failles connues. Les sinus de la lisière et les traits orographiques de la surface révèlent aussi de très-grands accidents.

Le soulèvement angulaire de Saint-Genest-Lerpt enseigne que, si, à l'ouest, la formation houillère a moins de profondeur qu'on ne pensait, il ne laisse pas que d'ouvrir la perspective de trouver dans une grande étendue du bassin les couches intermédiaires de Robertanc et de Landuzière (où, dans les grès siliceux, j'ai trouvé des ossements fossiles, que M. Gaudry fera connaître).

Sur la lisière nord existent, à la Niarais et à la Poizatière, deux témoins de
l'extension de l'étage de Rive-de-Gier sous le territoire stéphanois, où il doit
être en retrait par rapport aux couches intermédiaires qui, à Cizeron, sont
très-près de la brèche et partant du terrain primitif. Cependant les couches
de Rive-de-Gier ne se montrent au jour ni à l'ouest ni au sud, mais, occupant,
croyons-nous, le fond du vase primordial de dépôt, elles n'avancent pas
assez au sud et à l'ouest pour avoir pu être relevées au jour par les soulèvements qui limitent actuellement le bassin de ces côtés. Les deux coupes
données ici du terrain avant et après les soulèvements principaux qui lui

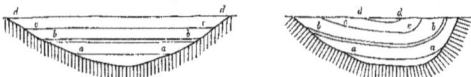

ont donné son relief général expliquent cette disposition, en faveur de laquelle parlent beaucoup de faits probants.

Ainsi la grande couche de Rive-de-Gier se rapproche de la brèche au nord
de Grand'Croix, elle s'affaiblit et devient schisteuse au Bao; les Bâtardes qui
finissent au sud de Vellerut sont réduites à l'état d'un mince filet charbonneux près la brèche à la Faverge; cette couche double, encore exploitable à
Saint-Camille, diminue et s'éteint presque en se rapprochant du schiste micacé
de base au nord-est de la concession de la Péronnière; bref les couches dans
la vallée du Gier ne sont pas seulement redressées, étirées au nord, mais en
même temps altérées, et s'y présentent comme si elles se fussent formées de
niveau au fond d'une vallée étroite, en débordant successivement les unes
sur les autres.

HISTOIRE DE LA FORMATION.

Dans l'état actuel des connaissances, peut-on commencer l'histoire de la
formation de notre bassin houiller, de son début, de son processus et de tous
les événements postérieurs qui l'ont encaissé, disloqué, détérioré et laissé tel
que nous l'avons aujourd'hui?

Lorsque, dans un bassin comme celui de Saint-Étienne, on cherche à se
rendre compte de ce qui se passe, on est bientôt arrêté par l'ignorance du
mode de formation, et l'on dit qu'on ne le connaîtra que lorsqu'il sera dé-
houillé. Cependant l'interprétation des faits connus peut conduire à la découverte de certaines règles suivant lesquelles les dépôts changent ou sont affectés
par les rejets. Il sera peut-être à jamais impossible de remonter à toutes les
circonstances, à toutes les conditions des dépôts houillers; toutefois, plusieurs points importants peuvent être élucidés.

L'histoire de la formation comprend, si l'on veut :

1° La configuration primordiale du bassin ;

2° Le cours de la sédimentation ;

3° La formation des couches de houille ;

4° Les dislocations du terrain ;

5° Les dégradations dont il a été l'objet.

Qu'on me permette de présenter quelques réflexions sur ces divers termes de proposition.

Configuration du bassin de dépôt. — La configuration primordiale du bassin, connue, guiderait sur l'extension du terrain houiller qui nous occupe.

M. Gruner signale le soulèvement E. 25°N. du grès à anthracite (presque parallèle à la chaîne du Pilat) comme ayant donné naissance aux dépressions parallèles où se sont déposés les bassins houillers de la Loire, de Sainte-Foy-l'Argentière et de Saône-et-Loire. De la sorte, notre bassin aurait été ébauché dès l'origine.

Pour se faire une idée de sa configuration primitive, il faudrait annuler par la pensée les mouvements qui lui ont donné sa forme actuelle. Par ce moyen, on ne voit guère que les dépôts sous brèche, plus puissants au nord de Saint-Étienne, qui puissent aller sous la plaine du Forez dans la direction de Saint-Bonnet-les-Oules (voir p. 456), les débâcles qui ont produit la brèche ou substratum du bassin paraissant avoir eu pour résultat de restreindre les dépôts ultérieurs à l'étendue d'un vase ouvert seulement à l'est, du côté où s'élèvent aujourd'hui les Alpes ; certaines assises semblant en effet atténuées à cette brèche, qui supporterait des couches de niveaux différents en stratification discordante. Cependant l'apparition, en deux points, de l'assise de Rive-de-Gier, au nord de Saint-Étienne, dénote une plus grande extension primitive du terrain vers la Fouillouse, et les couches au Mouillon, étant parallèles à la brèche, ont dû dépasser de beaucoup la limite nord actuelle du bassin de Rive-de-Gier.

Ouvrons une parenthèse, et disons un mot de la brèche, qui a quelques plantes spéciales. D'abord vers la Fouillouse, cette roche, entrecoupée de dépôts fins où ont poussé, ce qui est assez remarquable, de véritables forêts fossiles [1], et renfermant d'énormes blocs de plusieurs mètres cubes de gneiss et de granite transportés de loin, est évidemment le produit de plusieurs dé-

[1] Dans l'entre-brèche de Molineau se trouvent beaucoup de petites *Calamites* debout et de petits *Psaronius* ; dans l'entre-brèche du Mauvais-Pas, sous la « pierre bardoire », diverses sortes de tiges de *Sigillaria*, de *Calamites*, etc. ; à l'embranche-

bâcles causées, à longs intervalles de temps, par de forts ébranlements du sol. La brèche, en général, est une formation plus complexe que cela. Celle qui affleure sur le micaschiste, au sud de Saint-Chamond, est composée d'un granite particulier; à Cizeron, à la Pallepelière, aux Perrotins, elle apparaît comme du micaschiste brisé sur place et peu agité par les eaux. A Bichizieux le conglomérat, qui tient lieu de la brèche, ayant du quartz geysérien avec vestiges de plante, est par cela même plus récent que les couches de Rive-de-Gier, ainsi que le poudingue de Cornillon, qui contient aussi quelques fragments de la formation siliceuse.

Mais revenons à notre sujet.

Le vase de dépôt était-il peu accusé? Était-ce une ondulation du terrain primitif en forme de large vallée à faible pente? C'est probable, les couches étant presque parallèles à la fausse stratification des schistes cristallins. On a supposé que les bassins houillers se sont formés entre les failles qui les terminent presque tous aujourd'hui; mais à Saint-Étienne les effets principaux des soulèvements du Pilat et du mont Crépon sont postérieurs à la formation.

Il semble bien que le bassin de la Loire a pris naissance dans une large dépression évasée vers la plaine du Forez, barrée à l'ouest et ouverte à l'est, dans laquelle les strates se sont accumulées horizontalement, toujours et généralement partout sous une faible hauteur d'eau[1] (voir page 338), et grâce à l'affaissement, tantôt lent, tantôt saccadé, que M. Gruner dit avoir duré tout le temps de la formation.

On a pu dire, non sans vraisemblance, que les dépôts houillers se sont concentrés en se rétrécissant de plus en plus vers le centre ou l'axe du bassin; il est bien difficile d'admettre que tout le système de Saint-Étienne ait existé à Rive-de-Gier. Mais on ne voit pas, en faveur de l'hypothèse, que les couches telles que les érosions les ont laissées diminuent vers les affleurements et s'épaississent en profondeur, et ce qui est de nature à la combattre, c'est la présence, loin du centre, à Gandillon, des couches inférieures de Saint-

---

ment de la Niarais, deux tiges verticales dans la brèche même, mais s'élevant d'une assise inférieure plus fine qui renferme plusieurs plantes en place; au-dessous de la brèche, à Chapoulet, en ω et ω′ de la carte, différentes tiges verticales; et immédiatement au-dessus de la brèche, à Écullieux, une Calamite à côtes sillonnées au milieu (*Calamites bisulcatus*), et sur le Péchigneux, en ω″, de petites Calamites debout.

[1] Aux énumérations de la page 333 j'ajouterai que près du puits des Roches de Saint-Chamond il y a quelques tiges de Cordaïtes debout, qu'à l'ouest du puits Rambaud de Côte-Chaude, plusieurs arbres traversent normalement les couches; tronc vertical à la chambre d'emprunt du puits des Chaumières (*Cros*), une tige près du Dourdel, une tige à Unieux.

Étienne et, à Givors, de l'étage intermédiaire très-développé. A ce sujet, il ne faut pas perdre de vue que du terrain houiller il ne reste que les parties les plus encaissées. On pourrait cependant se tromper fort si l'on niait que des mouvements survenus pendant les dépôts aient pu les restreindre ou en changer le cours.

Des ondulations se sont produites en effet, verrons-nous un peu plus bas, pendant la sédimentation des couches de Rive-de-Gier, et il est fort probable que les convulsions qui ont fait surgir les trapps et les sources siliceuses ont occasionné la plupart des crains affectant ces couches. A Saint-Étienne, je connais même quelques petites dénivellations et des rejets intervenus pendant les dépôts. Mais de grandes dislocations ayant déplacé ceux-ci, on n'en voit pas une preuve bien certaine, et c'est tout au plus si l'on est en droit de supposer que, pendant la formation, les bords du bassin se sont relevés sensiblement et que les arêtes transversales à la vallée du Gier ont pris naissance, ainsi que quelques-unes des inflexions du bassin central de Saint-Étienne. Toutefois, par cela même que les couches à forêts fossiles, s'étant formées horizontalement à peu de profondeur d'eau, ne conservent pas leur distance, il suit que durant leur formation le sol a dû éprouver des ondulations inégales, qui ont empêché les dépôts de s'étendre partout également.

Sédimentation. — Dans l'origine, on croyait que les dépôts étaient indépendants à force d'être dissemblables d'un district à un autre; aujourd'hui on les rapproche, sur la foi d'une composition égale, qui n'existe pas.

Il y a à distinguer les roches de nature granitique des roches de nature micacée. Les roches de nature différente n'alternent pas par bancs; elles forment des assises générales liées à des régimes de sédimentation différents. Les grattes de Saint-Chamond et les couches inférieures de Saint-Étienne, telles que je les ai déterminées au moyen des empreintes de plantes, sont partout très-micacées; il en est de même de l'intervalle qui sépare la 7ᵉ de la 8ᵉ et de tout le couronnement de la formation. Toutefois les autres dépôts intermédiaires sont plus micacés à l'est qu'à l'ouest. Les roches chargées de mica paraissent moins pourvues de houille que les autres, et il est à retenir que la proportion de *Cordaites* y est plus forte que dans les terrains de provenance granitique. Les principaux gisements de houille sont comme attachés aux belles roches de nature granitique, qui les encaissent constamment.

Un fait m'a toujours frappé par sa persistance à des hauteurs différentes, et plus particulièrement le long de la lisière sud, de l'Horme, jusqu'au Chambon, c'est que les grès fins micacés y sont pleins de pistes d'Annélides [1]

[1] *Habitat* additionnels. Au sud de Burlat, à 250 mètres au-dessus de la grande

sans traces de végétaux (voir p. 346 et 347); cela doit répondre à quelque curieuse circonstance sédimentaire, difficile à expliquer.

A Saint-Étienne, les eaux courantes ont déposé très-inégalement les détritus roulés ou entraînés en suspension, l'épaisseur des couches et le grain de leurs roches variant parfois considérablement, ou peu à peu ou tout d'un coup. Il est à remarquer que les couches de houille conservent mieux que les autres dépôts leur épaisseur, leur parallélisme, et que les mises argileuses de précipitation dans une eau tranquille sont encore plus constantes.

Il est rare que, même dans deux mines voisines, les coupes soient égales; celle du Quartier-Gaillard ne ressemble pas à celle du Treuil et n'est, pour ainsi dire, pas comparable à celle de Montsalson. Il y a des lignes de part et d'autre desquelles les mêmes dépôts sont assez différents : ainsi du Clapier à Grangette les termes correspondants sont très-disparates. Certaines zones sont remarquables par une structure toute particulière; la plus importante à connaître est celle qui, commençant à la Richelandière, comprend Villebœuf, passe à Beaubrun, à Montsalson, aux Platières, à Pomarèze, et s'avance par le Bouchage jusqu'à la Bargette : les grès y sont en lentilles, souvent en boules, les schistes sont argileux, mais, par compensation, les couches de combustible y sont plus épaisses, et le charbon, plus pur, est de qualité supérieure.

D'une manière générale, les épaisseurs diminuent vers Firminy et s'accroissent du côté de Saint-Chamond, où le sol a dû s'enfoncer, par suite, plus qu'ailleurs durant une bonne partie de la formation des couches inférieures de Saint-Étienne. L'intervalle entre la 13ᵉ et la 14ᵉ augmente rapidement au puits Petin, qui n'a rencontré la 14ᵉ qu'à 203 mètres, après avoir traversé de nombreux bancs de gratte et des schistes micacés. A Saint-Jean, les distances entre les couches croissent également. C'est l'intervalle entre la 13ᵉ et la 14ᵉ, au Fay, et le terrain supérieur à la 13ᵉ, au Montcel, qui, transformés en poudingue grossier, forment les hauteurs de Nanta et le puissant massif de grattes et de schistes micacés qui recouvre le faisceau houiller de Saint-Chamond, où le terrain ne s'est pas formé comme ailleurs.

D'après ce qui précède, on voit que les dépôts sont sujets à différer beaucoup d'une localité à une autre, de manière à déconcerter la classification fondée sur des coupes de terrain.

Nous sommes loin de nous être rendu compte des changements de dépôts que l'on remarque dans le bassin de la Loire, notre préoccupation ayant été tournée vers la formation des couches de houille.

couche, poudingue bréchiforme avec beaucoup de *vermis transitus*. Ces traces abondent au Haut-Treuil; il y en a au bois de la Garde. Beaucoup à Givors, à la Sauvenière.

Formation des couches de houille. — L'étude complète de la formation des couches de houille comprend : 1° la topographie de la contrée; 2° le mode d'entassement des débris végétaux; 3° leur houillification, et aussi toutes les causes d'accidents qui altèrent leur régularité.

1° Nous avons vu (p. 337) que les forêts carbonifères se déployaient sur des terres basses, humides, marécageuses, inondées et même en partie sous les eaux courantes.

D'après les faits énoncés plus haut (p. 566 et 567), nous avons maintenant quelque idée des assemblages de plantes dont se composaient les forêts carbonifères : nous y voyons les espèces peu mélangées, comme dans les forêts actuelles, et les plantes sociales, de port analogue, comme les *Odontopteris* et *Alethopteris*, former, seules ou associées, des jungles compactes; nous pouvons croire que les *Cordaites* à faible ramure donnaient lieu aux plus hautes futaies avec le concours des *Calamodendron*, des *Caulopteris*, que les deux dernières sortes de tiges formaient une végétation très-dense en hautes colonnes serrées, et que les Calamariées, répandues partout, avaient une tendance à se grouper en certains endroits des marécages houillers.

La végétation carbonifère a changé plusieurs fois de composition et de physionomie dans le pays du Forez. Après le dépôt à anthracite du Roannais, qui n'a vu que des fourrés sombres et monotones de *Lepidodendron*, avec quelques migrations de *Bornia* et de petites Fougères isolées, un temps immense s'écoule, avons-nous vu (p. 444), avant la formation de l'étage de Rive-de-Gier, durant laquelle florissait une végétation mobile de *Sigillaria* mêlés de *Cordaites*, de *Caulopteris*, avec beaucoup de Calamariées diverses, sans, pour ainsi dire, encore d'*Alethopteris*, non plus que d'*Odontopteris*. A cette végétation variée succèdent de magnifiques forêts très-épaisses de Cor-daïtées, auxquelles s'associent çà et là quelques *Caulopteris* et des *Calamodendron*, avec des bouquets épars d'*Alethopteris*. Ensuite les *Caulopteris* et une proportion croissante de *Calamodendron* composent, avec beaucoup de *Cordaites*, des *Poa-Cordaites*, des forêts qui se disputent le terrain avec les *Odontopteris* en massifs diffus, envahissants, et contiennent des *Calamites* plus ou moins nombreux, des touffes de *Sphenophyllum* et d'*Annularia*. Après quoi, vers la fin des dépôts, les forêts restent formées des mêmes tiges colomnaires de *Caulopteris* et de *Calamodendron*, mais ceux-ci en plus grande quantité et dominant avec plus ou moins de *Cordaites*, de *Poa-Cordaites* et de *Dory-Cordaites*, joints à des bouquets plus restreints d'*Alethopteris* et d'*Odontopteris* affaiblis, sur le point de disparaître.

Nous avons cherché à remonter aux diverses autres circonstances topographiques qu'offrait le pays, pendant la formation des couches de houille principalement; les considérations que cette recherche nous a suggérées ne sauraient trouver place ici.

2° Nous nous sommes adressé aux modes de gisement des débris végétaux pour obtenir des données certaines sur la formation des couches de houille; nous avons réuni beaucoup de notes et de coupes sur ce sujet intéressant; nous ne pouvons les donner ici, à cause des développements qu'elles nécessitent. (Voir ci-dessus, p. 340-345.)

3° Nous nous sommes adressé également aux modes de conservation des tissus végétaux pour arriver à bien connaître le véritable procédé de houillification, beaucoup plus sûrement que par la méthode expérimentale, qui a obtenu par la voie sèche le même résultat que la nature a atteint tout différemment par la voie humide; les notes recueillies à ce sujet, complétant les précédentes, ne sauraient non plus trouver place ici.

Nous ne passerons pas outre cependant sans présenter quelques observations de faits rentrant dans le cadre de ce travail sur le métamorphisme et sur les habitudes des couches.

M. Gruner a constaté que les charbons des diverses couches sont d'une nature chimique remarquablement analogue dans un même district, et différente d'un district à un autre. Le charbon n'est maigre, anthraciteux, qu'au nord, à Comberigole, à la Chazotte (mais pas à la Porchère) et à Roche-la-Molière (seulement du côté ouest); la houille est grasse à Rive-de-Gier, à Grand'-Croix, à Saint-Étienne, suivant l'axe; elle n'est à gaz qu'au sud-ouest du bassin. On ne peut donc, comme à Valenciennes et en Belgique, se servir de la nature chimique du charbon pour classer les couches. Mais, même dans le nord de la France, ce moyen de classification est fort douteux. M. Gosselet m'a dit n'y pas croire du tout, et il pourrait bien avoir raison. Car à la fosse Renard, dans les couches prétendues les plus élevées d'Anzin, n'ayant trouvé que des plantes moyennes, il est alors possible que, comme la faille du Breuil ou celle du puits du Chêne dans la Loire, de même le cran de retour sépare deux régions métamorphisées différemment, de telle manière que les houilles grasses du sud peuvent correspondre aux houilles maigres du nord.

La cimentation des roches paraît plus constante; il n'y a guère, en effet, de terrain rouge qu'à la base des grattes de Saint-Chamond et tout en haut du couronnement; au-dessus de la série d'Avaize (à Sainte-Barbe, au Deveis, au Bessy), les bois de Conifères sont silicifiés comme dans le conglomérat.

En ce qui concerne les habitudes des couches, nous ferons d'abord remarquer qu'elles varient de deux manières bien différentes, soit accidentellement, soit suivant une règle d'enrichissement et d'appauvrissement. Il peut être utile de connaître cette règle.

Nous avons, comme à Bességes, où toutes les veines de houille deviennent peu à peu schisteuses à partir d'un plan de transformation, un changement analogue au nord-est de Saint-Étienne, où les couches sont stériles, au sud d'un plan plongeant au nord et rencontrant la 8ᵉ suivant une ligne qui, en projection horizontale, suit à peu près l'ancienne route de Lyon; cependant, des 9ᵉ à 12ᵉ, cette dernière est encore exploitable à Monticux, où la 13ᵉ offre quelques ressources. Tandis qu'au sud-ouest, à part la 8ᵉ et les couches inférieures, tous les autres gîtes de charbon s'améliorent au contraire beaucoup, tant en épaisseur qu'en qualité.

Dans la vallée du Gier, la gentille n'est connue qu'à Combe-Plaine, la bourrue ne s'avance pas plus loin que le Sardon; mais la bâtarde, après une interruption à Lorette, reprend à Grand'Croix, et, à raison des habitudes des couches de Rive-de-Gier, on peut espérer les avoir productives jusque sous Saint-Étienne. Quant aux dépôts intermédiaires, faute de savoir la manière dont ils varient, on ne peut faire de suppositions plausibles sur les points où les schistes charbonneux à l'affleurement offrent des chances de former des couches de houille exploitables à une grande profondeur au-dedans du bassin.

Les couches inférieures de Saint-Étienne sont irrégulières, se rapprochent, se subdivisent, se réduisent souvent à peu d'intervalle, et cela parfois indépendamment les unes des autres. La Vaure seule se dénature aux Roches; les couches de la Chazotte deviennent schisteuses à l'est, où elles se multiplient par l'augmentation des entre-deux. A Saint-Chamond, les mêmes couches, beaucoup plus nombreuses, amincies à l'est et stérilisées en profondeur, sont très-variables en nombre et en épaisseur d'un quartier à un autre. Au nord-ouest de Saint-Étienne les couches inférieures sont diminuées.

Le faisceau beaucoup plus constant des 9ᵉ à 12ᵉ se poursuit par des couches plus minces à la Sibertière, à Reveux, au Cros, plus complexes à la Porchère, plus épaisses à Roche-la-Molière et encore améliorées à Firminy.

La 8ᵉ, de composition très-changeante à Roche-la-Molière, est accompagnée d'une petite couche, tantôt inférieure, tantôt supérieure, au Cluzel, à Villars, à Montaud; elle est plus régulière au nord-est.

Le riche groupe de la 3ᵉ est très-réduit par les érosions. La grande couche est moins belle, moins puissante à l'est, de la Barallière au Trenil, qu'à l'ouest, où elle contourne le plateau du Deveis. Du côté est, la 4ᵉ et aussi la 5ᵉ ont une tendance à se réunir à la grande couche; au nord-ouest, la 7ᵉ accuse une allure indépendante; aux Barraudes, elle est même plus rapprochée de la 8ᵉ que de la 3ᵉ. Les 1ʳᵉ et 2ᵉ, nulles au Quartier-Gaillard, se bonifient à Beaubrun, où les 4ᵉ, 5ᵉ, 6ᵉ et 7ᵉ prennent vers la Béraudière une importance croissante.

La couche des Rochettes couronnant ce groupe se comporte au nord, d'une part, commé les 1ʳᵉ et 2ᵉ et, d'autre part, comme la série d'Avaize.

La série d'Avaize, à peu près stérile au nord du plateau du Deveis, s'isole à la Chauvetière, à Montrambert, et se rapproche, à la Malafolie, des couches immédiatement inférieures dans un faisceau charbonneux concentré.

Dislocations. — On a vu combien les dislocations du terrain houiller de la Loire sont nombreuses, importantes et très-heurtées.

Celles qui tourmentent les couches de Rive-de-Gier ont eu lieu avant la solidification des roches. Les accidents, en effet, n'y ont généralement pas de netteté; ce sont des crains sous forme d'inflexions, de plis et replis assez brusques, avec étranglement des couches sans broyage du charbon, sans cassure des roches; les strates soulevées sont étirées, rapprochées, et, dans certains cas, les couches inférieures disparaissent momentanément.

Les ondulations ont dû commencer pendant le dépôt même, car la bourrue a plus de crains que la bâtarde, et celle-ci que la grande couche, dont les dérangements sont partagés par les couches inférieures. Les mouvements avaient cessé en très-grande partie lors de la formation des couches de Saint-Étienne, qui ne présentent pas le même genre d'accidents que celles de Rive-de-Gier.

Une période de repos a dû s'écouler entre la formation du terrain houiller et le jeu des causes qui l'ont disloqué, les accidents à Saint-Étienne résultant de cassures nettes dans un terrain solidifié. Ce n'est pas à dire que le repos fut de longue durée géologique, les roches paraissant avoir pris assez rapidement une certaine consistance. On trouve, en effet, dans le grès du Gier, comme dans le toit de la grande couche de Commentry, des grains et petits cailloux de houille qui ne peuvent provenir que des couches inférieures déjà à demi charbonnées[1]; les mêmes grès renferment d'ailleurs des fragments de schistes arrachés au même système de dépôts antérieurs.

On fait dater les failles de Saint-Étienne de la période jurassique. Si cependant, de nos trois couples de failles, la plus ancienne direction N. S., qui est celle de l'ensemble de la chaîne du Forez, se rapporte au système du nord de l'Angleterre, elle se serait produite avec la direction conjuguée E. O. aussitôt après la période houillère; si la direction N. O., très-fréquente dans le département de la Loire, est contemporaine du système du Morvan, elle daterait, y compris celle N. N. E., de la fin de la période liasique. Dans ce cas, il n'y aurait que les directions longitudinales et transversales, paraissant les plus récentes, qui se rattacheraient au Pilat, c'est-à-dire au soulèvement qui a marqué la fin de la période jurassique. Postérieurement le pays ne paraît plus avoir éprouvé que des mouvements d'ensemble sans production de failles nouvelles.

[1] Cependant le charbon à gaz de la Béraudière paraît être resté plastique jusqu'après la production des failles.

Dégradations. — Les terrains anciens émergés, comme le bassin houiller de la Loire, ont été en butte à des dégradations continuelles, qui n'en ont laissé que les parties abritées par l'encaissement, ce que l'on vérifie très-bien dans les Alpes, où la formation anthracifère a presque toute disparu (p. 545). Il est certain que le terrain houiller de la Loire a été détruit en très-grande partie, qu'à Rive-de-Gier l'étage intermédiaire et l'étage inférieur de Saint-Étienne, au moins, ont été emportés, ainsi que plus de 700 mètres de couches soulevées par la faille du Bois-Monzil et tout le système de Roche-la-Molière relevé à Saint-Genest; presque tout le terrain de Saint-Étienne remonté au sud de la faille du Pilat a été ratissé; il reste peu de chose des couches moyennes et supérieures qui ont dû s'étendre loin au nord, et l'on peut dire qu'il n'y a que les couches occupant le fond du bassin et n'affleurant pas qui soient restées intactes.

On trouve sur la plaine du Forez quelques matériaux de cette dégradation.

A la Pallepelière (Fouillouse), à l'extérieur de la brèche, se trouve un poudingue remanié qui contient quelques galets de quartz noir renfermant des feuilles de *Cordaites borassifolius* et d'autres débris végétaux. Parmi les cailloux du mâchefer de la haute plaine sud-est du Forez, de formation tertiaire, il en est d'origine aqueuse contenant des bois fossiles et autres restes de plantes, tous carbonifères: au-dessus de la Fouillouse, quantité de *Dadoxylon;* à la Renardière, bois dicotylédone à rayons médullaires très-épais, radicelles de Fougères. M. Mayençon a trouvé des *Zygopteris, Selenopteris, Dictyoxylon;* à la Gouyonnière, fragment de penne de *Pecopteris Schlotheimii.* Ces débris de plantes ne sont pas ceux ordinaires du conglomérat; ils sont d'ailleurs conservés dans un quartz différent; ils proviennent d'une autre partie du bassin dont on ne trouve aucune trace, et cependant la dégradation de cette partie ne date géologiquement que d'hier.

Considérations finales. — Tout dans la formation carbonifère dénote que les effets dus aux causes encore agissantes sont le résultat d'actions beaucoup plus énergiques et plus puissantes qu'aujourd'hui; on abandonne partout la théorie huttonienne de l'inaltérable uniformité, défendue par Ch. Lyell.

Murchison a estimé que les dislocations des premiers âges sont loin de pouvoir s'expliquer par celles, légères, qui se produisent encore à présent. M. Dana admet que la croûte terrestre était beaucoup plus flexible et souple, soit qu'elle fût plus aqueuse et tenue ramollie par la chaleur, soit qu'elle contînt un agent dissolvant échappé depuis ou neutralisé. Il faut bien qu'il en ait été ainsi pour que les roches primitives se soient prêtées aux fortes ondulations des couches de Rive-de-Gier et aux grandes inégalités que le bassin doit avoir prises sous Saint-Étienne.

La solidification des roches, à laquelle la chaleur paraît contribuer le plus, et la houillification de la matière végétale ont dû être accélérées par une assez forte température souterraine, dont nous n'avons peut-être pas tenu assez de compte dans nos recherches de climatologie (ci-dessus, p. 325).

Un régime d'eaux pluviales abondantes, par suite d'un climat très-chaud, très-humide, devait avoir sur des roches moins dures, faciles à désagréger à la surface, une puissance destructive bien plus grande. qu'aujourd'hui, même que sous les tropiques, où elle est comparativement énorme. La plus grande puissance d'érosion est attestée par des accumulations considérables de sédiments, souvent grossiers, à l'époque houillère, où il n'existait encore ni hauts massifs montagneux, ni grands continents, nécessaires aujourd'hui à la formation de dépôts arénacés épais.

Les influences désorganisatrices étaient générales et considérables sous un climat qui devait être intense. On a vu combien est grande et constante la détrition des plantes houillères, les tiges ligneuses aussi bien que celles médulleuses étant également vides, ce qui est très-rares dans les terrains plus récents et ce qui ne se produit plus aujourd'hui qu'entre les tropiques ou dans des conditions spéciales. De plus, tout le bois resté à l'air libre, outre qu'il est fragmenté de façon particulière, ressemble tellement à du charbon de bois, soumis qu'il a dû être à des alternatives d'humidité et de sécheresse extrême, que M. Daubrée a pu écrire qu'il provient d'incendies spontanés, tandis que, dans le terrain à lignite, le bois, d'ordinaire transformé en *Pechkohle*, d'après Göppert (qui signale le fusain comme un des attributs distinctifs des combustibles minéraux anciens), ne se trouverait charbonné que partiellement dans des cas rares, comme, à ma connaissance, à la Cadière (Var) et à l'île de Négrepont (Grèce).

Suivant Élie de Beaumont, l'activité chimique est allée constamment en diminuant comme l'activité mécanique.

Autre part, on a vu (p. 315 à 345) combien, au temps de la formation carbonifère, la végétation, le climat, la topographie, la genèse des couches de matières à charbon devaient s'éloigner de l'état et de la marche actuels des choses.

Tout concourt donc à établir que le passé que nous cherchons à faire revivre est, dans la mesure des changements géologiques, aussi différent du présent qu'il en est éloigné.

La publication de ce travail s'est faite en majeure partie sous la haute sanction de M. Ad. Brongniart, qui en a suivi les épreuves jusqu'à sa mort.

FIN.

TABLE GÉNÉRALE DES MATIÈRES.

SECONDE PARTIE.

BOTANIQUE STRATIGRAPHIQUE.

CHAPITRE PREMIER.

ÂGE RELATIF DES DIFFÉRENTES FORMATIONS CARBONIFÈRES DU GLOBE.

CHAPITRE II.

CLASSIFICATION PAR ÉTAGES DES BASSINS HOUILLERS DU CENTRE DE LA FRANCE.

LIBRAIRIE POLYTECHNIQUE DE J. BALDRY,

RUE DES SAINTS-PÈRES, N. 15,

A PARIS.

LIBRAIRIE POLYTECHNIQUE DE J. BAUDRY,

RUE DES SAINTS-PÈRES, N° 15,

A PARIS.

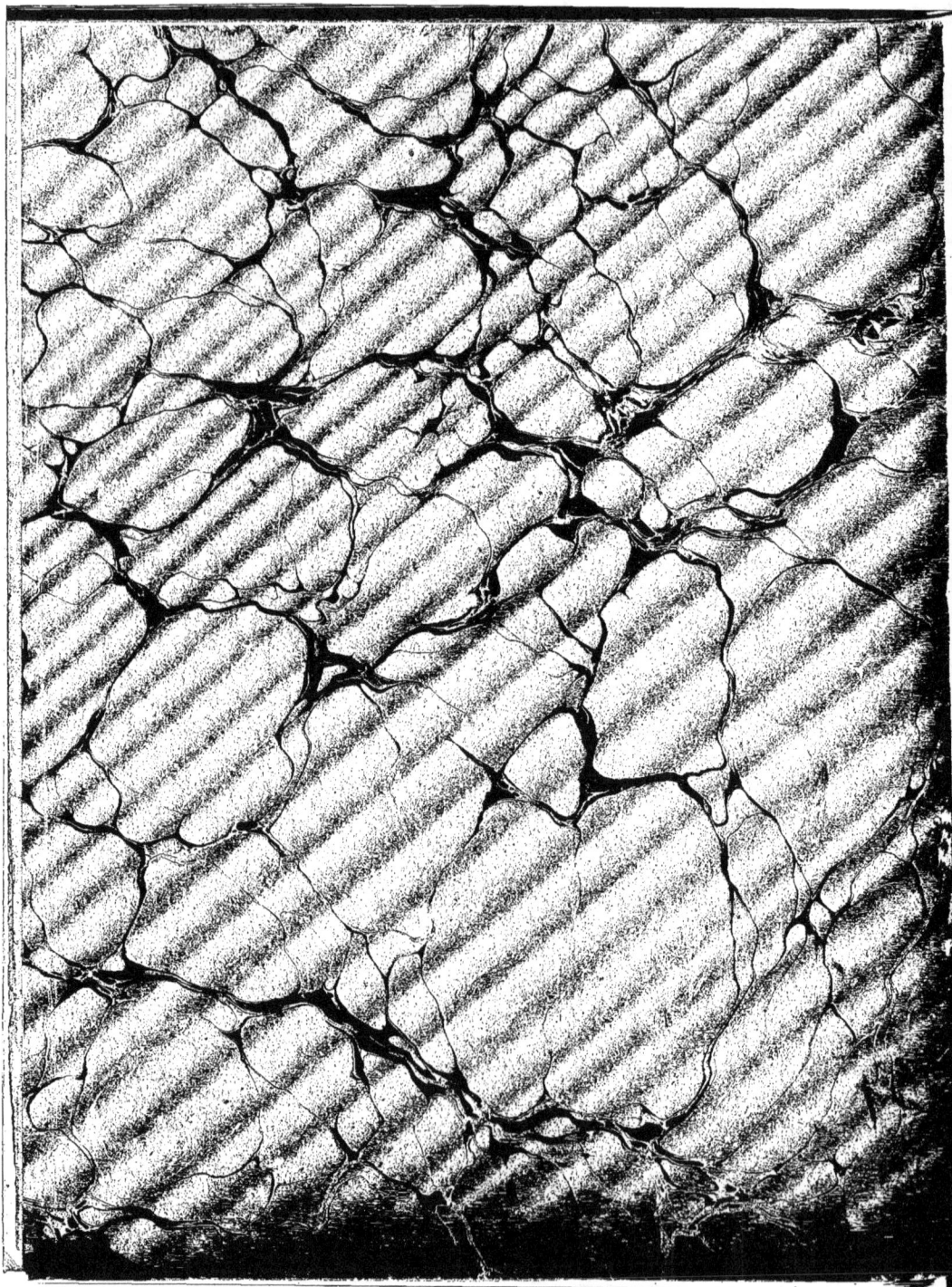

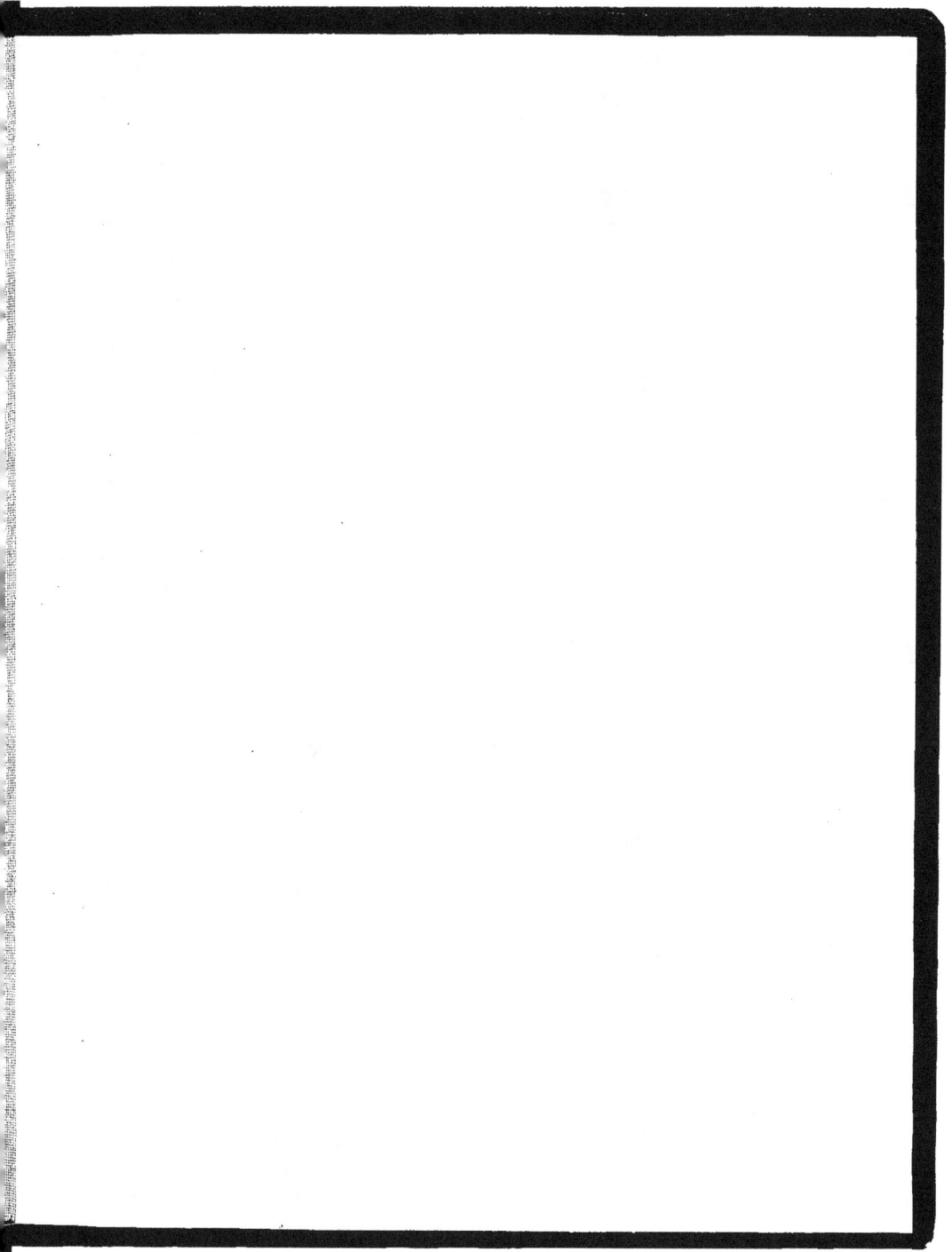

www.ingramcontent.com/pod-product-compliance
Lightning Source LLC
Chambersburg PA
CBHW070240200326
41518CB00010B/1624